U0250742

“十三五”国家重点出版物出版规划项目

中国近现代工程史研究
丛书顾问 路甬祥 丛书主编 李伯聪

三门峡工程的决策、建设和改建

Sanmenxia Gongcheng de Juece Jianshe he Gaijian

顾永杰 著

浙江教育出版社·杭州

图书在版编目（CIP）数据

三门峡工程的决策、建设和改建 / 顾永杰著. -- 杭州 : 浙江教育出版社, 2021.12
（中国近现代工程史研究）
ISBN 978-7-5536-4035-8

Ⅰ. ①三… Ⅱ. ①顾… Ⅲ. ①三门峡－水利枢纽－研究 Ⅳ. ①TV882.1

中国版本图书馆CIP数据核字(2015)第316190号

责任编辑 赵英梅 王晨儿 **责任校对** 佘理阳 戴正泉
美术编辑 曾国兴 **责任印务** 陈 沁

三门峡工程的决策、建设和改建
Sanmenxia Gongcheng de Juece Jianshe he Gaijian
顾永杰 著

出版发行 浙江教育出版社
（杭州市天目山路40号 电话:0571-85170300-80928）
图文制作 杭州林智广告有限公司
印　　刷 杭州富春印务有限公司
开　　本 710mm×1000mm 1/16
印　　张 22
插　　页 4
字　　数 360 000
版　　次 2021年12月第1版
印　　次 2021年12月第1版印刷
标准书号 ISBN 978-7-5536-4035-8
定　　价 78.00元

总　序

2002年，《工程哲学引论》出版时，我应作者之邀为该书写了一篇序言。今天，“中国近现代工程史研究”丛书即将出版，丛书主编和各位作者又热情邀请我写一篇序言。

著名哲学家康德曾说过：“没有科学史的科学哲学是空洞的；没有科学哲学的科学史是盲目的。”工程哲学和工程史的关系显然也相类似。对于工程，不但需要进行哲学和史学视野的研究，而且需要进行社会学、人文学、生态环境学、管理学等视野的研究，实际上，跨学科的工程研究正逐渐形成一个新的研究领域。

目前，我国已成为世界工程大国，正是在这样的社会条件和社会需求环境下，我国跨学科工程研究也正走向世界前列。希望我国的跨学科工程研究（包括工程哲学和工程史研究）能够继续不断地创新发展，为我国发展成世界工程强国助力。

古代中国人创造了许多巧夺天工的工程杰作，如都江堰、万里长城、大运河、赵州桥、紫禁城、江南园林等，直到今天仍备受世界人民推崇，万里长城更成为中华民族的象征。

马克思主义认为，劳动创造了人。从历史上看，可以说，自原始社会就开始了技术和工程的发展进程。在人类文明发展的进程中，工程的类型和规模、工程的结构和功能、工程的制度和模式，特别是工程活动和人类其他社会活动方式（政治、宗教、军事、文化等）的相互关系、相互作用，都处于不断的变化与发展中。在工程活动及其历史发展中，人类积累了许多成功的经验，也有许多沉痛的教训。

如果说工程是原始社会时期就存在的社会活动，那科学就是较晚才出现的人类认知和探索自然的活动。

在现代社会中，科学、技术和工程成为三种重要的社会活动方式。三者既有区别又有密切联系，它们的相互关系和相互作用不但是重大的理论问题，也是重大的实践问题。科学、技术和工程的相互关系重要而复杂。在认识和研究其相互关系时，借鉴和总结有关历史经验十分重要。

在现代社会中，工程活动对于科学技术的牵引作用日益明显，所谓科学技术面向经济社会的主战场，很多情况下就是面向工程建设的主战场。回顾鸦片战争以来中国近现代的工程史和科技史，可以看到，中国近现代的工程活动在社会发展中发挥了多方面的重要作用。

一、工程是科学技术和其他有关要素的集成器。无论是晚清、民国时期规模有限的近现代工程建设，还是中华人民共和国成立以来大规模的工程建设，大多以工程项目的方式组织，应用了近现代科学技术知识、方法和设备，同时也利用和集成了有关的自然资源与社会资源。在集成科技和其他有关要素的过程中，中国近现代工程不断演化发展，推动中国的现代化事业不断前进。

二、工程是先进科学技术成果的孵化器。近代中国的科学技术研究基础薄弱，大部分工程建设所运用的科学技术都是学习西方的，但这并不是说我们国家完全没有自己的独创性科学技术贡献。1949 年后，中国实行了科学技术和经济社会发展的赶超战略。在这个战略的实施过程中，许多科学技术课题都来自工程建设的现实需求，并适应和满足了工程建设的需要。许多重要工程项目的建设，成为先进科学技术成果的孵化器。

三、工程是经济社会发展的牵引器。由于工程是直接生产力，这就使它必然发挥经济社会发展牵引器的作用。近代以来，我国的经济社会发展经历了晚清和民国的艰难曲折发展时期及中华人民共和国的高歌猛进时期。无论在哪个时期，无论从微观、中观还是从宏观方面看，工程都发挥着经济社会发展牵引器的作用。人们不仅可以看到微观领域的工程项目和中观领域的工程集群、产业集群和区域工程系统对经济社会发展的牵引作用，还可以看到宏观领域的国家工程体系在牵引我国经济社会发展时所发挥的重要作用。

四、工程是现代化的重要标志。所谓近代化与现代化，必须有其现实体现。所造工程项目，往往成为现代社会的重要标志。例如，从京张铁路、汉阳铁厂、南京长江大桥、三峡大坝、宝钢工程、现代城市、载人航天、高速铁路等工程建设和成就中，人们可以形象地看到中国现代化、工业化的进程，可以直接感受到中国现代化、工业化进程带来的社会面貌的变化，其含义不但是指工程成了现代化的物化标志，更是指现代工程已成为现代生活方式的基础和“标志”。

人类从工程实践中获益良多，这是不争的事实，但工程活动及其结果也不可避免地给人类的生存带来一些负面影响和许多迫切需要解决的新问题。例如，现代工程建设所带来的资源、环境问题就是现代人类耳边不断长鸣的警钟，警示人类应当注意工程发展的方式及其科学性、协调性和合理性问题。

当前我国正在实施创新驱动发展战略。为了推动科学创新、技术创新和工程创新，我们不但需要总结有关的历史经验，开展有关的历史研究，而且需要大力推动对有关问题的哲学、管理学、社会学、生态学、政治学、战略学、文化学等方面的研究，需要在跨学科视野中分析和研究创新驱动发展问题。

2010年，中国科学院规划战略局立项研究中国近现代工程史，本丛书就是这个课题的结题成果。在这五本书中，《中国近现代工程史纲》综合性地、试图简要而比较全面地叙述从晚清到21世纪之初中国成为世界工程大国的漫长、曲折、卓绝的工程发展历程；《中国大科学工程史》叙述同时体现现代科学和现代工程特点的、特殊的“科学—工程”类型的“大科学工程”在中国发展的历史；《大同煤矿近现代工程简史》努力从企业史和工程史相结合的角度，揭示资源性企业演化的规律性内容；《三门峡工程的决策、建设和改建》是聚焦于一个影响广泛、教训深刻的重大项目而进行的工程史研究；《詹天佑与中国工程科学》则是对中国近现代最重要的工程人物之一——詹天佑的研究。

这套丛书是我国在工程史领域，确切地说是中国近现代工程史领域出版的第一套丛书。工程史研究是一个新领域。回顾和揭示工程发展的历史轨迹，分析和总结工程发展的经验教训和规律，不但具有重要的理论意义，而且具有重要的现实意义。虽然“中国近现代工程史研究”丛书只有五册，但它标志着一个新的开端，意义不可低估。本丛书中肯定有不足之处，衷心希望今后有更多、更好的工程史著作出版。

以史为鉴，温故知新，希望读者能有所受益。

是为序。

潘家铮

前言

在几千年的治黄史上，治黄人发明了许多行之有效的治黄方法。三门峡工程的修建就是治理黄河的一次全新实践。

在民国时期和中华人民共和国成立初期，政府就曾多次规划三门峡工程，但都因政治、经济和技术等方面的原因而放弃。到1954年，随着政治、经济和技术等条件的改善，三门峡工程的建设又被提上了议事日程。1954年10月编制的《黄河综合利用规划技术经济报告》（以下简称《技经报告》）将三门峡工程列为第一期重点工程。1955年7月，全国人大通过了《技经报告》，三门峡工程正式启动。

三门峡工程于1957年4月正式开工，1961年基本建成。工程建成后，由于库区的泥沙淤积严重超过预期，管理机构不得不调整了三门峡工程的运营方式，并分别于1964年和1969年实施了改建。通过调整运营方式和改建，一定程度上弥补了工程设计上的缺陷，使库区的淤积局面得到基本控制，并可以长期保持一定量的有效库容用于防洪等。

三门峡工程几经起落，在规划、设计、建设和改建过程中，始终伴随着质疑和争论。通过梳理和分析三门峡工程决策、建设和改建的历史过程，得出以下几点认识：

1. 对三门峡工程的认识。

一方面，三门峡工程实际上远没有实现规划的目标，并且造成了泥沙淤积、环境破坏和移民问题等诸多的实际问题。这反映出三门峡工程存在下泄流量过小、缺少专门的排沙设施和泄流设施底槛高程过高等设计缺陷，以及目标设定过高、指导方针不正确、时机选择过早、对泥沙问题处理不当、过于强调正面忽视负面等重大决策失误。另一方面，当时选择的坝址是正确的，三门峡工程本身也取得了一定成效。

2. 造成三门峡工程决策失误的原因分析。

一是受当时社会政治环境的影响，存在冒进、急躁思想，导致了决策目标设定过高、决策时机选择过早、对水土保持效果估算过高、轻视淹没和移民等问题；二是决策程序不严密，存在决策程序先后倒置、缺少必要的对比方案和评估程序、缺少足够的论证等问题；三是“蓄水拦沙”方针存在不足，主要表现在违反了黄河泥沙的自然规律，没有吸取前人经验教训，忽视“下排”，注重正面效益而忽视负面影响，忽视我国人多地少的国情，对于关键的技术问题没有进行深入研究等问题；四是对关键技术问题研究不够、对重要数据处理不当，技术问题主要包括水土保持和泥沙问题，主要表现在对下游排洪能力、下游安全状况和下游受灾程度等几个方面了解不够；五是苏联专家的影响，苏联专家是三门峡工程决策的重要参与者，由于他们缺少在多泥沙河流上修建水库的经验，所以对三门峡工程的决策失误有很大影响。

3. 三门峡工程的实践意义。

三门峡工程的实践推动了治河思想的发展，使我们积累了在多泥沙河流上修建水库的经验，促进了我国水利事业的发展。三门峡工程的实践对于研究工程决策及工程的运营、调整和改建都有重要意义。

目 录

引 言

一、问题的提出

黄河以“多沙、善淤、善决、善徙”著称，一条难以治理的河流。历史上黄河下游三年两决口、泛滥成灾，给两岸人民带来了深重的灾难。1949年中华人民共和国成立之后，国家对黄河的治理给予高度重视，毛泽东同志亲临黄河视察，并指示“要把治理黄河的事情办好”。

黄河三门峡水利枢纽工程（以下简称“三门峡工程”）位于河南、山西两省交界的黄河峡谷，控制黄河流域面积68.8万平方千米，占全流域总面积的91.5%，多年平均来水量占全河的89%，控制全河来沙量的98%。民国时期，在三门峡修建水库的设想就曾多次被提出。1949—1953年，黄河水利委员会（以下简称“黄委会”）、水利部和燃料工业部水力发电建设总局（以下简称“水电总局”）等单位为在三门峡修建水库进行过多次查勘和论证。

1954年4月，国家计划委员会成立了黄河规划委员会（以下简称“黄规会”）专门负责黄河规划的编制工作，并聘请苏联专家指导编制。1954年10月，黄规会完成了我国治黄史上第一部综合规划——《黄河综合利用规划技术经济报告》（以下简称《技经报告》），选定三门峡工程为第一期重点工程。1955年7月30日，第一届全国人民代表大会第二次会议通过了这个规划，三门峡工程正式启动。

三门峡工程于1957年4月正式开工，1961年基本建成。工程建成运用后，由于对泥沙问题处理不当，造成了库区的严重淤积和对环境的严重破坏。1962 年，三门峡工程的运营方式由“蓄水拦沙”调整为“滞洪排沙”，1964 年和 1969 年三门峡工程进行了两次实施改建。通过改建和运用方式的调整，库区年内泥沙冲淤基本平衡，水库 335 米高程以下可以长期保持 60 亿立方米的有效库容。

三门峡工程是在黄河干流上多泥沙河段最先兴建的一座拦河控制性大型水利工程，它的建设历程在我国水利建设史上堪称最复杂、最曲折的。三门峡工程的规划和建设几经起落，在它的规划、设计、建设、改建过程中始终伴随着质疑和争论。对三门峡工程的决策、建设和改建进行研究，有助于后人更真实地了解三门峡工程的历史过程，更全面地总结三门峡工程决策、建设和改建过程中的经验与教训。

二、文献综述

现在所能查到的关于三门峡工程的档案、文献和书籍等资料数量庞大，其中很大一部分是关于水文、地质和工程技术等方面的专业资料，与本书相关的资料也有相当数量。

（一）档案资料

黄委会黄河档案馆和三门峡水利枢纽管理局档案馆保存有大量关于三门峡工程的档案资料，其他一些档案馆、图书馆也保存有部分相关资料，其中与本书相关的资料主要有查勘报告、黄河规划、来往文件、技术资料、工程报告、会议资料和谈话记录等。

（二）文献资料

关于三门峡工程的早期文献资料有一些已经刊印出版，其中较为重要的文献资料如下：沈怡编著的《黄河问题讨论集》[1]，书中辑录有民国时期一些国内外水利专家所撰写的关于黄河问题的论文和来往书信等；《李仪祉水利论著选集》[2]，该选集收录了李仪祉有关水利的论著 102 篇，其中有关黄河治理的有 39 篇；黄规会编的《编制黄河综合利用规划技术经济报告苏联专

---

① 沈怡.黄河问题讨论集.台北：台湾商务印书馆，1971.

② 黄河水利委员会.李仪祉水利论著选集.北京：水利电力出版社，1988.

家谈话记录》[①]《黄河综合利用规划技术经济报告苏联专家组结论》[②]《黄河综合利用规划技术经济报告》[③]《黄河综合利用规划技术经济报告参考资料》[④]等，这些书中记载了有关《技经报告》和苏联专家的报告、谈话记录等内容；国家建设委员会黄河三门峡水电站初步设计审核办公室编的《黄河三门峡水电站初步设计苏联专家报告汇编》[⑤]；《当代中国的水利事业》编辑部编的《1949—1957年历次全国水利会议报告文件》[⑥]；黄河水利委员会黄河志总编辑室编的《历代治黄文选》[⑦]，书中辑录了历代重要水利专家所写的关于黄河问题的论文；《王化云[⑧]治河文集》[⑨]，该书编录有王化云各时期主要的治河文章、讲话等；黄河三门峡工程局生产技术处技术资料编辑室编的期刊《三门峡工程》[⑩]，期刊共25期，编录有关三门峡工程的技术、会议资料等内容；水利电力部编的《三门峡水利枢纽问题座谈会资料汇编》[⑪]，该书编录有三门峡工程第一次改建时有关讨论会的资料。

（三）史志资料

黄委会编的《黄河志》记述了一些关于三门峡工程勘察、规划和施工等

---

① 黄河规划委员会.编制黄河综合利用规划技术经济报告苏联专家谈话记录.1955.

② 黄河规划委员会.黄河综合利用规划技术经济报告苏联专家组结论.1954.

③ 黄河规划委员会.黄河综合利用规划技术经济报告.黄河档案馆档案，规-1-67，1954.

④ 黄河规划委员会.黄河综合利用规划技术经济报告参考资料.1954.

⑤ 国家建设委员会黄河三门峡水电站初步设计审核办公室.黄河三门峡水电站初步设计苏联专家报告汇编.1957.

⑥《当代中国的水利事业》编辑部.1949—1957年历次全国水利会议报告文件.

⑦ 黄河水利委员会黄河志总编辑室.历代治黄文选.郑州：河南人民出版社，1988.

⑧ 王化云（1908—1993），河北省馆陶县人，1935年毕业于北京大学法学院，中华人民共和国成立前曾任冀鲁豫解放区黄河水利委员会主任、黄河河防指挥部司令员等职，并主持组建解放区黄河水利委员会，培养了大批干部，为以后开展治黄工作奠定了基础。中华人民共和国成立后，他历任黄河水利委员会主任、黄河三门峡工程局副局长、国家水利部副部长、政协河南省委主席等职。他对如何治理和开发黄河做了系统研究，先后提出了“宽河固堤”“兴利除害、蓄水拦沙”“上拦下排，两岸分滞”等一系列治黄方略。他还提出要把黄河看成一个大系统，运用系统工程的方法，通过拦水拦沙、用洪用沙、调水调沙、排洪排沙等多种途径和综合措施，主要依靠黄河自身的力量来治理黄河的理论。他的主要治黄著述是1989年出版的《我的治河实践》，系统地记述了亲身经历的治黄事件和实践经验。

⑨ 黄河水利委员会.王化云治河文集.郑州：黄河水利出版社，1997.

⑩ 黄河三门峡工程局生产技术处技术资料编辑室.三门峡工程.黄河三门峡工程局生产技术处.

⑪ 水利电力部.三门峡水利枢纽问题座谈会资料汇编.1962.

方面的内容；黄河三门峡水利枢纽志编纂委员会编的《黄河三门峡水利枢纽志》[①]中对三门峡工程做了系统的介绍，但记述较为笼统；中国水利水电第十一工程局志编纂委员会编的《水电十一局志》[②]中记述了有关黄河三门峡工程局早期的情况。另外，《河南省志·黄河志》《三门峡市志》等一些地方志中也有一些关于三门峡工程的内容。

（四）回忆录

包括林一山的《林一山回忆录》、张光斗[③]的《我的人生之路》、王化云的《我的治河实践》、张含英的《我有三个生日》和《张含英回忆录》等。

（五）论文集

一些论文集中收录了关于三门峡工程的技术、历史回顾和经验总结等方面的文章，主要有中国人民政治协商会议三门峡市委员会、中国水利水电第十一工程局编的《万里黄河第一坝》，中国水利学会编的《黄河三门峡工程泥沙问题》，三门峡水库运用经验总结项目组编的《黄河三门峡水利枢纽运用研究文集》，李春安编的《三门峡水利枢纽运用四十周年论文集》等。

（六）期刊

有不少刊物都刊发过关于三门峡工程的文章，如《新黄河》《人民黄河》《水力发电》《黄河史志资料》《中国水利》《中国水力发电史料》等。

---

① 黄河三门峡水利枢纽志编纂委员会.黄河三门峡水利枢纽志.北京：中国大百科全书出版社，1993.

② 中国水利水电第十一工程局志编纂委员会.水电十一局志.1995.

③ 张光斗（1912—2013），江苏常熟人，我国著名的水利水电工程专家、工程教育学家，中国科学院和工程院两院院士、墨西哥国家工程科学院国外院士。1934 年毕业于交通大学土木工程学院，1936 年获美国加利福尼亚大学土木工程硕士学位，1937 年获美国哈佛大学工程力学硕士学位。回国后，曾任资源委员会全国水力发电工程总处总工程师。新中国成立后他曾任水利电力部水电科学院院长，黄河水利委员会、长江流域规划办公室技术顾问等职。长期从事水利水电工程建设，修建了龙溪河等第一批水电站，负责或指导桃花溪、古田溪、岷江、钱塘江、资水水电站的勘测、设计工作；还负责设计密云水库等水利水电工程，为黄河三门峡工程改建、长江葛洲坝工程、雅砻江二滩水电站等解决关键性技术问题；为我国水利水电事业的发展和水利水电专业技术人才的培养做出了卓越的贡献。

三、前人研究

已有的关于三门峡工程的研究很多，涉及的内容也很广泛，本研究主要参考了相关论文，主要涉及三门峡工程的规划和决策、历史价值两个方面。规划和决策方面的讨论比较多，其中比较有影响的观点主要有以下几个：王化云认为，对水土保持过于乐观，对大量淹没农田和大批迁移人口的影响和困难估计不足，对三门峡水库泥沙问题的处理有失误①；包和平等认为，缺乏并行的其他可供选择的决策方案，对于库区耕地淹没和移民问题的严重后果估计不足，对水土保持效果的估计过于乐观②；吴柏煊认为，对泥沙问题分析研究不透，仓促上马，委托苏联设计是错误的，对水土保持过于乐观，没有考虑水库形成后泥沙的冲淤问题，想用一个大水库解决下游洪水问题，这是不现实的③；魏永晖认为，对泥沙规律认识不足，忽视我国人多地少的国情，导致工程规模上的失误④。历史价值方面的观点主要有正、反两方面：正面观点认为，三门峡工程发挥了巨大的综合效益，对认识黄河、开发黄河提供了极为宝贵的经验；反面观点认为，三门峡工程的建设是一个错误，应该放弃。

学位论文方面，和本研究相关的学位论文主要有一篇博士论文和两篇硕士论文。博士论文是清华大学包和平的《工程的社会研究——三门峡工程中的争论与解决》⑤，该论文对三门峡工程的规划、决策、设计、原建、改建和运用过程中的争论与解决情况进行了梳理，旨在揭示在工程活动中技术因素与社会因素的相互作用，以期加深对工程中社会因素重要性的认识，并为工程政策的制定和工程决策的科学化、民主化、程序化、规范化提供借鉴。新中国成立初期，我国特定的社会历史背景、争论背后的认识和社会原因在解决争论过程中起到一定的作用，工程是在技术提供可能性基础上的社会建构的过程与结果。硕士论文是西安建筑科技大学王勇的《三门峡

---

① 王化云．我的治河实践．郑州：河南科学技术出版社，1989：193—194.

② 包和平，曹南燕．“规划”的失误及其对三门峡工程的影响．自然辩证法研究，2005（9）：89-92.

③ 吴柏煊．从三门峡工程的实践领会王化云治黄思想//中国水利学会主编．黄河三门峡工程泥沙问题［M］．北京：中国水利水电出版社，2006：108-113.

④ 魏永晖．三门峡水利枢纽建设的经验与教训．水利水电工程设计，1998（1）：2-4.

⑤ 包和平．工程的社会研究——三门峡工程中的争论与解决．清华大学，博士论文，2006.

水利工程的决策分析及其哲学反思》[1]和华中科技大学耿长友的《试论三门峡水利枢纽工程决策的经验教训》[2]。《三门峡水利工程的决策分析及其哲学反思》主要以三门峡工程为例讨论工程哲学问题，文中简要分析了三门峡工程决策中存在的问题，认为主要有四个方面：缺少严密的论证，缺少科学的理性思维，违背自然规律和经济规律，盲目崇拜外国权威。《试论三门峡水利枢纽工程决策的经验教训》主要讨论了关于三门峡工程的争论，对于有关设计思想的争论和最后决策，认为存在几个问题：急于定案的思想，在决策过程中违背科学，对三门峡工程寄予了过高的期望，对水土保持效果的估计过于乐观，忽视了三门峡水库所处的特殊地理位置及我国人多地少的国情。关于三门峡工程决策的经验教训，作者认为决策必须真正有科学依据，不能以感情代替理性，科学问题上不能简单搞少数服从多数。

综合已有的研究，笔者认为已有研究主要存在两个方面的问题：一是没有充分挖掘史料，二是分析不够全面和深入。涉及三门峡工程的资料很多，其中有相当数量还没有被充分地挖掘利用；三门峡工程是在特定时期建设的一项巨大工程，它的建设和当时的历史环境密不可分。因此，只有作全面、深入地分析，才能再现三门峡工程的历史全貌。

四、本书试图解决的问题

虽然三门峡工程饱受争议和关注，但至今仍很少有人对其作全面深入的分析。鉴于此，本书力求在全面深入挖掘史料的基础上，再现三门峡工程建设的历史全貌，分析其经过和缘由，总结其经验和教训。在前人研究的基础上，本书试图解决以下几个问题：

第一，在系统地搜集、整理相关档案和资料的基础上，力求真实全面地再现三门峡工程建设的历史全貌。由于当时档案和资料管理上的混乱，以及工程本身存在很大争议，因此对三门峡工程这段历史的记述不全。在黄委会黄河档案馆、三门峡水利枢纽管理局档案馆保存有大量关于三门峡工程的档案资料，其他一些档案馆、图书馆也有相关资料，但由于这些档

---

① 王勇.三门峡水利工程的决策分析及其哲学反思.西安建筑科技大学，硕士论文，2005.
② 耿长友.试论三门峡水利枢纽工程决策的经验教训.华中科技大学，硕士论文，2005.

案资料数量大、存放分散，绝大部分尚未得到充分利用。

第二，在认真梳理历史过程的基础上，力求真实全面地总结三门峡工程的决策、建设、改建的经验和教训。三门峡工程是中华人民共和国建设的第一个大型水利枢纽工程，是一个关系国计民生的庞大工程，它的建设汇聚了当时全国很大的人力、物力和财力，全国人民都对其寄予殷切的期望。然而由于众多的原因，三门峡工程的决策过程中存在重大失误，导致工程远远没能达到预期的效果，造成了巨大的损失，遗留了很多问题。但三门峡工程也发挥了一定的作用，它的实践也有一定的意义。

五、本书对工程和工程决策的理解

（一）工程

陈昌曙总结了国内外的研究成果，认为关于“工程”的含义“至少可以见到以下几种观点：①工程是应用科学知识使自然资源最佳地为人类服务的一种专门技术；②工程是将自然科学的原理应用到工农业生产部门中去而形成的各学科的总称；③工程是把数学和自然科学知识应用于设计、研制和建造，从而为人类谋利的职业或专业；④工程是生产制造部门用比较大而复杂的设备进行的工作；⑤工程是人类的一种活动，通过这种活动使自然力处于人类控制下，并使事物的性质在装备和机器上发挥效用；⑥工程是人们综合应用科学（包括自然科学、技术科学和社会科学）理论和技术手段去改造客观世界的实践活动”[①]。李伯聪在《工程哲学引论——我造物故我在》一书中给“工程”所下的定义是：“对人类改造物质世界的完整的、全部的实践活动和过程的总称。”[②]殷瑞钰等在《工程哲学》一书中认为：“某一特定工程是由某一（或某些）专业技术为主体和与之配套的通用、相关技术，按照一定的规则、规律所组成的，为了实现某一（或某些）工程目标的组织、集成活动。”[③]

结合三门峡工程，本书赞同《工程哲学》中的定义，即“工程活动是一

---

① 陈昌曙．陈昌曙技术哲学文集．沈阳：东北大学出版社，2002：180.

② 李伯聪．工程哲学引论——我造物故我在．郑州：大象出版社，2002：8.

③ 殷瑞钰，汪应洛，李伯聪．工程哲学．北京：高等教育出版社，2007：8.

种既包括技术要素又包括非技术要素的系统集成为基础的物质实践活动”，“从技术角度上看，工程具体表现为相关技术的不同集合；或者说工程的内涵与技术的内涵有某种程度上的同质性和关联性，技术是工程的基础或单元，工程则是相关技术的集成过程和集合体”。[①]

（二）工程决策

“工程决策是工程决策者（政府、企业或个人）针对拟建工程项目，确立总体部署，并通过不同工程建设方案进行比较、分析和判断，对实施方案做出选择的行为。”[②]对于工程活动来说，工程决策的内容有两个方面，一是对实践目标的确定，二是实践手段的选择。“在工程活动中，决策具有头等重要的地位、作用和重要性。虽然在全部工程活动过程中，决策仅仅是整个工程活动中的一个环节，但它对工程活动的影响却是整体性、全局性和决定性的”，“决策的正确与否直接关系到工程的成败和得失”。[③]

工程决策可分为两个层面，一是工程建设的总体战略部署，二是选择具体的实施方案。工程建设的总体战略部署，主要是根据问题与机会确定在什么时间、什么地方建造什么工程。战略部署需要考虑工程的可行性，但重点在于工程总体布局的合理性、协调性与经济性。工程具体实施方案的选择，是要对多个可能的实施方案进行综合评价与比较分析，从中选择最满意的方案。工程的总体战略部署和具体实施方案选择是紧密相关的。

对工程建设而言，决策包括工程实施前分析问题和解决问题的全过程。工程决策包括针对问题确定目标、处理信息并提出多种备选方案、方案选择三个步骤。

1. 确定目标。

针对所面临的问题，分析问题的性质、特征、范围、背景、条件及原因等，确定工程要实现的目标，即确定要建造什么工程，并做出战略部署。

2. 信息处理与方案提出。

根据确定的工程目标和战略部署，广泛收集自然、技术、经济和社会

---

① 殷瑞钰，汪应洛，李伯聪. 工程哲学. 北京：高等教育出版社，2007：8.

② 安维复. 工程决策：一个值得关注的哲学问题. 自然辩证法研究，2007（8）：51.

③ 殷瑞钰，汪应洛，李伯聪. 工程哲学. 北京：高等教育出版社，2007：124.

等方面的相关信息，对这些信息进行加工整理，提出可能的工程实施方案。通常，由于工程可能会带来社会、经济和生态环境等多方位的影响，因此往往会出现多个可能的实施方案，这些方案各有所长，决策者需要对它们进行系统分析，权衡选择。“正确的决策是建立在全面、及时、准确地收集和处理各种相关信息的基础之上的。如果没有全面、及时、准确的相关信息，方案的执行就会成为无源之水、空中楼阁。”①

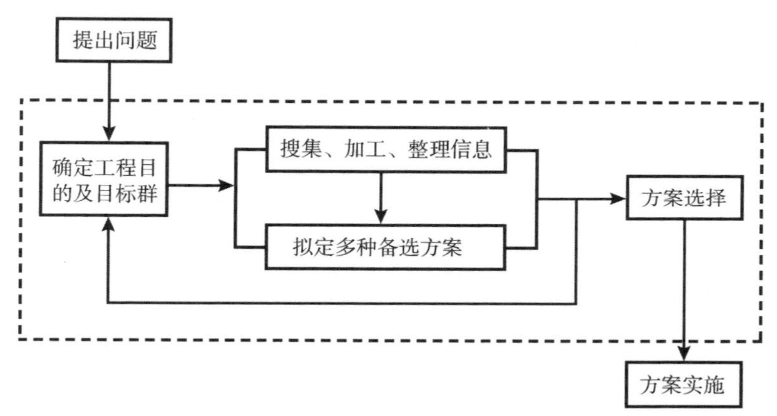

图 1 工程决策的一般过程②

3. 方案选择。

所谓方案选择，主要是在一系列确定与不确定的约束条件下，全面、客观地评价、比较各个方案，选择其中最令人满意的那一个方案。由于各个工程方案往往各有所长，现实中极少存在一个从各项标准来看都是最优的理想方案。因此，无论选择哪个方案，都可能要舍掉其他方案中的合理成分。

工程决策的三个阶段不是完全线性的，而是存在多重反馈的。信息处理、运筹分析等行为始终存在于工程决策的各个步骤中。机会研究、初步可行性研究、可行性研究、评估与决策等工作环节互为条件和补充，在决策过程中经常会发生调整，甚至在决策制定后的工程实施中，也会根据遇到的实际问题反馈，对原来的工程决策进行某些调整。

---

① 殷瑞钰，汪应洛，李伯聪.工程哲学.北京：高等教育出版社，2007：125.
② 殷瑞钰，汪应洛，李伯聪.工程哲学.北京：高等教育出版社，2007：125.

第一章

三门峡工程的早期规划

黄河是一条灾害频发的河流，几千年来，历朝历代的统治者都很重视黄河治理，并形成了许多重要的治河思想。民国时期，随着水库技术的传入，一些治黄专家和机构开始研究和规划利用水库治理黄河灾害、开发黄河水利的方法，其中三门峡坝址由于其显著的优点而备受关注，但由于技术和社会环境等方面的原因，这些设想都未能实现。中华人民共和国成立初期，水利部、黄委会和燃料工业部等相关部门曾多次查勘三门峡坝址，并三次提出在三门峡修建水库的设想，但因政治、经济和技术等方面的原因又三次放弃。

第一节　黄河和三门峡坝址概况

一、黄河概况[①]

黄河是中国的第二长河，发源于青藏高原巴颜喀拉山北麓海拔4500多米的约古宗列盆地，流经青海、四川、甘肃、宁夏、内蒙古、山西、陕西、河南、山东9个省（自治区），在山东省垦利区注入渤海。黄河干流全长5464千米，水面落差4480米，流域总面积约79.5万平方千米（含内流区面积约4.2万平方千米），全河多年平均天然径流量约574亿立方米。

---

① 黄河水利委员会黄河志总编辑室.黄河流域综述.郑州：河南人民出版社，1998.

黄河流域的地势自西向东逐级下降，呈三级阶梯状。第一阶梯为黄河流域西部的青藏高原；第二阶梯以太行山为东界，一部分属于内蒙古高原，大部分属于黄土高原；太行山以东至入海口属第三阶梯。

根据不同河段的河道形态、地质特性和水沙情况等自然条件，黄河分为上、中、下游。内蒙古自治区托克托县河口镇以上为黄河上游，河道长3472千米，流域面积约42.8万平方千米，占全河流域总面积的53.8%；自河口镇至河南省郑州市的桃花峪为中游，河道长1606千米，流域面积约34.4万平方千米，占全流域面积的43.3%，河道落差890米；桃花峪以下为下游，河道长786千米，流域总面积约2.3万平方千米，河道落差94米。黄河下游河道横贯华北平原，绝大部分河段靠堤防约束，河道总面积4240平方千米。由于泥沙大量淤积，下游河道逐年抬高，目前河床大多高出背河地面3～5米，部分河段甚至高出10米，这一河段成为世界上著名的“地上悬河”。

黄河流域的范围在上中游地区变化不大，下游随着河道的变迁而变化。在不同的历史时期，黄河先后北迁或南移，与海河或淮河合流，范围涉及河北、河南、山东、安徽、江苏等省25万平方千米的广大地区。黄河下游现行河道是海河流域与淮河流域的分水岭，从流域概念来看，历史上的海河流域与淮河流域都曾经是黄河流域的组成部分，现在的海河平原与淮河平原是黄河下游的防洪保护地区，也是引黄灌溉和引黄供水区，与黄河的关系仍然十分密切。

黄河干流河道弯曲，素有“九曲黄河”之称，河道实际流程为河源至河口直线距离的2.64倍。众多的支流组成黄河水系，从河源的玛曲曲果至入海口，沿途直接流入黄河、流域面积大于100平方千米的支流有220条。支流中流域面积大于1000平方千米的有76条，总流域面积达58万平方千米，占全河集流面积的77%；流域面积大于1万平方千米的支流有11条，总流域面积达37万平方千米，占全河集流面积的50%。

黄河流域自然条件复杂，流域西北部紧邻干旱的戈壁荒漠。流域内大部分地区属于干旱半干旱区，北部有大片沙漠和风沙区，西部是高寒地带，中部是黄土高原，干旱、风沙、水土流失灾害严重，生态环境脆弱。据现有的调查研究资料，黄河流域内风力侵蚀严重的土地面积约11.7万平方千米、水力侵蚀面积约33.7万平方千米，统称水土流失面积。黄河流经黄土高原，由于黄土高原土质疏松、地形破碎、暴雨频繁，因此水土流失极为严重，大量泥沙输入黄河，导致黄河成为世界上含沙量最大的河流。严重的水土流失使黄河年平均来沙量达16亿吨，年最大来沙量达39亿吨。

二、三门峡坝址自然概况①

三门峡坝址位于黄河中游下段的干流上，连接河南和山西两省，右岸为河南省三门峡市湖滨区，左岸为山西省平陆县。坝址距黄河入海口约1027千米，控制黄河流域面积68.84万平方千米，占流域总面积的91.5%。

三门峡坝址年平均来水量为414.5亿立方米，占全河的89%，最大来水量为697.8亿立方米，最小来水量为202.2亿立方米。年平均径流量为1310立方米每秒，最大洪峰流量为36000立方米每秒；年平均输沙量为16亿吨，占全河的98%，年平均含沙量为每立方米37.7千克，汛期最大含沙量达每立方米911千克，较大值一般为每立方米100～400千克，非汛期含沙量的较小值在每立方米3～7千克。

三门峡坝址两岸地势峻峭，左岸大部分为陡崖峭壁，右岸稍平缓。黄河流至三门峡峡谷处，由向东流急转为向南流，约成90°拐弯。黄河在峡谷中受矗立河心的鬼门岛和神门岛所挡，分成三股水流，分别称为鬼门河、神门河和人门河。三股水流汇合后，河床的水面宽度为平水时约120米、洪水时约160米。坝址两岸地表的黄土覆盖层沟壑纵横、高低起伏，沿黄河平均不足1千米便有一道沟壑，沟壁黄土陡立，稍平坦的土坡也都被冲切成一块块小台地。

神门岛左侧为人门半岛，半岛上有一条人工开凿的渠道，称为“开元新河”，又名“娘娘河”，是为高水位时行船之用。这条渠开凿于唐代开元年间，长300米，宽和深各6米多。在三门峡下游400米处的河谷中屹立着3座石岛，自右至左为砥柱石、张公岛和梳妆台。

---

① 黄河三门峡水利枢纽志编纂委员会.黄河三门峡水利枢纽志.北京：中国大百科全书出版社，1993：13-14.

三门峡峡谷位于基岩区和第四纪沉积物地层的分界处。三门峡峡谷及峡谷以东为基岩区，峡谷狭窄，两岸岩石出露，大多是高山深沟，由黄土形成的台阶地很少；而峡谷以西则主要是第四纪沉积物地层。

在坝址区范围内出露的地层由老到新、由东南向西北依次为下奥陶纪页岩，中奥陶纪白云质石灰岩，石炭纪和石炭二叠纪煤系，二叠纪砂质页岩，中生代闪长玢岩，老、新第三纪红色岩系，老第四纪三门系砂、砂卵石、黏土，中、新第四纪黄土类砂质黏土及近代砂卵石层。各时代岩层除了二叠纪、石炭二叠纪、石炭纪之间的关系为整合接触外，其他时代的岩层均覆盖在较老的岩层之上。

图 1-1　三门峡坝址原貌

中生代闪长玢岩是呈岩床状侵入于石炭二叠纪和石炭纪煤系岩层之间的，因此，三门峡峡谷的河床中就出现了横跨黄河长达 700 米的闪长玢岩岩床，三门峡坝址就坐落于闪长玢岩岩床上。闪长玢岩是灰绿色的火成岩，它浸水饱和的极限抗压强度为每平方厘米 1000 千克至每平方厘米 1800 千克。闪长玢岩岩床的厚度为 90～130 米，倾向上游，从河床中的鬼门、神门和人门处向下游，闪长玢岩的厚度逐渐变薄。闪长玢岩岩床的风化层厚度一般为 0.5～3 米，最薄者为零，最厚者为 3～4 米。

三、三门峡库区地貌

三门峡库区位于陕西、山西和河南三省交界处，库区范围遍布在中条山和秦岭之间的山间盆地中。潼关以上的黄河河谷较宽，且有辽阔的渭河平原；潼关以下黄河河谷变窄，至三门峡坝址区，两岸山岩夹峙、山高沟深、地势陡峻。按正常高水位360米高程，三门峡水库呈“小颈口大肚子”形，水库北面的回水区将一直伸展到靠近龙门处，回水末端沿河距坝址约200千米；西面和西北面回水区将延伸到渭河及北洛河，沿渭河上溯的回水区末端已接近西安市，回水末端距潼关约150千米，水库面积约3500平方千米。

黄河在陕西、山西两省之间的河段为由北向南流，称“北干流”。其中从龙门至潼关一段称“黄河小北干流”，该段北为吕梁山、西为黄土高原、南为秦岭、东南为中条山，河段长132.5千米，平均河宽约8.5千米，河流总面积985平方千米。小北干流河道宽阔，河道比降万分之三至万分之六，两岸台地高出河道50～200米，东岸地势陡峻，多为悬崖峭壁。小北干流上段在河津县有汾河汇入，中段在永济县有涑水河汇入，下段潼关处有渭河及北洛河汇入。从临猗县的夹马口到潼关处的河段为淤积游荡型河段，河道宽6～10千米，最宽处为19千米，是天然滞洪滞沙区。

三门峡库区的西部有黄河最大的支流渭河，渭河自西向东穿行，在潼关处汇入黄河。渭河下游地势较平坦，河道平缓，由黄土冲积形成宽广的渭河河谷盆地。当三门峡水库正常高水位360米高程时，广阔的渭河河谷盆地将被淹没。潼关以上的库区，两岸分布最广的第一台地位于高程300～330米处，第二台地在高程364～384米处。

黄河在潼关处受秦岭阻挡转而折向东流，中条山和华山将该处的河谷宽度压缩到850米，形成一个卡口。从潼关到三门峡坝址，黄河穿行在秦岭和中条山之间，河段全长113.5千米，属于山区峡谷型河道，平均比降约为万分之三点五。河道上宽下窄、滩高槽深，主流被缩束在狭窄的河槽内，河道宽度2～4千米，黄河流至三门峡坝址处的河滩宽度约为300米。

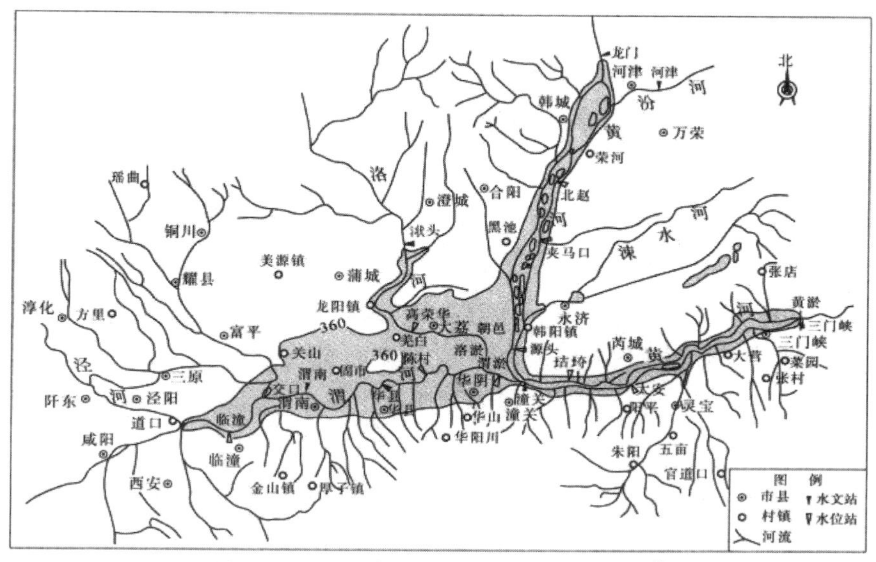

图 1-2　360 米高程时的三门峡库区示意图①

第二节　古代重要治河思想

自古以来，黄河的治理一直与国家的政治安定和经济盛衰紧密相连。为了治理黄河、除害兴利，早在 4000 多年前就有大禹治水、疏九河、平息水患的传说。历代治河名人、治河专家和广大人民在长期的治河实践中积累了丰富的经验，形成了许多重要的治河思想。

一、古代治河思想的发展

古代治河思想的发展，大致经历了五个阶段。

大禹的疏导思想，使黄河治理从以前简单的“堵”发展到因势利导的“疏”，这是治河思想的第一次发展。大禹治水虽是传说，但对后世治水有很大的启迪作用。

大禹治水取得了令后人景仰的成就，但随着黄河下游人口的增加和大

① 王渭泾．历览长河．郑州：黄河水利出版社，2009：185.

量农田的开垦，再也没有那么多荒原供疏导黄河。西周时期，黄河堤防已经出现；春秋时期，各国都修筑了堤防；战国时期，黄河堤防已经连贯起来，并初具规模。秦始皇统一中国后，拆除了阻碍水流的工事，统一管理由各个诸侯国修建、分管的黄河堤防。到了汉代，治黄思想得到很大发展。西汉后期，朝廷多次下诏征求治河方案，先后出现了分疏说、改道说、水力冲沙说等治河策略，贾让在分析黄河下游河道演变规律的基础上，提出“治河三策”。两汉之交，黄河改道东流泛滥60多年，东汉明帝派王景治河，从荥阳至千乘修筑千里大堤，使黄河和汴河分流，黄河水被控制，其后黄河进入了一个相对稳定的时期。从疏导洪水、引水入海到以堤防约束洪水，是古代治黄方略发展的第二个阶段。

自从有了堤防，黄河水就在大堤间流淌，泥沙就淤积在了河床上。随着河床逐年抬高，河槽的行洪能力日渐下降，到汉代时，黄河下游部分堤段已成为地上河。每当发生大洪水时，堤防就频繁决口，甚至出现大的改道。为了减小灾害损失，人们开始寻觅新的治河之道，分流思想便应运而生。这种思想认为，黄河为患的主要原因在于下游河道行洪能力不够，一味修筑堤防束水，不如在下游分杀水势。西汉时，开挖屯氏河用于黄河在洪水暴涨时分流。宋代，治黄专家主张，在滑、澶二州的黄河南北两岸开挖支河分水。明代，治黄专家认为，河水被分流后水势自然会平缓，主张在水多时分流避患，在水少时合流而用其利。明代中叶以前，分流思想在治黄实践中一直占据了主导地位，这是治黄思想发展的第三阶段。

明清时期，朝廷为了保障漕运，寻求治河策略，先后出现了分流论、改道论、北堤南分论等治河策略，人们已经认识到治河必须从中游着手，这才是“正本清源”的策略。在西汉时，人们就进行过这方面的探索，而明代的潘季驯在总结前人经验的基础上，提出了“以堤束水，以水攻沙”“以清释浑”等一系列主张，把过去单纯的防洪思想转移到注重治沙，把治水和治沙结合起来。潘季驯抓住了黄河含沙量大的特性，是治黄思想的一个重要转变。由分流转变为“束水攻沙”，是治黄方略发展的第四个阶段。

随着科技的发展和社会的进步，到近代，人们对黄河的认识更加全面。20世纪30年代初，李仪祉等治河专家在总结历代治河经验、吸收西方先进科学技术的基础上，打破了传统的治河观念，提出了上、中、下游结合，治本与治标结合，工程措施与非工程措施结合，治水与治沙结合，兴利与除害结合的黄河综合治理方针。这是治黄方略发展的第五个阶段。

二、贾让治河三策

西汉时期，黄河下游两岸筑堤，使河道泥沙淤积加重，河床逐渐抬高形成“悬河”，导致黄河下游不断决口泛滥。西汉政府为此多次下诏征求治河方案，贾让应诏上书，提出了著名的“治河三策”。

贾让在上书之前，不仅研究了前人的治河思想，还亲自到黄河下游进行实地考察。根据他的分析，黄河下游在修筑大堤以前有众多小河流汇入，沿河还有许多湖泽，使洪水得以调蓄。此时河道宽阔，河水左右游荡，水流宽缓。到了战国时期，黄河两岸筑起大堤，但是堤距较宽，河水仍可在河道中游荡。后来，人们在河道内的滩地上又筑起弯曲的二级堤防，二级堤防不仅把河道束窄，而且遇到大水时妨碍行洪，因此常常导致黄河决口。

在调查研究的基础上，贾让提出“治河三策”：上策是人工改道，不与水争地；中策是在黄河狭窄地段分水灌溉，分杀水势；下策是在原来狭窄弯曲的河道上，加固原有堤防。贾让不仅提出了防御黄河洪水的对策，还提出了放淤、改土、通漕等多方面的措施。

“上策”是一个人工改道的设想。在遮害亭（今河南省滑县西南）一带掘开黄河大堤，使黄河水从现在的河南省浚县向北放入西至太行山、东至黄河左岸大堤的区域，最终流入大海。贾让选择的改道地点遮害亭是古黄河的河口，改道后的河道也是古河道。贾让认为，这一方案不与水争地，又“遵古圣之法”，可有“河定民安，千载无患”之效。

“中策”是在黄河狭窄段分水灌溉。贾让建议从淇河口以东修筑石堤，并且多开些水门，从漳水向北新修筑一道渠堤，与西北的山脚高地相连，东边再新筑一道渠堤，这样就构成了渠床；然后，在新筑渠堤上设若干处分水口，组成许多分水渠。按照这样的布置方案，遇到黄河洪水时，可将部分洪水分流经漳河入海；遇干旱时，可将黄河水引入进行灌溉，这样既治了田，又治了河。贾让认为，中策虽然不及上策，但也可以“富国安民，兴利除害，支数百年”。

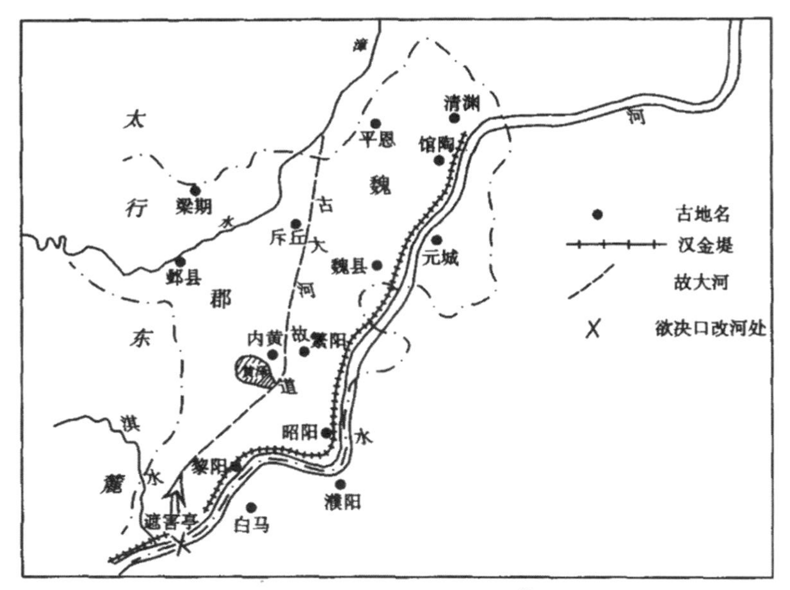

图 1-3 贾让上策示意图①

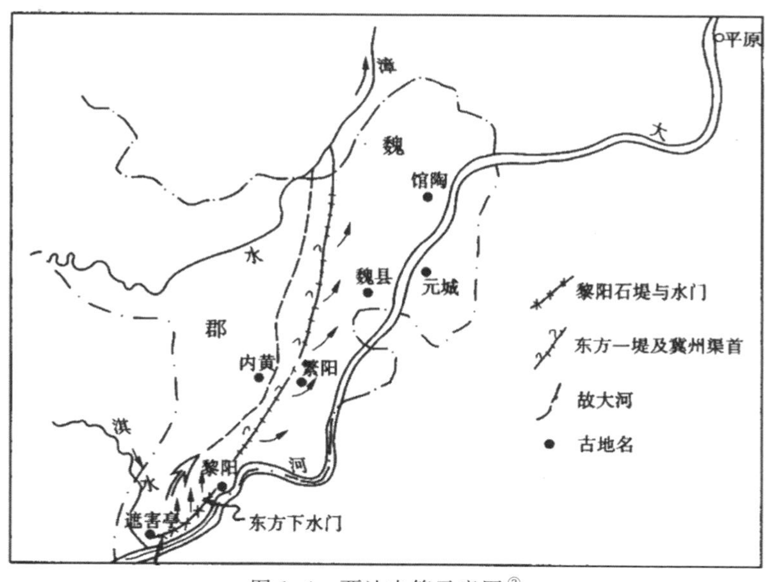

图 1-4 贾让中策示意图②

“下策”是加高培厚原有堤防。但贾让认为，单纯修复旧堤、加高培厚，

①《黄河水利史述要》编写组.黄河水利史述要.郑州：黄河水利出版社，2003：79.

②《黄河水利史述要》编写组.黄河水利史述要.郑州：黄河水利出版社，2003：81.

即使花费很大气力，也仍然避免不了洪水灾害，是下策。在贾让看来，原有的大堤把河道束得太窄，它的存在失去了其有益的作用，严重阻碍了洪水下泄。

贾让的“治河三策”是现在能看到的成文最早且比较全面的治河文献。它不仅提出了防御黄河洪水的对策，还提出了放淤、改土、通漕等多方面的措施，有专家把它称为“我国治黄史上第一个除害兴利的规划”[①]。

三、王景治河

西汉末年至东汉初年，约 60 余年时间黄河失治，造成黄河洪水侵入济水和汴渠，导致灾害频发。公元 69 年，汉明帝决心治理黄河和汴渠，命王景主持。当年 4 月，王景率 10 万军民开始大规模治河。

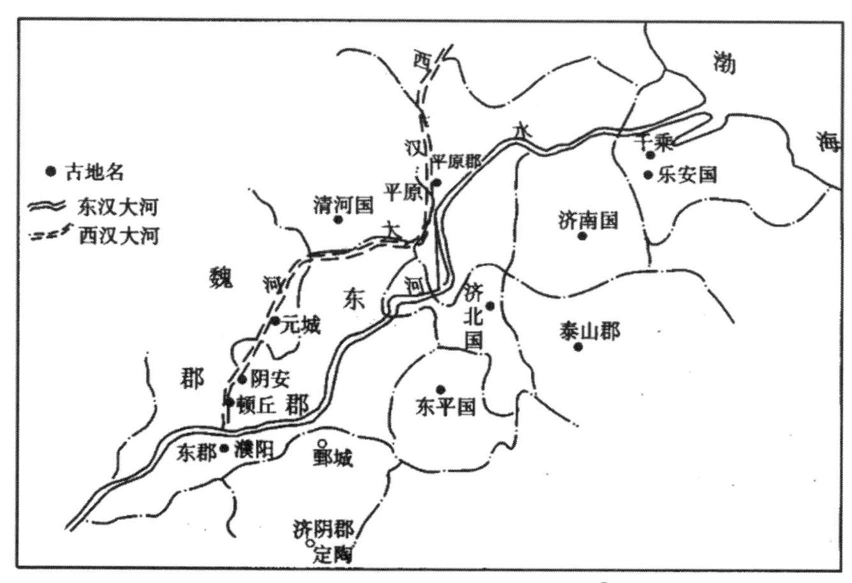

图 1-5　王景治理后的黄河示意图[②]

王景采取的治河方案基本上符合贾让“治河三策”中的“上策”，即从荥阳（今河南省荥阳市东北）至千乘（今山东省高青县东北）开辟新河道，并

① 维达，彭绪鼎．黄河：过去、现在和未来．郑州：黄河水利出版社，2001：54.

②《黄河水利史述要》编写组．黄河水利史述要．郑州：黄河水利出版社，2003：88.

在两岸新筑和培修了大堤。该河道自济阴以下，流经西汉大河故道与泰山北麓之间的低地，不仅地势低，而且距渤海较近。新河道比原河道入海流路缩短，河床比降加大，河水流速和输沙能力相应提高。新河道堤距较大、河床宽阔，上段荥阳一带堤距10～20千米；下段入海口一带，南至千乘，北临天津，宽约200千米。新改河道自上而下呈喇叭形，十分有利于宣泄洪水。

经过治理的黄河由濮阳以东经平原、千乘入海，此后黄河进入了历史上相对稳定的一个时期。据记载，从东汉末年至唐朝末年的800年中，黄河决溢仅有40个年份，且无重大改道变迁，主流一直处于稳定状态，史有“王景治河，千年无恙”[①]之说。

四、潘季驯“束水攻沙”

明代以前的治河专家大多主张疏导分流，其策略是尽量排洪入海。明代潘季驯认真总结了分流治河的教训，紧紧抓住黄河泥沙淤积问题，研究了水沙运行规律，创造性地提出了“以堤束水，以水攻沙”的集流学说。

潘季驯提出了几个重要的论点：一是泥沙淤积是黄河下游决溢的根源，二是造成淤积的主要原因是水少沙多，三是输沙必须集中水流。[②]“束水攻沙”的核心突出治沙，由分流到合流，由单纯治水到水沙统筹治理。为了达到束水攻沙的目的，潘季驯十分重视堤防的作用。他总结了当时的修堤经验，创造性地把堤防工程分为遥堤、缕堤、格堤、月堤四种，因地制宜地在大河两岸周密布置，配合运用。他在“束水攻沙”的基础上，又提出在黄河与淮河汇合地段“蓄清刷黄”的主张。根据“淮清河浊，淮弱河强”的特点，一方面筑堤防止黄河水向南侵入洪泽湖；另一方面加强洪泽湖东岸的高家堰，充分利用洪泽湖蓄淮河水“以清刷黄”。两河相汇，黄河不旁决则河槽固定、冲刷力增强，有利于排沙入海。这样，“海不浚而辟，河不挑而深”，以达到借水攻沙、以水治水的目的。

---

① 维达，彭绪鼎.黄河：过去、现在和未来.郑州：黄河水利出版社，2001：56.

② 水利电力部黄河水利委员会治黄研究组.黄河的治理与开发.上海：上海教育出版社，1984：158.

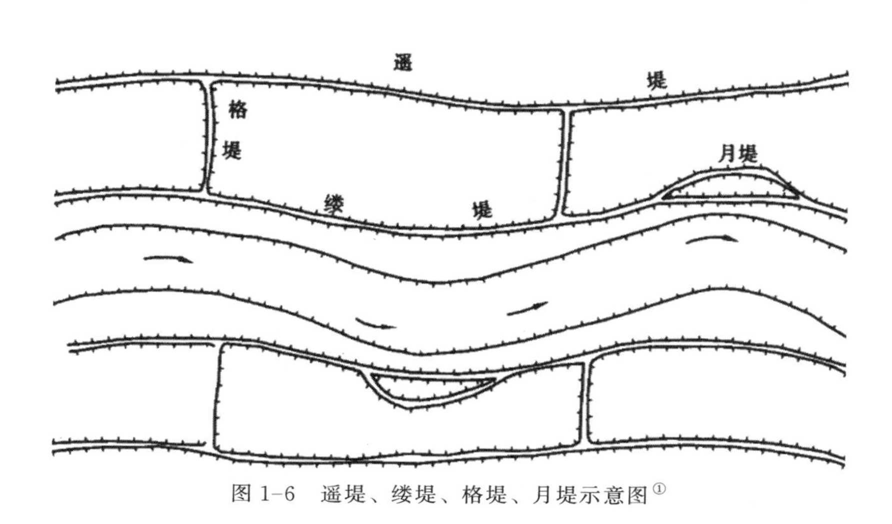

图 1-6　遥堤、缕堤、格堤、月堤示意图[①]

潘季驯不仅是“束水攻沙”理论的倡导者，也是力行者。他利用“束水攻沙”理论，对兰阳（今河南省兰考县）以下河道进行了治理，扭转了嘉靖和隆庆年间黄河“忽东忽西，靡有定向”的混乱局面，取得了一个时期“河道安流”的成效。

潘季驯治河实现了由分流到合流、由治水到治沙的两个转折，抓住黄河泥沙淤积这个根本问题，总结和运用了水沙运行规律，这是他超出前人之处。潘季驯的治河理论与实践对后世产生了很大影响，清代靳辅、陈璜在治河保漕运方面曾做出较大的成绩，就是承袭他的治河主张和方法。这些主张和方法一直延续到近代。[②]

第三节　民国时期对三门峡工程的规划

关于在三门峡修建水库的设想，最早可以追溯到20世纪30年代。我

①《黄河水利史述要》编写组.黄河水利史述要.郑州：黄河水利出版社，2003：289.

② 水利电力部黄河水利委员会治黄研究组.黄河的治理与开发.上海：上海教育出版社，1984：159.

国近代著名的水利专家李仪祉[1]最早提出在黄河干流上壶口和孟津修建蓄洪水库的主张。1935年，挪威籍工程师安立森（S.Eliassen）[2]提出在三门峡修建拦洪水库的建议。侵华期间，日本人于1941年6月查勘了三门峡坝址，提出了“三门峡发电计划”。1946年，民国政府聘请了美国专家查勘黄河，对八里胡同坝址和三门峡坝址的建库方案作了比较。1947年，我国著名水利专家张含英提出在三门峡或八里胡同修建拦洪水库的主张。

一、李仪祉和安立森

李仪祉和安立森是三门峡工程最早的倡议者。[3]

（一）李仪祉

李仪祉于1933年夏至1935年任黄委会委员长兼总工程师。他的治河主张对我国近代治河思想的影响很大，“使我国治河策略向前推进了一大步，为治河史开启了新的一页”[4]。

李仪祉治河的主导思想是“用古人之经验，本科学之新识”[5]。所谓科学之新识，即引进西方先进的治河理论与技术。李仪祉认为，若要以“科学之新识”治河，就必须首先了解黄河的客观情况，研究黄河的自然规律。他认为“以科学从事河工：（一）在精确测验，以知河域中丘壑形势，气候变迁，

---

① 李仪祉（1882—1938），陕西蒲城人，是著名的水利科学家，也是我国近代水利科学技术的先驱。他于1909年毕业于京师大学堂，随即赴德国柏林皇家工程大学学习土木工程，1913年再赴德国丹泽工业大学专修水利，1915年学成归国，在南京河海工程专门学校任教，1933年夏至1935年任黄委会委员长兼总工程师。他针对我国2000多年来治理黄河一直偏重下游，河道得不到根治的情况，提出了上、中、下游并重，防洪、航运、灌溉、水电等各项工作统筹兼顾的治河方针。他提出科学治河的主张，并亲赴黄河上、中、下游实地查勘，部署地形测量、水文测量、气象测验、筹建大型水工模型试验场等工作，筹划黄河治本治标工程。李仪祉一生中有关治河的论著很多，撰写了《黄河之根本治法商榷》《黄河治本的探讨》《治河论略》《黄河上游视察报告》《治理黄河工作纲要》《黄河之水文》《黄河流域之水库问题》等专著，他在黄河的治理、水文勘测事业及水资源的开发利用等方面都有建树。

② 安立森，挪威人，20世纪30年代曾任国民政府黄河水利委员会主任工程师。

③ 黄河三门峡水利枢纽志编纂委员会.黄河三门峡水利枢纽志.北京：中国大百科全书出版社，1993：271.

④ 张含英.治理黄河的新的里程碑//中华人民共和国水利部办公厅宣传处.根治黄河水害开发黄河水利.北京：财经出版社，1955：47.

⑤ 黄河水利委员会.李仪祉水利论著选集.北京：水利电力出版社，1988：74.

流量增减，沙淤推徙之状况，床址长削之缘由；(二)在详审计划，如何而可以因自然，以至少之人力代价，求河道之有益人生，而免受其侵害。昔在科学未阐明时代，治水者亦同此目的，然而测验之术未精，治导之原理未明，是以耗多而功鲜，幸成而卒败，是其所以异也”[①]。

李仪祉的治黄方略主要包括以下五个方面：

第一，黄河为患的症结与治理目标。黄河问题的症结在于黄河善淤、善决、善徙的特性，而徙由于决、决由于淤，要消除河患，不仅需要防洪，更需要减沙。治河的目标不仅要维持黄河现有河道、巩固堤防，使其不致迁徙、溃决危害人民，更要吸取古人的治河经验，结合新科技，来整治河道、调节洪水、治理泥沙及利用黄河资源。

第二，黄河中上游的治理。今后治黄重点应放在西北黄土高原上，在荒山上发展林业，种草畜牧。黄河治理要与当地的农、林、牧、副业生产的发展结合起来。

第三，洪水的出路。防洪是治河的最大目的，所以要尽量为洪水筹划出路，务必使洪水平顺安全地宣泄入海。防治洪水的方法有三个：一是疏浚河槽，以增加泄量；二是在上中游各支流修建拦洪水库，以调节水量；三是开辟减水河，以防止河水过快上涨。拦洪水库以修建于陕西、山西和河南各支流为宜，或考虑在干流壶口和孟津各修建一座水库。水库要综合利用，使其产生防洪、灌溉、发电等效益。

第四，下游河道的整治。在洪水被控制前，因流量变幅大，适合设复式河槽；待将来洪水得到控制，可将复式河槽变为单式河槽，用以提高挟沙能力。

第五，航运。黄河并不是不能通航，但在通航前必须大加治导。

李仪祉对水库在治理黄河中的作用很重视，在其著作中多次提及。但他早年并不赞同在黄河上修建水库。1922年，他在《黄河之根本治法商榷》一文中提到“治水之法，有以水库节水者，各国水事用之甚多。然用于黄河，则未见其当”，其原因是“以其挟沙太多，水库之容量减缩太速也”。和修建水库相比，当时他更倾向于水土保持，认为“若分散之为沟洫，则不啻

① 黄河水利委员会.李仪祉水利论著选集.北京：水利电力出版社，1988：17-18.

亿千小水库，有其用而无其弊，且有粪田之利，何乐而不为也”。他认为泥沙也是黄河的宝贵资源，应该加以利用。[①]后来，他对于在黄河上修建水库的态度有所转变，逐步认识到水库能在治理黄河中起到一定的作用。他在《黄河治本的探讨》一文中，就认为在黄河上中游的支流适当修建水库，可以有效地解决大洪水对下游的威胁。[②]

李仪祉水库的用途主要表现在三个方面：储水待用（包括灌溉、给水和航运等）、水力和防洪。他从以下几个方面分析了在黄河上修建水库的必要性。

第一是调节水流，“黄河下游洪水高而猛，水涨时流势太急，水位下降时流量又太小，是以不利航行，而害独多。是以黄河需要大量水库，已不待言。然现无天然水库，故必待人工之兴筑也”。

第二是灌溉，他认为农业四季种植不同，所需水量也不同，并且自然降水和灌溉用水又不能同步，所以“以灌溉言，黄河流域有设水库之必要”。

第三是航运，“船之载量与水之深浅大有关系，而水消长与降雨量之多少有关。普通一般河在夏季雨量多时水位高，冬季因缺降水而水位即行低落。是以因降水多少，又影响及于航运，故必修筑水库”。

第四是给水，“年来举国上下高唱开发西北，曾不知西北一切建设，在需水。在陇海铁路之小工厂，虽以凿井供给水之需要，然井水用以供给大规模之工厂必感不足。年来西安因铁路通达，人口骤增，现拟引沣河之水以供饮用，因种种之需要，亦有设水库之必要”。

第五是水力，“西北交通不便，燃料无法转运，则一切工业之建设，势必赖水力发电”。“是以不开发西北则已，若言开发西北，建设水库以利用水力发电，实为当务之急”。

第六是防洪，“盖黄河流域雨量，成一极尖曲线，因之洪水之来也猛，故几无年无灾，且每次损失极巨，动辄数千万元以上。故为防洪更有建立

---

① 黄河水利委员会.李仪祉水利论著选集.北京：水利电力出版社，1988：36.

② 黄河水利委员会.李仪祉水利论著选集.北京：水利电力出版社，1988：53.

水库之必要。”①

对于防洪水库的修建位置，李仪祉认为“工程以施于陕西、山西及河南各支流为宜”，由于黄河的洪水主要来自渭河、泾河、洛河、汾河、南洛河、沁河等支流，需要在这几条支流上各修建一座水库；“山、陕之间，溪流并注，猛急异常，亦可择其大者，如三川河、无定河、清涧河、延水河各作一蓄洪水库”；“或议在壶口及孟津各作一蓄洪水库以代之，则工费皆省，事较易行，亦可作一比较设计，择善而从”。②

对于水库的运用方法，他认为水库在汛期到来之前就应该放空，并且水库的底孔应该有相当规模的泄水量。这样做的好处是：“（一）使库内不至淤积；（二）使下游水量不至太弱，有病河床；（三）不至发生河患。”对于水库的泄水量，他认为应该按照水力和河水含泥情况详细计算，并加以模型试验，才可确定。对于水库的淤积问题，他指出：“所虑的不是库内淤积，而是库外淤积。水库设于山峡之内，水急而陡，总可使冲刷净尽。但如二十四小时的水量，分作十日或二十日放下，水势变弱而带出之泥平均于逐日流下之水中，恐水库以下的河床反受其淤。所以下游治导与上游水库，要同时并举，并且要精密的计算”。③

李仪祉认为，黄河中游多高山峡谷，水流湍急，河水含沙量大，对河槽日渐侵蚀，影响农业和航运。他设想在中游巩县、三门峡和潼关修建水库，认为这三个地点是河道较窄的地方，相隔距离也合适，非常适合修建船闸水坝，而且通过这项工程可以将中游“分为水级，平其降度，则水势缓弱，下游淤沙之患，可以减除。至于巩县以上，岸高槽深，固不患其淤，且可以淤而增加肥沃之地不少”④。其思想就是利用中游这三座水库拦截河水，降低河水的流动速度，将泥沙拦蓄在这三座水库内，不使其下排，以达到解决下游河道淤积的目的。

他在 1933 年就提出了在三门峡修建水库的设想，认为三门峡位于“黄

① 黄河水利委员会.李仪祉水利论著选集.北京：水利电力出版社，1988：133–135.
② 黄河水利委员会.李仪祉水利论著选集.北京：水利电力出版社，1988：169.
③ 黄河水利委员会.李仪祉水利论著选集.北京：水利电力出版社，1988：52–53.
④ 黄河水利委员会.李仪祉水利论著选集.北京：水利电力出版社，1988：80.

河槽逼狭之处”，“石矶天然，施设闸坝形势为最便宜”，[①]且“三门以上地质地形皆极相宜，若设水库于是，而减少黄河洪水峰，诚堪欣幸也。黄河水库一旦有办法，非独水灾可望免除，而西北旱灾亦可望减少”[②]。

（二）安立森

1934 年，国际联盟应国民政府经济委员会邀请，派水利专家来华。在经济委员会和黄委会成员的陪同下，水利专家们考察了黄河下游、河口及陕西，并撰写了考察报告，提出在各大支流汇合处以下修建水库。1935 年，黄委会据此派出了技术人员，对干支流坝址进行查勘。[③]同年 8 月 23 日至 9 月 2 日，安立森与中国工程技术人员共同查勘了黄河孟津至陕县干流河段，第一次对小浪底、八里胡同、三门峡三座坝址进行了比较，提出了小浪底、八里胡同和三门峡三个坝址的查勘报告《用拦洪水库控制黄河洪水的可能性》。安立森的上述报告发表于 1936 年的《中美工程师汇刊》。

安立森认为，在黄河中游的干支流上有很多优良的坝址适合修建拦洪水库，这些水库能起到以下两种作用：“一为缓和洪峰（此处洪峰甚为奇特，常使大平原之堤防地段受到威胁），二为截留洪水带来之一部分泥沙，然后于一较长的时期中分散之。”对于泥沙淤积问题，安立森认为在黄河干流比较窄且深的峡谷内修建滞洪水库，其比降“在 1 ∶ 2000 以上，则在普通流速下即可产生冲刷作用；即不虞水库不能保持其清洁，而放水之门亦可不虞其受堵塞”，重要的是要考虑冲走泥沙所需的时间及水坝需要修建的高度，还要注意在第一个洪水过去之后可能来临的第二个大洪水，它们相隔的时间有多长。[④]他还认为，就地势言之，三门峡诚为一优良库址，可以为防洪及防沙之用，建议修建三门峡水库，抬高水位 50～70 米，泄量 12000 立方米每秒，淤积不会大。[⑤]

---

① 黄河水利委员会.李仪祉水利论著选集.北京：水利电力出版社，1988：80.

② 黄河水利委员会.李仪祉水利论著选集.北京：水利电力出版社，1988：137.

③ 赵之蔺.三门峡工程决策的探索历程.河南文史资料，1992（1）：1-2.

④ 塔德，安立森.黄河问题//黄河水利委员会黄河志总编辑室.历代治黄文选（下）.郑州：河南人民出版社，1988：183-184.

⑤ 赵之蔺.三门峡工程决策的探索历程.河南文史资料，1992（1）：2.

图 1-7　1935 年考察黄河的国际联盟水利专家留影（前左三为李仪祉，后右一为安立森）[①]

二、日本东亚研究所

1938 年 6 月，日军占领开封时发现了大量的治黄文献，为了进一步掠夺中国的资源，日本东亚研究所于 1939 年抽调日本国内近 300 名各方面专家组织了第二调查委员会，专门从事黄河治理、水利利用等问题的调查研究，制订治理黄河的基本计划。第二调查委员会下设三个地区委员会，即华北委员会（华北地区）、蒙疆委员会（长城以北地区）及内地委员会（日本）。在每个委员会下又根据研究对象分设五到六个专门的部会，从事政治、经济、社会，治水，利水，水电，水运，地质、气象、水文基本工作等六个方面的研究工作。1945 年日本战败投降，该计划随即停止。

日本侵华期间，第二调查委员会做了大规模的黄河调查研究工作。到 1942 年，各部会先后提交文献翻译、资料汇编、调查报告、专题研究、设计规划等共 193 件，约 1400 多万字；1943 年又将各部会的报告汇总研讨，于 1944 年编成综合报告书《黄河治理规划的综合调查报告书》，约 73

---

①《民国黄河史》写作组.民国黄河史.郑州：黄河水利出版社，2009：93.

万字。

日本人的治黄意见分为治水和利水两部分。

1. 治水。

治水即防御洪水，消除水患。日本人推测，陕县最大洪峰为 30000 立方米每秒，因此规划了几项重要的防洪工程：一是干流滞洪水库。计划在潼关至广武（位于河南省荥阳市）河段修建水库拦蓄洪水、削减洪峰，使最大洪峰流量经调节后减至 20000 立方米每秒。坝址可在三门峡、八里胡同、小浪底中选择。对比三个坝址，他们认为，小浪底坝址储水容量小、淹没村落较多，不大合适，只有八里胡同与三门峡两处较为适宜。三门峡坝高若在 60 米以上，则关中平原将被淹没，又考虑到河床上泥沙的堆积及洪水时潼关不致淹没，则坝高应限于 40 米左右。当三门峡水库因淤积严重而调洪能力剧降时，再修建八里胡同水库，坝高计划 80 米。二是平原宽河道滞洪。从京广铁路至陶城铺（位于今山东省阳谷县）河段，可蓄水 55 亿立方米，洪峰流量可由 20000 立方米每秒降至 14000 立方米每秒。三是徒骇河分洪。徒骇河可作为分洪道，经整治，最大泄洪量可达 5000 立方米每秒。四是修堤护滩和整治河口[①]。

表 1–1　日本人对三门峡、八里胡同、小浪底三个坝址的研究情况[②]

坝址	坝高/米	有效储水量/立方米	工程费/万日元	备注
三门峡	40	19 亿，其中 13 亿供节洪、6 亿供水	6200	对泥沙问题未作定论，坝下设泄洪闸 16 道，各高 12 米、宽 10 米
八里胡同	80	同三门峡	12600	三门峡水库因淤积失效后修建，坝基为石灰岩
小浪底				储水量小，回水淹没村庄甚多，不易建高坝

此外，日本人还制订了森林治水计划，作为黄河治本最重要的任务，用以防治土壤侵蚀、涵养水源、调节洪流。他们认为黄河的根本问题是泥

① 张汝翼 . 日本东亚研究所的治黄方略 . 水利史志专刊，1989（3）：25–26.

② 张瑞瑾 . 日人治黄研究工作述要 // 黄河水利委员会黄河志总编辑室 . 历代治黄文选（下）. 郑州：河南人民出版社，1988：511.

沙，中国治水失策是因为森林的荒废。日本人提出在华北各省造就12.3万平方千米的森林，用以防治水土流失和增加木材产量。并提出第一期造林4万平方千米，选择沙土流失严重和雨量较多的地方施行，预计35年完成，预算投资8.6亿元，成材2200万立方米木材，可收入22亿元。[①]

2. 利水。

利水部分可分为以下四个方面。

（1）土地改良计划。日本人还拟订了灌溉与排水计划，计划改良京广铁路线以东黄河下游3755万亩耕地。

（2）水运发展计划。日本在华北最大的需求是矿产资源，而矿产的主要运输方向与黄河水流动方向一致，并且水运比任何陆路运输费用都低廉。在综合开发计划中，力图利用黄河上中游水库的调蓄水量，发展以黄河为中心的华北内河水运。

（3）水力发电计划。日本的治黄计划，兴利重于除害，开发水电是日本人开发黄河的最重要目的。计划供电范围遍及华北，所发电主要用于采矿和化工。开发范围限于黄河中游，自内蒙古清水河至河南小浪底。有两个开发方案：一是内地委员会拟定的自清水河至禹门口建14座水电站，年平均发电能力为381万千瓦；二是华北委员会所拟定的，除了上述方案中提及的8座水电站外，还建议在陕县至孟津段修建3座，共计11座水电站，年平均发电能力500万千瓦。上述各水电站仅清水河和三门峡有初步计划，其余各站均只有纲目。[②]

（4）渔业开发计划。日本人计划将日本冷水性鱼族移殖到黄河，并对捕鱼、分配、加工等方面都统筹改良。

表1–2 日本人拟定的黄河中游梯级开发方案主要坝址[③]

坝址	位置	坝高/米	库容/亿立方米	发电容量/万千瓦
清水河	绥远下城湾上游6千米	85	240	25.6
河曲	山西河曲上游17千米	81	5.3	28.3

① 张汝翼.日本东亚研究所的治黄方略.水利史志专刊，1989(3)：26–27.

② 张汝翼.日本东亚研究所的治黄方略.水利史志专刊，1989(3)：27–28.

③ 赵之蔺.三门峡工程决策的探索历程.河南文史资料，1992(1)：4.

续 表

坝址	位置	坝高/米	库容/亿立方米	发电容量/万千瓦
天桥	山西保德天桥下游3千米	149	44.3	66
黑峪口	山西兴县黑峪口下游20千米	88	19.7	32.9
碛口镇	山西临县碛口下游2千米	94	43.6	41
延水关	山西临县碛口下游21千米	97	21.7	41.8
壶口	山西吉县龙王辿	68	11.2	37.7
禹门口	山西河津禹门口上游5千米	89	8.4	39.8
三门峡	河南陕州下游25千米	61、86	60、400	21.4、59
八里胡同	山西垣曲下游30千米	127	23.7	112.2
小浪底	河南孟津上游28千米	50	2.8	16.2

在日本人的报告中，三门峡工程首次形成方案，作为黄河综合开发的第一期工程提出。计划分两期开发，第一期库水位不超过325米高程，即回水不超过潼关，坝高61米，库容60亿立方米，最大发电容量为63.2万千瓦，年发电量24亿千瓦时；第二期库水位350米高程，坝高86米，库容400亿立方米，最大发电容量为112.3万千瓦，年发电量51.6亿千瓦时。①

计划的三门峡工程第一期工程，由于水位不超过潼关1933年的洪水位且地处峡谷，淹没损失小。工程采用混凝土坝，坝上设16道宽10米、高12米的闸门，汛期限制水位为319米高程，有防洪库容25亿立方米，可控制34500立方米每秒流量的洪水下泄量不超过15000立方米每秒。调节库容为20亿立方米，可使枯水期下游流量调节到650~800立方米每秒，供下游灌溉及航运之用，并可发电27万~63万千瓦。由于大水大沙时敞泄，可保持平衡库容30亿立方米长期运用。坝体混凝土量68万立方米，淹地90万亩，迁移人口13万人。第二期工程，可将枯水期下游流量调节到1200立方米每秒，发电112万千瓦，坝体混凝土量为145万立方米，淹地260万亩，迁移人口37万人。对于移民的处理，日本人提出由电力促进

① 赵之蔺.三门峡工程决策的探索历程.河南文史资料，1992(1):3-4.

工业发展以吸收一部分劳力，其余部分则迁移到黄河故道及附近地区。[①]

日本人选择在三门峡修建水库的原因主要有两个：一是有好的地理位置和巨大的效益，“在潼关以下的山峡地方，若能设置堰堤蓄水，以调节洪水的最大流量，则不仅于治水上有重大之效果，且于利水上亦有莫大之利益”。二是具有好的地质和地形，“三门峡的两岸及河床，都是岩盘露出而良好，可修筑堰堤，高达六七十公尺。且可得到广大的浸水面积与堰堤的高度成比例，此为其最有利之处”。[②]

日本人认为，在三门峡修建水库的缺点也主要有两个：一是淤积严重，“这个蓄水池的第一个缺点，是上游流至此处所堆积的土砂量。陕县每年平均流下的土砂量，估计为10.5亿立方公尺，若全部在蓄水池中沉淀，则蓄水池三十八年后将被完全埋塞”[③]。二是淹没大、迁移多。“堰堤的高度若在60公尺以上，则关中平原势必陷在水底”，“淹没地点及其应行移转之人口，均极广大，故将此种工程分为两期”。[④]

综观日本人的计划，有研究者如此评价：“就技术观点言，日本从事治黄研究工作规模之庞大，步骤之精到，多有使吾人愧对者。”[⑤]日本人对治黄的研究具有以下特点：首先，它是多学科的综合性研究，特别是对经济和历史方面均达到相当深度。如对三门峡水库调节后的水量分配，400立方米每秒用于灌溉、50立方米每秒用于航运、50立方米每秒用于城市供水、其余300立方米每秒放诸河道。其中预见到了华北地区的城市及工业供水将会出现紧张局面，并将内河航运和井渠结合的灌排体系提到相当的高度。其次，将三门峡工程分两期开发是审慎的，尽管方案是粗略的，但把它和改建后

---

① 赵之蔺.三门峡工程决策的探索历程.河南文史资料，1992(1)：4.

② 日本东亚研究所第二调查委员会.治水利水篇(治水篇).国民党河工人员，译.华东军政委员会水利部，1951：94.

③ 日本东亚研究所第二调查委员会.治水利水篇(治水篇).国民党河工人员，译.华东军政委员会水利部，1951：94.

④ 日本东亚研究所第二调查委员会.治水利水篇(利水篇).国民党河工人员，译.华东军政委员会水利部，1951：116.

⑤ 张瑞瑾.日人治黄研究工作述要//黄河水利委员会黄河志总编辑室.历代治黄文选(下).郑州：河南人民出版社，1988：508.

的三门峡工程相比，就会发现有不少相似之处（表 1-3）。[①]

表 1-3　日本人的三门峡工程第一期规划与三门峡工程的实际运用情况对比[②]

<table>
<tr><th colspan="2">指标</th><th>实际运用情况</th><th>日本人计划</th></tr>
<tr><td colspan="2">最高水位</td><td>326 米高程</td><td>325 米高程</td></tr>
<tr><td rowspan="3">防洪</td><td>原则</td><td>回水不过潼关</td><td>回水不过潼关</td></tr>
<tr><td>汛期水位</td><td>310 米高程</td><td>319 米高程</td></tr>
<tr><td>防洪运用</td><td>315 米高程水位时下泄 10000 立方米每秒，最大下泄 14000 立方米每秒</td><td>315 米高程水位时下泄 10000 立方米每秒，最大下泄 15000 立方米每秒</td></tr>
<tr><td rowspan="4">兴利</td><td>原则</td><td>非汛期蓄水</td><td>非汛期蓄水</td></tr>
<tr><td>调节库容</td><td>18 亿立方米</td><td>20 亿立方米</td></tr>
<tr><td>灌溉面积</td><td>1600 万亩</td><td>1500 万亩</td></tr>
<tr><td>发电出力</td><td>25 万～40 万千瓦</td><td>27 万～63 万千瓦</td></tr>
<tr><td rowspan="3">泥沙处理</td><td>原则</td><td>冲沙</td><td>冲沙</td></tr>
<tr><td>平衡库容</td><td>30 亿立方米</td><td>30 亿立方米</td></tr>
<tr><td>方式</td><td>底孔加隧洞</td><td>低溢流堰闸孔</td></tr>
</table>

三、黄河治本研究团

1946 年 6 月，国民政府水利委员会为了考察、收集资料研究黄河治本问题，组织了黄河治本研究团。黄河治本研究团由国民政府水利委员会聘请的专家组成，团长为张含英，团员由 1 名地质专家和 5 名水利专家组成。由于当时黄河花园口堵口工程正在进行，黄河还没有恢复故道，因此，黄河治本研究团的考察范围限于上自贵德下至开封的黄河上中游。黄河治本研究团在上游从龙羊峡开始至兰州，再经大峡、小峡、红山峡、黑山峡至青铜峡，并考察宁夏、绥远灌区；中游因战争等原因，仅从山西一侧考察了壶口和禹门口的左岸；潼关以下，从河南一侧考察了三门峡及八里胡同的右

① 赵之蔺.三门峡工程决策的探索历程.河南文史资料，1992(1)：4–5.

② 赵之蔺.三门峡工程决策的探索历程.河南文史资料，1992(1)：5.

岸。考察历时近4个月，行经7个省，在沿途所经地区，研究团均向当地政府、水利机构和沿河群众征求意见并与之研讨资料，开了15次座谈会。1946年年底，研究团编写了《黄河上中游考察报告》，提出治黄建议25条。因团员均是兼职，《黄河上中游考察报告》编写结束后，团员即各回原单位，未能集体讨论。

《黄河上中游考察报告》认为，“筑坝地点以陕州之三门峡，垣曲下游30公里之八里胡同及孟津以上28公里之小浪池[①]三处为最宜。其中三门峡交通最便利，与治水事业关系极切”[②]；并着重对三门峡坝址和八里胡同坝址作了比较，认为三门峡坝址地质为石炭二叠纪煤系，其中有火成岩侵入层——闪长玢岩，走向与河斜交，能否筑高坝完全依赖石炭纪煤系的坚硬程度；而八里胡同坝址地质为奥陶纪厚岩石灰岩，厚度在700米以上，是华北最厚、最坚实的沉积岩。比较之后，报告认为，在八里胡同建坝较三门峡更为理想。从防洪、发电、蓄水、泥沙等方面考虑，报告一度认为三门峡坝址似可放弃，建议在八里胡同筑坝回水至潼关，可控制最大洪水时下泄量小于10000立方米每秒，发电能力可达120万马力（1马力约等于735瓦特）。

四、黄河顾问团

抗日战争胜利后，中国水利界开始学习国外全流域多目标开发的治河理论，即采取一定步骤广泛地、大规模地开发全流域的自然资源，从而获得最大的利益。这一理论最早见于1928年12月21日的波尔多谷计划（Boulder Canyon Project），此后迅速传遍全美，乃至传播到世界各国，苏联应用于第聂伯河，印度应用于旁遮普河。

当时黄河的干支流都没有经过整治开发，所以很适宜作全流域多目标开发。为开展此项工作，1946年4月，国民政府行政院公共工程委员会邀请美国水利专家雷巴德（E.Reybold）、萨凡奇（J.L.Savage）、葛罗同（J.P.Growdon）等人，与中央水利实验处及水力发电总处的相关人员

---

① 小浪池即小浪底。

② 张含英，等.黄河上中游考察报告（利水篇）.水利委员会，1947：10.

组成黄河顾问团。黄河顾问团由公共工程委员会主任沈怡负责，成员有水利实验处的谭葆泰、张瑞瑾、叶永毅、方宗岱和水电总处总工程师柯登（T.S.Cotton）、中央大学教授谢家泽等人。黄河顾问团的主要任务是：“第一，对于危害冲积平原之洪水，提出有效之防御意见，俾是项治理计划得以进行完成；第二，准备一项施之于整个流域有效之长期开发计划，包括防洪、灌溉、水电、航运、民生及工业用水，及其他有利之用途。凡此种种，均将与国家之工业化、经济及社会福利之发展有关。为完成以上使命，顾问团将对黄河上游之水土保持问题、泥沙问题、日本之治黄计划及黄委会之治导计划，依次表示其意见。”①

黄河顾问团团员于1946年12月10日在南京集合，随即开始查勘黄河。黄河顾问团自黄河河口开始，逆流而上，视察流域全貌，查勘坝址，参观灌区，考察黄土高原的水土保持，查勘黄河下游故道、新道、泛区以及北岸大堤与花园口堵口工程，查勘活动共历时30天。查勘后，顾问团根据中国提供的有关资料，并在行政院水利委员会、黄河水利委员会、农林部、资源委员会、全国水力发电工程总处、中央水利实验处、中央地质调查所及中央气象局等单位的帮助下，于1947年1月完成《治理黄河初步报告书》。以下是其要点②：

1. 黄河下游防洪计划。

黄河下游防洪有两件大事，一是修建足以控制黄河全部洪水及泥沙的水库，二是整治足以宣泄河水与泥沙的河槽。河槽的设计必须与水库调节后的最大洪水及各流速下的最大含沙量相配合，以期承流而不漫滩，输沙而不淤槽。

2. 开发黄河灌溉、水力及航运。

灌溉：要开发较大灌溉区域，则处处须兴建水库，储存洪水，以便在干旱月份灌溉之用。水力：凡是为防洪及灌溉所兴建的工程大多兼备发电，且

① 葛罗同，等.治理黄河初步报告//黄河水利委员会黄河志总编辑室.历代治黄文选（下）.郑州：河南人民出版社，1988：111.

② 葛罗同，等.治理黄河初步报告//黄河水利委员会黄河志总编辑室.历代治黄文选（下）.郑州：河南人民出版社，1988：111-118.

其发电量甚为可观。航运：黄河下游航运应与河道整治相结合，通航标准按500吨级考虑。

3. 水土保持。

从狭义上讲，水土保持指的是梯田耕种以避免层冲，陡坡种草植树以抵御侵蚀，沟壑建坝以防止崩溃。对这些方法的试验都是成功的，然而要在全流域推广生效，则或许要数百年的时间。

4. 对日本治黄计划的评价。

对日本治黄计划，黄河顾问团提出四点意见：第一，在冲积平原上将广阔农田用于节洪储沙，则耕地的生产力将减小，地价也会因此而降低；第二，三门峡防洪及发电计划中拟建的水库，将使上游辽阔的农田被淹没，并且水库排沙也不可能，其有效寿命必短；第三，自包头至龙门的黄河干流中，为开发水电拟建的11座水库，库容都很小，寿命必短；第四，对泥沙问题没有永久解决的方法，所以其全盘工程势必将逐渐失效。

《治理黄河初步报告书》认为，防洪首先在于修建水库来控制水沙。建议在八里胡同修建坝高170米的高坝，总库容247亿立方米，可控制黄河洪水下泄流量不超过8000立方米每秒，并可进行水量调节、多目标运用。对水库的泥沙处理，主张在坝底设置巨大的排沙孔口，变动水位以调节流速和泥沙，预计每年冲沙一次，最后冲淤平衡后库容还剩123.5亿立方米，仍可满足防洪及兴利的要求，并且水库的寿命将会很长。对于水库排出的泥沙，《治理黄河初步报告书》认为可以通过治理下游河道输沙入海，只要河道裁弯取直，使比降达六千分之一，形成宽500米、深5米的深槽，即可保证河水含沙量高达20%而不淤。《治理黄河初步报告书》对于水土保持持悲观论点，认为即使采用良好有效的方法，亦非数百年不能奏效，故主张水库排沙而不是拦沙。此外，《治理黄河初步报告书》中还有对发电、航运等方面的意见。

黄河顾问团最后汇编了一批成果，主要有《黄河规划研究的范围及目标》《黄河流域概况》《黄河流域的地质和土壤》《黄河的水文》《黄河流域的水土保持》《黄河下游的治理》《开发黄河流域的规划和勘查工作的报告》《黄河规划初步报告》等，这批成果系英文打字油印本，印数不多，流传不广。由于当时国民政府的统治已是风雨飘摇之势，很快，黄河顾问团的研究工作便宣告中断，人员星散，因此还有一些报告没有能够及时完成。

虽然黄河顾问团工作时间短暂、研究深度不够，但他们的有些观点还是合理的，主要有以下几方面：一是对于水土保持的长期观点，例如已经完成的修订黄河规划中每年水土保持减沙效果为0.3%，按此推算需300年左右；二是基于上述观点，主张在八里胡同建成峡谷型水库，比较容易形成异重流排沙，水库调节水位、流速等利用异重流排沙，最后达到平衡；三是治理下游河道，排放高含沙量水流。①

五、张含英②

张含英是中国著名的水利学家和治黄专家，他对治黄有深入的研究，写有很多论著，如1936年发表的《治河论丛》、1945年出版的《历代治河方略述要》。1946年，他率领黄河治本研究团赴黄河中上游进行考察；次年8月，他写了《黄河治理纲要》。

《黄河治理纲要》代表了他这一时期的治黄思想，是他之前二十几年研究黄河问题的总结，是一篇全面地、综合地论述黄河治理与开发的文章。文章共有6部分80条，条目大都备有说明，共约14000字。《黄河治理纲要》是一篇突破传统的治河观念，以近代科学技术全面治理与开发黄河的著作。文章主要内容如下③：

1. 总则。

治理与开发黄河的目标是“治理黄河应防制其祸患，并开发其资源，借以安定社会，增加农产，便利交通，促进工业，由是而改善人民生活，并提高其知识水准”。治河方策，一是“治理黄河之方策与计划，应上中下三游统筹，本流与支流兼顾，以整个流域为对象”；二是“黄河之治理为一错

① 赵之蔺.三门峡工程决策的探索历程.河南文史资料，1992(1)：9.

② 张含英(1900—2002)，山东菏泽人。他曾就学于北洋大学土木系和北京大学物理系，后留学于美国伊利诺伊大学和康奈尔大学；1949年前，曾先后担任黄河水利委员会委员、秘书长、总工程师、委员长等职，被聘为青岛大学、北洋大学和中央大学教授；1949年后，历任水利部和水利电力部副部长兼技术委员会主任等职。

③ 张含英.黄河治理纲要//黄河水利委员会黄河志总编辑室.历代治黄文选(下).郑州：河南人民出版社，1988：68-90.

综复杂之问题，绝非一件工程或局部之整理所能济事，必须采用多种方法，建筑多种工事，集合多种力量，共向此鹄前进，然后可望生效”；三是“治理黄河之各项工事，凡能作多目标计划者，应尽量兼顾”。[①]

2. 基本资料。

科学治河，提倡用航空测量全流域地形，普查全流域的地质、经济状况及资源蕴藏量，扩充水文观测项目，详细测绘下游黄泛区，调查可灌土地，勘测上中游可修建的坝址。

3. 泥沙之控制。

“黄河为患之主要原因为含泥沙过多，治河而不注意泥沙之控制，则是不揣其本而齐其末，终将徒托于空言”。黄河“泥沙之主要来源，为晋陕区、泾渭区及晋豫区”，控制泥沙应以这些地方为重心，“欲谋泥沙之控制，首应注意减少其来源。减少来源之方，不外对流域以内土地之善用，农作法之改良，地形之改变，及沟望之控制诸端”，“塌岸亦为供给河道泥沙之极大来源，故护岸应视为减少河中泥沙之有力方法”，“水库之淤淀，应试验研究利导之方法”。[②]

4. 水之利用。

“水之利用，应以农业开发为中心，水力航运均应配合农业。”[③]黄河各段应根据不同的自然和经济条件，侧重于不同方面，例如，黄河上游要注重发电和灌溉，中游注重综合利用，下游注重灌溉和航运等。

5. 水之防范。

黄河上中游水患范围不算大，灾情亦较轻，应选择适当地点修建水库节蓄洪水，或配合其他方法解决。黄河下游是水患最多的地方，水患也特别严重，防洪应是首要任务。防洪的有效办法是在陕县至孟津间修建水库，可以节制洪水至10000立方米每秒或8000立方米每秒以下，同时辅以开辟

---

① 张含英.黄河治理纲要//黄河水利委员会黄河志总编辑室.历代治黄文选(下).郑州：河南人民出版社，1988：68，72，73.

② 张含英.黄河治理纲要//黄河水利委员会黄河志总编辑室.历代治黄文选(下).郑州：河南人民出版社，1988：77-78.

③ 张含英.黄河治理纲要//黄河水利委员会黄河志总编辑室.历代治黄文选(下).郑州：河南人民出版社，1988：78.

泄洪道、民埝与大堤之间滞洪、巩固堤防等措施。

6. 其他。

《黄河治理纲要》论述了在陕县至孟津间修建水库的设想。对于在陕县至孟津间修建水库的优点，《黄河治理纲要》认为，“河在陕县孟津间位于山谷之中，且临近下游，故为建筑拦洪水库之优良区域”；修建水库比较合适的坝址，应为陕县的三门峡和新安的八里胡同；修建计划“以防洪、发电、蓄水三者各得其当，如何分期兴建以使工事方面最为经济，应积极详细研究”。①

《黄河治理纲要》着重对在三门峡和八里胡同修建水库进行了比较，认为两个坝址都能满足防洪的要求，但两个坝址又各有优缺点。首先，就库容而论，八里胡同坝址不如三门峡坝址，八里胡同至陕县间为峡谷式，水库的容量较小，陕县至潼关间河道较为宽阔，水库的容量较大，如果要获得相同的库容，在八里胡同修坝要比在三门峡修坝高，从而费用就要增加；其次，就地形和地质条件来说，三门峡坝址不如八里胡同坝址，八里胡同山谷窄狭，地质情况也较好。文中比较倾向于八里胡同坝址，认为“欲发展本段最大之水利效能，可于八里胡同筑坝，使回水仅及潼关，即能控制下游水量于一万秒立方公尺以下，且可发生一百三十万马力以上之电力。若目前注重河防，而资金未能兼顾时，可于八里胡同修一较低之坝，专节洪流而不及发电”，“若就防洪与多目标之计划二者比较其经济，则以于八里胡同修一较高之坝为最适宜。盖三门与八里胡同间相距仅九十六公里，而落差则有一百四十公尺之巨，址两岸均各荒寂，为发电之优良库址。此项资源绝不可听其荒废”。②

《黄河治理纲要》还指出修建水库的“最严重之问题，当为水库之寿命”，认为应对泥沙冲积问题做进一步研究，并建议“欲防下游水患，必同时作泥沙之控制，并于上中游及各支流兴建水库。如是则此命可以追长。

---

① 张含英.黄河治理纲要//黄河水利委员会黄河志总编辑室.历代治黄文选（下）.郑州：河南人民出版社，1988：83.

② 张含英.黄河治理纲要//黄河水利委员会黄河志总编辑室.历代治黄文选（下）.郑州：河南人民出版社，1988：83-84.

即失效用，亦可以其他工事调节水流，免为下游之坝之寿害。而本工程虽失防洪之效，尚可借水头落差以发电”。《黄河治理纲要》提出了三门峡、八里胡同两个坝址修坝高度的极限，即“库之回水影响，不宜使潼关水位增高”，换言之，即建坝后回水不要超过潼关，水库不能淹没关中平原这个有重要意义的经济区。[①]

由于政局不稳、连年战乱，上述国内外专家和机构对三门峡工程的规划与研究，大都只是概念性的，没能深入。日本人的规划虽然比较深入和完善，但因侵华战争终归失败等原因，也没能付诸实施。

第四节　新中国成立初期对三门峡工程的规划

1949—1953年，为了解决黄河下游的洪水灾害、开发黄河的资源，水利部、黄委会和水电总局等单位曾多次查勘、研究在黄河干流上龙门至孟津段修建拦洪水库的问题。通过对规划方案的反复比较，他们曾三次提出修建三门峡工程的主张，但由于种种原因又三次放弃，形成了三门峡工程的“三起三落”。

一、第一起落

1949年8月，时任解放区黄委会主任的王化云起草了《治理黄河初步意见》，提出修建三门峡工程的设想。1949年下半年到1950年上半年，初步确立了兴利除害、上中下游兼顾的治黄方针，根据这一方针，黄委会组织了对黄河中游潼关孟津段的查勘，查勘报告还没有完成，便已有了在三门峡修建大坝的设想。1950年7月初，水利部又复勘了黄河潼关孟津段，要求对各坝址的规划做进一步比较。有不少人认为，根据当时国家的经济状况和技术条件，在黄河干流修建大水库有较大困难。但受到治淮工程的启发，他们提出通过支流解决问题，主张在支流上修建土坝，于是三门峡

① 张含英.黄河治理纲要//黄河水利委员会黄河志总编辑室.历代治黄文选(下).郑州：河南人民出版社，1988：84.

方案被搁置了。这就形成了三门峡工程的第一个起落。

（一）《治理黄河初步意见》

1949年6月16日，华北、中原和华东三大解放区成立了治理黄河的统一机构——黄河水利委员会。同年8月31日，王化云起草了《治理黄河初步意见》，并以他和黄委会副主任赵明甫的名义报送给华北人民政府主席董必武。

《治理黄河初步意见》分为四个部分：第一部分是治河的目的与方针，阐述黄河为患的原因和治理的初步设想；第二部分是1950年的实施工作，采取“修守并重”的方针确保大堤不决口，同时把引黄济卫灌溉工程列入实施项目；第三部分是1950年的观测工作，包括气象、水文、测量、查勘等基本工作，提出了整顿和建设的要求；第四部分是组织领导，建议治黄工作实行统一管理。

《治理黄河初步意见》的主要观点有以下几个[①]：

1. 治河的目的与方针。

“我们治理黄河的目的，应该是变害河为利河；治理黄河的方针，应该是防灾和兴利并重，上、中、下三游统筹，本流和支流兼顾。”几千年来，黄河给两岸人民带来了深重的灾难，因此黄河的灾害必须要治理，但同时黄河本身还蕴藏着丰富的资源有待开发。“若黄河的利兴害除，再配合上其它的生产建设，不仅黄河流域以内沾到惠益，就连全国的经济建设和文化建设亦必因而改观。况且兴利和防患的工程，在设施上和效用上往往是不可分割的，设若统筹办理，不仅费用节省而且可以相互运用。所以治河的方针，是应该防灾和兴利同时兼顾的”；“治河的各项工程，或者河道的各个部分，都是相关的，一脉动而全体都变的。所以利害的治理固然难分，就是连上、中、下三游也都需要当作一个问题来研究”，“要想尽量利用水流，使它得到最高效率，势必将上、中、下三游的水量统筹规划的。黄河为患的洪水，大部分来自中游，那么，要想根除水患，就必须也得在中游着眼，这是很明显的道理。所以治河是应该以整个流域为对象的”。[②]

---

① 黄河水利委员会.王化云治河文集.郑州：黄河水利出版社，1997：15-32.

② 黄河水利委员会.王化云治河文集.郑州：黄河水利出版社，1997：15-16.

2. 洪水为患的原因。

除了政治因素外，在自然方面有两个特点：一是洪水猛涨导致高低水位的差异很大；二是泥沙量大，冲刷淤积的变化难测。因此需要节蓄洪水、平抑暴涨、保持土壤、减弱冲刷，在下游规定适当的河槽，并且把它固定住。如果下游有分泄或暂储洪水的适当地点，则可作为减轻水患的补救方法。节蓄洪水的办法，就是在“托克托到孟津的山峡中，选择适当地点建造水库”，且“防洪水库的坝址，愈接近下游，它的效力愈大。所以，陕县到孟津间，是最适当的地区。这里可能筑坝的地点有三处——三门峡、八里胡同和小浪底”，“应当立即从事地形、地质和水文资料的观测和收集，准备选定其中第一个修坝的坝址，进而从事规划，并且研究水库淤积的情况”。①

3. 泥沙治理。

黄河泥沙的来源主要有两个：一是田野沟壑的冲刷，二是河槽岸底的坍淘。“减少泥沙是一件缓慢的工作，而且范围又极广大”，“可是要想黄河清，就必须走这条路。所以不应该因为缓慢和困难而放松”。②

4. 节蓄洪水、开发水利都需要修坝。

首先应修建的是龙门到石门间的一座坝，各支流的灌溉工程早已陆续兴建，可是在干流上修建的还不多。灌溉工程不必等待蓄水工程完成便可以逐渐修建，如上游的宁夏平原、绥远平原和下游大平原。

（二）1950 年黄委会查勘三门峡坝址

1950 年年初，根据当时的治黄方针，为了搜集基本资料、积极筹办水库工程、为根治黄河创造足够的条件，黄委会组织了近二十人的查勘队，对黄河龙门至孟津段做了较全面的查勘调查，并聘请冯景兰③、曹世禄两位地质专家参加三门峡、八里胡同和小浪底 3 处坝址的考察。

查勘队于 1950 年 3 月 26 日从开封出发，自禹门口沿河而下，至 6 月下旬完成全部查勘任务。这次查勘的主要工作是：对该河段做一般性的了

① 黄河水利委员会. 王化云治河文集. 郑州：黄河水利出版社，1997：16.

② 黄河水利委员会. 王化云治河文集. 郑州：黄河水利出版社，1997：17.

③ 冯景兰（1898—1976），河南省唐河县人，是我国著名的地质学家和教育家，中国科学院学部委员。

解，考察在该河段建筑水库的可能性；在河流情况方面，对沿河地形、地质、水道冲淤、河岸崩塌、沟壑发展、水流情形和航运状况等做了观察和记录；在水库坝址方面，除对龙门、三门峡、八里胡同、小浪底 4 处已知坝址进行了较为详细的查勘，并测绘编制了地形、地质图外，还在三门峡至八里胡同之间发现了槐坝、傅家凹和王家滩 3 处可能筑坝的新坝址并测绘了草图，进行了初步的地质勘察。查勘队于当年 6 月完成《黄河陕县孟津间小浪底、八里胡同、三门峡 3 处坝址查勘初步报告》；7 月写出《八里胡同水库（三门峡以下）、小浪底水库（八里胡同以下）库址查勘报告》；10 月，黄委会将分段编写的六册查勘报告进行整理汇总，编成了《黄河龙门孟津段查勘报告》。

《黄河龙门孟津段查勘报告》认为，在黄河托克托至孟津之间，是修建高坝和水库的适当区域。就自然情况而论，以三门峡筑坝 70 米时的库容为最大，对于解决黄河洪水问题也最为有效。八里胡同筑坝 120 米，回水可至三门峡附近，由于峡谷间地形的限制，蓄洪量不大，坝址地基的条件并不太好；若坝高提高至 160 米，回水到潼关，库容可增加不少，但坝址的地质条件恐怕就更有问题了。小浪底坝址峡谷比较开阔，较为有利，但坝址地质条件限制了高度，在解决防洪问题上，也不能单独起决定作用。就社会和经济情况而论，假定三门峡坝高 70 米，其水库的淹没范围将包括关中地区、潼关陕县间的陇海铁路沿线，以及山西的部分地区，淹没人口约 96 万、耕地约 277 万亩。在八里胡同筑坝，如果回水至三门峡，则淹没面积及淹没的人口和耕地面积远小于在三门峡筑坝，资源也不甚丰富。小浪底坝址的情况和八里胡同坝址相似。①

这次查勘肯定了三门峡坝址，同时指出三门峡水库淹没人口近百万是值得重视的问题。对三门峡的建库方案，初步确定蓄水位为 350 米高程，以防洪、发电结合灌溉为开发目的。查勘报告指出过去中外专家对八里胡同坝址估计过高，此次查勘和研究分析，证实了八里胡同坝址虽有较好的地形条件，但其地质条件远不如三门峡，主要是石灰岩溶洞发育；认为八里

① 黄河水利委员会.黄河龙门孟津段查勘报告,1950 年 10 月.黄河档案馆档案,A1-1(1)-6.

胡同和小浪底两处坝址，在初期开发价值不大。[①]

对于移民问题，查勘报告认为黄河的泥沙对水库的影响很大，为了避免使水库寿命太短，水库容量不能单纯依照削减洪峰的需要而设计，必须有较大的容量。根据查勘结果，以防洪为主，兼顾流域开发的水库库址以陕县、潼关以上的地区为最好。但这一地区的人口有百万之众，移民问题必须得到根本解决，然后才能提出具体的工程意见，否则就是不切实际的，不能算是完善的。[②]

查勘后，冯景兰写了《黄河陕县孟津间三门峡、八里胡同、小浪底三处坝址查勘初步总结报告》，指出：就这三处坝址的地质情况比较来说，“以三门为最好，其次是八里胡同，其次是小浪底”，三门峡坝址在岩石性质和地质构造上都适合筑坝，筑坝地点以三门峡入口处最为合适，八里胡同坝址从地质构造、库区透水性和河道等方面不如三门峡坝址，小浪底坝址从岩石性质、倾斜方向等方面也不如三门峡坝址。[③]

（三）1950 年水利部查勘三门峡坝址

在黄委会对黄河龙门至孟津段查勘之后，查勘报告尚未最后完成，便已有了在三门峡建坝的议论。水利部对解决黄河下游防洪问题一直十分关心，为了进一步对坝址进行比较，1950 年 7 月傅作义[④]部长率领张含英、张光斗、冯景兰和苏联专家布可夫[⑤]等，在赵明甫等人的陪同下，再次查勘了黄河潼关至孟津段。通过对三门峡、八里胡同、王家滩、小浪底等坝址进行对比研究，专家们认为，潼关至孟津段干流的防洪水库应该是整个黄河流域规划的一部分；黄河问题很复杂，应首先拟定开发整个流域的大轮廓，然后提前修建潼关至孟津段水库，以满足下游防洪的迫切需要；水库宜

---

① 黄河水利委员会.黄河龙门孟津段查勘报告，1950 年 10 月.黄河档案馆档案，A1-1（1）-6.

② 黄河水利委员会.黄河龙门孟津段查勘报告，1950 年 10 月.黄河档案馆档案，A1-1（1）-6.

③ 冯景兰.黄河陕县孟津间三门峡、八里胡同、小浪底三处坝址查勘初步总结报告，1950 年 6 月.全国地质资料馆档案，3913.

④ 傅作义（1895—1974），新中国成立后历任水利部、水利电力部部长等职。

⑤ 布可夫，苏联水利专家，1950 年任中华人民共和国水利部顾问，是第一个实地查勘三门峡坝址的苏联专家。

分期修筑，坝址可从三门峡、王家滩两处比较选择[①]。查勘之后，傅作义写了《查勘黄河的报告》，白家驹[②]写了《黄河中游潼关坝段地质简报》，布可夫写了《治理黄河的规划报告》，张光斗写了《黄河潼孟段水库计划的意见》和《黄河流域开发规划纲要草案》。

图 1-8　1950 年水利部查勘三门峡坝址（左一为布可夫，左二为张含英）[③]

1.《查勘黄河的报告》[④]

《查勘黄河的报告》是 1950 年 8 月 4 日由傅作义在政务院第四十四次政务会议上作的报告，并经这次会议批准。报告的主要内容如下：

要想彻底消灭黄河下游水患，就必须在中游修建水库，这样可以蓄节洪水，控制冲积，使下游得到稳定的流量，免去泥沙的淤积，从而使下游形成固定的河槽。龙门以上不能控制汾河、泾河、洛河、渭河等支流的洪水，为解决下游防洪问题，第一期水库工程应该选择在潼关至孟津段内。潼关以上黄河与渭河汇流处河谷开阔，以下直到孟津 200 余千米夹岸都是高山，作为水库很合适。潼关至孟津段水库的第一期工程，在原则上是以防洪为主，结合其他水利事业，主要目的是免除下游的水患。

潼关孟津段内可能筑坝的坝址有好几处，如潼关、三门峡、槐坝、赵

① 黄河三门峡水利枢纽志编纂委员会.黄河三门峡水利枢纽志.北京：中国大百科全书出版社，1993：27.

② 白家驹（1908—1952），陕西人，地质学家。

③ 骆向新.黄河往事.郑州：黄河水利出版社，2006：194.

④ 傅作义.查勘黄河的报告//《当代中国的水利事业》编辑部.1949—1957 年历次全国水利会议报告文件：378-385.

李庄、傅家洼、王家滩、八里胡同、小浪底等。通过这次查勘，报告认为，槐坝、赵李庄、傅家洼3处条件较差，暂不考虑，八里胡同与小浪底两处不宜建筑高坝，在第一期工程中亦不予考虑。这样，在第一期工程中就留下潼关、三门峡和王家滩3个可资比较的坝址。

潼关坝址，根据一部分专家的意见，只要修筑20米高的土坝，即可蓄水340亿立方米，防洪与泥沙的问题都将因此获得解决，可是淹没损失较大。比较三门峡坝址与王家滩坝址：就地质情形而言，三门峡坝址附近是火成岩，地质构造比较复杂；王家滩是石英岩，比较简单，并且岩层甚厚。就蓄水容量而言，三门峡坝址水面高程为282米，如果第一期筑坝43米，那么坝顶高程为325米，回水至潼关，能蓄水60亿立方米；王家滩坝址水面高程为230米，如果将坝高修至与三门峡坝址同样的高程，那么需95米，可蓄水80亿立方米。三门峡两岸距离较窄，需用材料较少，交通条件亦较王家滩稍好，两处筑坝所需用的混凝土和沙石都可以在附近采集制造，两处筑坝都可以兼顾到发电事业。这样的比较自然是很粗略的，精确严格的比较还需要根据各种调查资料和地质钻探的结果，对技术和利害问题加以详细研究分析。

在潼关孟津段修筑水库控制黄河的巨大流量，纯粹就自然条件而言，是完全可能的。三门峡与王家滩两处坝址的坝高都有条件提高至350米高程以上，坝高350米高程便可蓄水340亿立方米以上。水库修建成后，在灌溉、发电、航运方面也有很大的效益。

根据黄河的情况，水库需有较大的容积，这样既能发挥节蓄洪水的作用，又能照顾到淤积泥沙的需要。目前建造水库，首先就必须留出一部分的容量用于泥沙淤积。其次是淹没损失，这是权衡利害得失的问题。

2.《黄河中游潼孟段坝址地质简报》[①]

《黄河中游潼孟段坝址地质简报》认为，潼关坝址以修筑土坝为宜，因为坝址附近露出的地层，都是没有固结的松软沙土或砾石，不能承受较大的压力，河面下方的地层也可能是这种情况，因为受地形的限制，坝高以高出河面三四十米为宜，不能再高。三门峡坝址，就地质情况而言，实为

---

① 白家驹.黄河中游潼孟段坝址地质简报，1950年9月.全国地质资料馆档案，2010.

黄河流域潼关孟津段内优良坝址之一。王家滩坝址，岩石性质较三门峡为优。八里胡同和小浪底坝址，不论在岩石性质还是地质构造等方面，都远没有三门峡和王家滩坝址好，现在不予讨论。简报认为，若要在黄河中游选择坝址，仅就地质条件而论，建造土坝可选择潼关坝址，修建混凝土坝则可在三门峡和王家滩两坝址中选择。

3.《治理黄河的规划报告》①

布可夫认为黄河具有两个特点：一是黄河洪水流量与低水流量相差很大，差距最大达到 115 倍；二是黄河洪水的持续时间很短，最长仅 300 小时，洪水流量又不大，最大仅为 35.452 亿立方米。据此他认为，“防治黄河洪水的最好办法是建造拦洪水库”。关于拦洪水库的建造地点，他认为黄河之为患是在孟津以下，而洪水来源则主要为晋陕地带，所以拦洪水库的位置应在潼关至孟津之间。

关于潼关孟津间拦洪坝址，他初步选定潼关、三门峡、王家滩 3 处作为比较选择的地点。布可夫认为从地质上看，王家滩坝址条件最佳，三门峡坝址尚待钻探研究，潼关坝址做土坝很合适。从容积上看，潼关坝址靠近关中平原，坝很低就可获得很大库容，坝高 30 米可获得 200 亿立方米库容，坝高 80 米可获得 1000 亿立方米库容；三门峡坝址库容稍小，坝高 45 米可获得 60 亿立方米库容，坝高 70 米可获得 493 亿立方米库容；王家滩坝址更小，坝高 110 米，库容仅为 400 亿立方米。因此 3 个坝址都可以满足防洪需要。

布可夫认为“修建中游水库为解决黄河洪水的方法，这已是毫无疑问的，这水库可用以拦蓄洪水，亦可用以控制全年径流，这是唯一的治理黄河的方法”。但他也指出“黄河问题的症结不在洪水而在泥沙”，“黄河中游拦洪水库，虽然有足够的容积拦蓄过量的洪水，但洪水入库后，流速降低，泥沙下沉，水库泥沙淤积，容积逐年减小，影响水库的生命”。“为了水库不致在短期内淤满，失去蓄水作用，则水库容积必须务求其大，但水库容积增大，则淹没损失亦增大”。以三门峡坝址为例，如果坝高 45 米修筑至 325 米高程，回水至潼关，则在水库的淹没范围内共计有耕地 27 万多亩，

① 布可夫.治理黄河的规划报告，1950 年.黄河档案馆档案，A0-1(1)-3.

人口近6万人；如果坝高70米修筑至350米高程，回水至临潼，则在水库的淹没范围内计有耕地277万多亩，人口93万多人，两者差距很大，这是一个矛盾。

布可夫的水库修建计划分成两个部分：一是在黄河干流潼关至龙门之间和渭河、洛河汇入黄河的地方分别修筑拦沙坝，以拦截泥沙。沉积在拦沙库内的泥沙用库底的输沙洞送至中游水库的下游，然后由中游水库放水冲淡，使之顺利地输送入海，这使泥沙不流入中游水库，也不在下游河道沉积。二是在潼关孟津段合适地点修建水库，拦蓄全年径流。他还提出了两种水库的运用方案：一是让年中水流所挟带的泥沙都沉淤在拦沙库中，在上游来水量减少时，利用低水量把沉沙送入输沙隧洞。中游水库拦蓄全年的径流，在低水期放出，与从输沙隧洞来的大量泥沙混合，使之输送入海。二是把年中沉淤在拦沙库中的泥沙均匀地送入输沙隧洞，然后由中游水库控制全年径流均匀下放冲淡，使之输送入海。

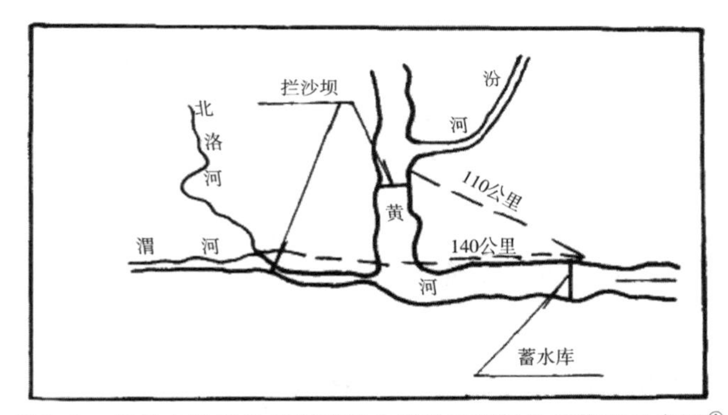

图1-9　布可夫规划的王家滩蓄水库及两座拦沙坝位置示意图①

布可夫认为，普遍实行水土保持工作，不但根本杜绝了泥沙的来源，同时还可以保持土地表面的肥沃土壤，这些土壤原本就是宝贵的财富，所以应该从速进行这一工作。但是这一工作不是短期内可以完成的，而是群众性的、长期的。

4.《黄河潼孟段水库计划的意见》②

---

① 黄河水利委员会，勘测规划设计院.黄河规划志[M].郑州：河南人民出版社，1991：106.

② 张光斗.黄河潼孟段水库计划的意见.新黄河，1950(8)：72-80.

《黄河潼孟段水库计划的意见》主要讨论了四个方面的问题。

（1）潼关孟津段水库计划问题。

潼关孟津段水库的主要任务是防洪和积沙，尽量兼顾发电、灌溉、航运等综合开发。计划必须满足三个条件：一是要配合将来的整个黄河开发计划，黄河应该有一个整体开发计划，统筹安排，以充分利用水利资源，达到效益最大、投资最省；二是目前要能够实施，并且可以满足当前防洪的需要；三是要适合于政治、经济条件，工程要安全、经济。

（2）泥沙问题。

泥沙问题是黄河的中心问题，也是在潼关孟津段修筑防洪水库的困难所在。以下是对于泥沙问题的建议：确定水土保持是治理黄河的基本工作之一；立即详细调查水土冲刷区域的实际情况，试验水土保持的方法，以便拟定水土保持计划；早日领导群众、发动群众进行水土保持工作，并须与群众的利益相结合；勘测和试验水库淤积情形及河道内泥沙运行特性，以便规划水库，设计下游固定河道；潼关孟津段水库计划的实施，必须配合水土保持工作的进度，以免水库全部淤填，失去防洪和蓄水的作用。

对使用拦洪坝或泄沙孔来冲刷水库的态度：大水的挟沙能力远比小水大，黄河洪水经过水库调节，流量稳定，很多泥沙会留在水库内；泄沙孔冲刷泥沙的效力不大，因为泥沙淤填在水库上游部分，而泄沙孔的冲刷范围很小，离泄沙孔稍远的地方即没有力量冲刷。

（3）潼关孟津段水库地点问题。

计划水库时必须注意以下几点：泥沙淤积将缩短水库寿命；水库的淹没损失；黄河中下游广大土地需水灌溉，应该尽量蓄水；潼关孟津段蕴藏着非常丰富的水力资源，并且位置处在山西、陕西、河南、平原等几省的中心，应该尽量开发；水库泄出清水，将冲刷下游河床。

对于潼关孟津段水库计划的意见：容量要大，以便积存泥沙、延长水库使用寿命，坝址宜选在山谷内，尽量减少淹没损失；最好分期修筑，依照需要逐步扩充；水库计划必须与水土保持进度配合，以免水库淤填过早；坝址最好选在坚硬的岩石上；初期水库以三门峡和王家滩两处坝址为好，王家滩更优；八里胡同和小浪底不适合筑高坝，水库容量较小，不适合初步开发。

三门峡坝址的优点是地形优越，交通方便，材料采集方便，截流排水方便。水库应该分期修筑，初期不淹潼关。水库高程325米时，寿命只有5～10年，所以水库容量不够大，必须把坝加高。水库高程350米时，寿命为50～100年，对于拦洪排沙和蓄水来说，这样大的水库是很合适的，但是淹没太多。

（4）潼关孟津段水库准备工作问题。

第一，黄河整个计划的初步勘测和规划工作应与潼关孟津段水库计划的详细勘测和规划工作同时进行，以便互相配合；第二，考虑黄河山西陕西段修建水库和拦沙库的可能性，并与潼关孟津段水库比较，决定初期工程的地址，以应目前的急需；第三，在最近十年左右，下游的防洪还要依靠堤防，所以目前必须加强下游的河道整理；第四，确定潼关孟津段水库勘测纲要，拟定以后的工作和程序，切实进行。

5.《黄河流域开发规划纲要草案》①

1951年，张光斗发表《黄河流域开发规划纲要草案》，提出了他当时的治河思想。他认为“黄河是中国的伟大资源，而现在洪水正威胁着千百万人民。整治黄河，防止水患，开发水利，是国家目前重要任务之一，而且急不容缓”。所以，他提出要结合经济建设和国力的发展，有计划、有步骤地治理黄河灾害和开发黄河水利。《黄河流域开发规划纲要草案》分为流域概况、黄河问题、流域规划、黄河流域开发的基本原则、规划步骤和黄河流域开发规划报告提纲草案等六部分。

（1）黄河问题。

黄河的问题可分为除害与兴利两方面。除害以防洪和水土保持为主，黄河下游灾害严重，损失巨大，影响面极广，所以“治理黄河以防洪为最迫切的问题”。黄河含沙量大，使下游河床淤高，所建水库会因被淤积而寿命缩短，土地也在泥沙的冲刷下毁坏，所以“泥沙冲刷是黄河的主要症结，水土保持成为治理黄河的中心问题”。黄河兴利则表现在灌溉、发电、航运和给水等几个方面。在黄河的问题中，“防洪和水土保持二项，需要最为迫切”。

（2）流域规划的原则。

---

① 张光斗.黄河流域开发规划纲要草案，1951年.黄河档案馆档案，A0-1(1)-4.

第一，要整个流域统一规划。“同一河道，同一水流，受不同的控制，达到多方面的目标，必须有统一的计划，互相配合。黄河上中下游流域广大，情况迥异，开发的需要不同，而水流则上下游相通，所以必须有整个流域的计划”。第二，必须配合其他经济建设，“开发黄河水利是国家经济建设的一部分，经济建设又和国防、政治、文化建设分不开。所以开发黄河流域水利计划，必须配合流域内其他经济建设，而成为整个流域经济建设计划的一部分”。第三，必须为大多数人求得最大的利益。第四，必须逐步推进，“规划工作的基础是求得长时期和永久的利益”，然而社会在发展，各种情况也在不断变化，所以“流域开发工作也必须逐步推进”。

（3）黄河流域开发的基本原则。

流域开发必须依据若干基本原则，这些原则要服从国家的政策、配合社会的需要。第一，开发黄河水利的优先程序原则，排序为防洪、水土保持、灌溉、发电、航运、给水等。第二，洪水控制应立即完成。第三，中游水库工程应把干流坝址和支流坝址通盘考虑。第四，初期水库工程的作用应以滞洪为主，照顾将来的发展。第五，立即准备水土保持工作，以便在短期内大规模推广。第六，尽量发展灌溉和发电等。第七，要综合开发。第八，要分期施工。

（4）关于在黄河中游修建水库的问题。

“中游水库工程应把潼关孟津段干流库址及山陕黄河、泾洛渭河库址通盘比较。潼关孟津段水库与支流水库何者优先举办，症结点在不了解泥沙在水库内淤积情况。”以下是几种修建水库的设想：一是在山谷内修建水库，在坝下安装巨型闸门，使水库拥有巨大的下泄量，这样就可以控制水库内的淤积量，在短期内使水库冲淤达到平衡，水库的寿命也会延长。这种情况下，无疑应该立即修建潼关孟津段水库，因为能迅速解决防洪问题，但是这种水库能不能达到预期效果，还需要进一步研究。二是潼关孟津段水库应修得尽量大，这样可以有足够的库容来淤积泥沙，3～10年内不致淤废，到时水土保持明显发挥效益，泥沙减少，水库冲淤达到平衡，水库寿命也会延长。但这样将淹没广大的关中平原，水土保持能否有明显效果也没有把握。三是修建支流水库，支流水库虽然不能整体控制洪水，但也能起到削峰的作用，即使被淤满损失也小，还可以得到水库淤积情况的经验。

水库的淤积问题，需要积极地实地观测，加强水工试验。解决黄河泥沙问题，水土保持是唯一合理的办法。在进行水土保持的同时，“加紧中游的控制工程，尽量设法冲刷水库，整理河道，减少淤积，延长水库寿命”。

1951 年，不少人认为，在黄河干流上修建大水库，从当时国家的经济状况和技术条件来看，都有较大困难。[①]比如，布可夫就不赞成修建大型混凝土坝，他认为，当时的中国尚不具备相应的技术条件，包括水泥的生产等，并提出在潼关修建土坝。黄委会也受到治淮工程的启发，提出从支流解决问题，主张在支流上建土坝，于是一方面派人员支援治淮，一方面组织黄河支流查勘。因此，三门峡方案被搁置了。

二、第二起落

1951 年，黄委会组织了中游各支流的查勘队，但对查勘结果进行计算后发现，支流太多，拦洪机遇又不十分可靠，且费用高、效益小、需时长、交通不便、施工困难，因此认为要解决黄河问题，仍需从干流的潼关孟津段下手。[②]在这期间，黄委会提出了“蓄水拦沙”的治黄方略，认为除开展大规模的水土保持外，关键是要修建一座大水库。同时，水电总局从开发黄河水利资源出发，也积极主张在干流上建大型水电站。[③]于是，三门峡工程峰回路转，被再次提出。但由于水库的寿命和淹没等问题未能解决，到 1952 年下半年，三门峡方案被第二次放弃，同时邙山水库方案被提出。

（一）黄河十年开发轮廓规划[④]

1952 年上半年，黄委会根据“兴利除害，蓄水拦沙”的治黄方略，拟订了一个从 1953 年开始的黄河十年开发轮廓规划，指出黄河中游是黄河洪水和泥沙的源泉，而黄河的全面开发是一个长期的过程，所以“十年黄河开发的轮廓，应首先着重开发中游，兼顾下游的方针”。

---

① 陈枝霖，陈升辉，李国英．三门峡工程的历史回顾及国民经济初步评价．人民黄河，1991(1)：8.

② 赵之蔺．三门峡工程决策的探索历程．河南文史资料，1992(1)：12.

③ 张含英．我有三个生日．北京：水利电力出版社，1993：75.

④ 黄河水利委员会．王化云治河文集．郑州：黄河水利出版社，1997：52-55.

黄河十年开发轮廓规划的主要内容如下：中游的开发，主要是兴建干支流水库与水土保持等工作。兴建水库的原则，一是要符合综合开发的要求，二是要有长远的利益。水库的规划，应该遵循防洪第一、发电第二、灌溉第三、航运第四、其他第五的顺序。这是因为根据人民对兴利除害的迫切要求，不但要满足防洪的需要，还要兼顾工农业发展的需要。另外，这些利益想维持久远，就必须要解决水库的寿命问题，解决的办法是干流水库要大、支流水库要多、水土保持工作要同时进行，以应对黄河泥沙多的特点，维持水库在相当长的时间内不致淤废。

1. 干流水库。自 1953 年起，三门峡、王家滩两地经过钻探及各种条件的比较，10 年内完成修筑在三门峡约 100 米高或王家滩约 150 米高的混凝土坝，蓄水高程可至 365 米，水库容量可达 720 亿立方米，水库寿命约 100 年。

2. 支流水库。在无定河、延水、泾河、洛河、渭河等支流（这些支流均有较多泥沙）10 年修筑 10 座水库，这 10 座水库总容量为 119 亿立方米，寿命可维持 80 年。

3. 水土保持。在流域内进行大规模的水土保持、造林种草工作，争取 10 年内产生成效。

4. 发电、灌溉、航运。发电：三门峡大坝发电能力为 110 万～140 万千瓦，王家滩大坝可发电 170 万～200 万千瓦。灌溉：配合干支流水库同时进行，逐步发展到 8000 万亩以上。航运：结合海口治理加以研究。

5. 下游修防。在中游水库完成前，坚决保证黄河在陕县 23000 立方米每秒的流量时黄河下游不发生溃决。

修建水库虽然要花费国家大量资金，淹没损失也很大，但是“它的效益是不可计算的”，原因是：防洪问题可以根本解决几千年来不能解决的问题，在毛泽东同志的领导下解决了，这在政治上的影响是不可估量的；发电效益相当大，可以促进工业化；可以使数千万亩土地变为水田，每年可增产数十亿斤粮食；此外，水土保持也将取得成效，航运亦可得到发展；等等。如果规划能顺利完成，则“整个黄河流域的自然面貌，必将完全改观，其造福于亿万人民将不可估算。以此和付出的代价相比较，将如全牛之比一毛”。

（二）水电总局查勘三门峡坝址

1952 年 4 月，黄委会主任王化云、水电总局副局长张铁铮、援建丰满水电站的苏联专家组组长格里柯洛维奇及苏联专家瓦果林奇等人，共同查勘了三门峡坝址。

格里柯洛维奇和瓦果林奇两位专家在三门峡两岸反复查勘，三门峡峡谷优良的岩床、坚硬的石质和狭窄的峡谷地形吸引了他们。他们说，中国的长江、黄河实在伟大，这样好的水电站坝址实属罕见。[①]格里柯洛维奇肯定了三门峡坝址在治理和开发黄河中的显要作用，并论证了技术上的可能性和经济上的合理性，建议对它做详细的勘测工作。瓦果林奇还布置了一批地质勘探钻孔工作。从此，研究三门峡地质条件的工作开始了，勘测黄河流域和整编黄河水文资料等基本工作也开始加紧推进了。

格里柯洛维奇还介绍了苏联对河流综合利用开发的先进经验，建议搜集黄河各方面的基本资料，为黄河流域规划做准备。他说，苏联河流的开发已经从沙皇俄国时代的“抓住一点、单纯地解决国民经济中某一部门的片面需要”的开发方式，改变到“全河规划，综合利用”的开发方式了，黄河的开发应当采用苏联最新的开发河流的方式，因而必须在全河进行勘测。他同时指出了三门峡在黄河全河中的重要地位和它的优越条件，认为值得做比较详细的勘测工作。“这两位专家在黄河问题上虽然只花了较短的时间，但是对于黄河勘测工作的展开具有重大的意义。对于后来的规划工作也指出了正确的方向。”[②]这两位专家的工作和意见，对后来《技经报告》的完成、三门峡工程的确定甚至施工都起了重要的作用。[③]另外，格里柯洛维奇还提出了关于黄河基本资料准备工作的原则和方向。

1952 年 5 月，水电总局第一钻探队开始在三门峡坝址钻探，进一步了解三门峡坝址的地质情况。钻探后，钻探队根据三门峡坝址的地形和地质

---

① 黄河三门峡水利枢纽志编纂委员会.黄河三门峡水利枢纽志.北京：中国大百科全书出版社，1993：272.

② 程学敏.苏联专家对于黄河规划的巨大帮助//中华人民共和国水利部办公厅宣传处.根治黄河水害开发黄河水利.北京：财经出版社，1955：75.

③ 君谦.苏联专家的贡献//中国人民政治协商会议三门峡市委员会，中国水利水电第十一工程局.万里黄河第一坝.郑州：河南人民出版社，1992：76.

条件，对三门峡坝址的选择提出了如下主要意见[①]：

第一，闪长斑岩是三门峡区域中最坚硬、最不透水的岩层，并且抗压强度较大，所以坝址要全部放在这种岩石上。

第二，如果要在闪长斑岩上修建高度在70米以上的坝，坝址必须放在三门峡以下与下三岛上游之间。

第三，闪长斑岩越往下游越薄，因此在选坝址时应该适当靠上。

第四，坝址线应结合两岸情况和闪长斑岩的侵蚀情况，最好能与岩层走向一致。

第五，发电厂房以位于左岸一侧较为适宜。

第六，施工场地以右岸老鸭沟之下的台地为适宜。

这一次勘查所搜集的资料，成为选定三门峡工程为《技经报告》第一期工程的主要依据。[②]

（三）《黄河治水与发电》[③]

1952年7月，水电总局根据“害必根除，利必尽兴”的指导思想，编印了《黄河治水与发电》一文，对在黄河潼关至孟津段修建水库的两种方案进行了比较。

第一种方案：开发原则为综合性开发，包括防洪、发电、灌溉、航运、供水等，方法是蓄水拦沙。依据这一原则，首先在三门峡或王家滩修建一座大水电站，用于根除水害、发展水利。在三门峡筑坝高95米，库容达700亿立方米。对泥沙的处理，利用“库底堆沙”“支流水库拦沙”“山沟打坝淤地”和水土保持等方法来求得全面解决。产生的效益是，根本解除了下游水患，每年节省修防费用2500万元；发电装机容量最大可达140万千瓦，可靠容量为67万千瓦；可灌溉4000万亩土地，每年增产粮食10亿千克；可将北京、天津、上海、郑州、济南等大城市联系在一个全长4000千米、能通行500吨汽艇的大航道网上；年平均流量可调节到1420立方米每秒；此外，还有供水等其他效益。代价是约淹没土地300万亩、县城10

① 水电总局.黄河三门峡坝址工程地质初步勘察报告，1951.黄河档案馆档案，B16-3-4.

② 贾福海，夏其发.黄河三门峡水利枢纽工程地质勘查史.北京：地质出版社，2007：8.

③ 水力发电建设总局.黄河治水与发电[J].中国水力发电史料，1991(2)：31-41.

座、铁路线200千米，迁移人口117万，投资50亿千克（小米）。

第二种方案：在八里胡同筑坝高145米，库容120亿立方米，蓄水高程315米，并在坝底设置冲沙设备，减沙方法同第一方案。产生的效益是，将黄河洪水控制到3800立方米每秒，水患得到解决；发电装机容量，最大达140万千瓦，可靠容量为70万千瓦。优点是水库不淤且淹没小，缺点是工程投资较大且兴利少。

文章认为两个方案各有优缺点，但似乎第一种方案更为稳妥。文章还指出，潼关到孟津间的峡谷是黄河全河最扼要的地点，承上启下，在这一段上若能修建一个巨大的水库，就可以控制黄河的水量和泥沙，彻底消除黄河下游的灾害，并可充分利用黄河的资源。所以潼关孟津段的水电站是治理黄河、兴利除害的关键所在。

潼关孟津段可以修建大水电站的坝址，主要有三门峡和王家滩两处，这两处坝址的规划要点如表1-4。

表1-4　1952年水电总局对三门峡和王家滩两坝址的规划要点①

坝址	三门峡一方案	三门峡二方案	王家滩方案
水位高程/米	350	362	362
水库面积/平方千米	2200	3300	3500
库容/亿立方米	334	700	750
坝式	混凝土重力坝	混凝土重力坝	混凝土重力坝
坝高/米	83	95	150
坝顶长/米	560	600	530
混凝土量/万立方米	136	175	410
水头/米	68	80	128
发电设备容量/万千瓦	120	140	230
年发电量/亿千瓦时	47	58.5	98.5

当时为了解决水库寿命和淹没问题，存在拦沙与冲沙两种观点。前者

① 水力发电建设总局.黄河治水与发电.中国水力发电史料，1991(2):40.

主张蓄水拦沙，除了要求开展大规模的水土保持工作外，关键是要找个大水库蓄水拦沙，提出提高三门峡工程的正常高水位、加大库容，工程实行分期修筑、分期抬高水位运用；后者则主张把坝址下移到八里胡同建冲沙水库，利用该处的峡谷地形冲沙，可避免淹没关中平原。

三门峡工程因淹地、移民太多，因此不少人反对，但在八里胡同修建冲沙水库又不可行，所以从1952年下半年起，转而研究淹地、移民较少的邙山建库方案。[①]1952年10月，毛泽东视察黄河时，王化云向毛泽东汇报了邙山建库方案。至此，三门峡工程经历了第二起落。

三、第三起落

邙山方案最吸引人的地方是工程量虽大，但技术简单，适合当时中国的国情。但经过进一步核实，研究人员发现其在造价、淹没、地质等方面都不理想。经和邙山、八里胡同、任家堆、潼关、龙门及支流水库群等方案比较后，研究人员发现三门峡方案具有许多不可替代的优点，因此1952年冬，三门峡方案被第三次提出。

（一）邙山水库初步计划

自1952年下半年起，在研究了邙山水库方案后，黄委会计划修筑滞洪水库，布可夫倾向修筑冲沙水库。

1. 黄委会的邙山滞洪水库方案[②]。

（1）规划方针。以防洪为主，结合灌溉、发电与航运。

（2）规划标准。

① 防洪：遇千年一遇洪水（流量32000立方米每秒，洪水量217.1亿立方米）时，下泄流量不超过7000立方米每秒；

② 发电：为减少淤积，初期不发电，当水库内泥沙淤积到一定高度后，利用水头发电。

③ 灌溉：在枯水季节蓄一部分水，能灌溉农田1500万亩。

---

① 张含英.我有三个生日.北京：水利电力出版社，1993：75.

② 黄河水利委员会.黄河三门峡水库、邙山水库初步计划提要，1953.黄河档案馆档案，A1-1（4）-3.

④ 航运：水库经常下泄流量是450立方米每秒，可提高下游河道的航运能力。

（3）水库计算。

第一方案：总库容161亿立方米，拦洪库容82.9亿立方米，死库容78.1亿立方米，洪水流量在7000立方米每秒以下时不予拦蓄，洪水流量超过7000立方米每秒时，只下泄7000立方米每秒。水库每年淤沙约2亿立方米，死库容淤满约34年。

第二方案：库容同第一方案，运用方法是在水库内加一道冲沙槽，减轻淤积，死库容淤满约70年。

第三方案：总库容175亿立方米，拦洪库容82.9亿立方米，死库容92.1亿立方米，运用方式同第一方案，死库容淤满约46年。

（4）其他。工程费用：第一方案12.8587亿元，第二方案19.4919亿元，第三方案19.0014亿元。

淹没损失：第一、第二方案淹没耕地26万亩、迁移人口14.3万人，第三方案淹没耕地100万亩、迁移人口50万人。

工程效益：解除下游洪水灾害，灌溉1500万亩土地，每年发电4亿千瓦时，改善下游航道。

2. 布可夫的冲沙水库方案[①]。

布可夫的方案类似于黄委会计划的第二方案。在水库内加筑隔堤一道，把整个水库分为北槽和南库两部分。隔堤西自孟津黄河南岸的柿林村起，沿黄河北岸滩地向东至南贾村止，全长51千米。在水库北部形成一道窄槽，宽约1～3千米。在北槽东端拦河坝处设泄洪闸，用以控制拦洪期间的下泄流量，当来水小于7000立方米每秒时，经此闸下泄。在隔堤的东端设进水闸，当来水较大时，引北槽水入南库。在隔堤的西端陈庄附近设泄水闸，用以排泄南库在分洪期间澄沙后的清水，以帮助冲刷北槽的淤沙，当遇到非常洪水时也可由此闸引水入南库。

邙山方案的优点：坝低而长（坝高20米左右，长61千米），工程量虽大但技术简单，适合当时中国的国情；位置优越，控制了除沁河、汶河以外

① 黄河水利委员会，勘测规划设计院．黄河规划志．郑州：河南人民出版社，1991：107.

的绝大部分黄河流域，库水位 150 米时，库容可达 160 亿立方米，足以滞洪蓄沙。但是，上述两种方案的投资都在 10 亿元以上，移民超过 15 万人，特别是地质条件非常差。[①]

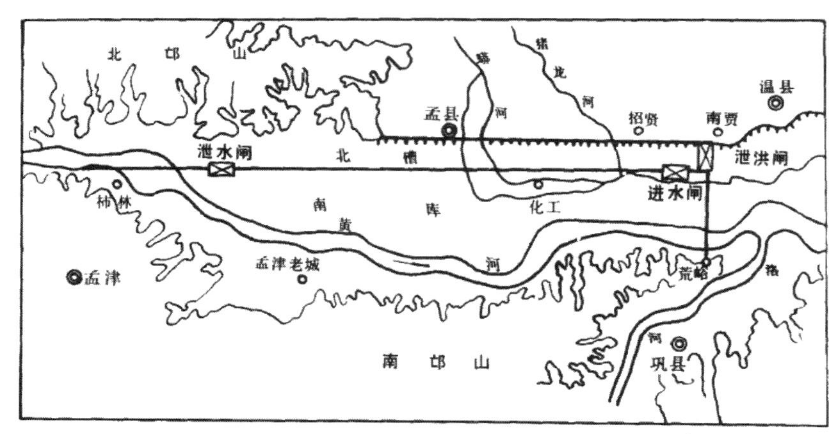

图 1-10　布可夫规划的邙山水库南库、北槽示意图[②]

1952 年 10 月，毛泽东第一次出京视察就来到了黄河。视察时，王化云向毛泽东汇报了邙山水库的两个方案。毛泽东询问了淹没、发电、灌溉等情况后，说："邙山水库修好，几千年的水患解决了，将来三门峡问题也可以考虑。"临行前，毛泽东同志指示："要把黄河的事情办好。"[③]

（二）黄委会的三门峡水库初步计划[④]

和邙山方案相比，三门峡工程具有极大的综合效益，于是黄委会在 1952 年冬第三次提出修建三门峡水库，并拟订了三门峡水库初步计划提要。

1. 三门峡水库初步计划。

（1）规划方针。

综合性开发、除害与兴利并重，以防洪和发电为主，结合灌溉与航运。

① 赵之蔺．三门峡工程决策的探索历程．河南文史资料，1992（1）：13–14.

② 黄河水利委员会，勘测规划设计院．黄河规划志．郑州：河南人民出版社，1991：107.

③ 王化云．我的治河实践．郑州：河南科学技术出版社，1989：145–147.

④ 黄河水利委员会．黄河三门峡水库、邙山水库初步计划提要，1953．黄河档案馆档案，A1–1（4）–3.

（2）规划标准。

防洪：遇千年一遇洪水（流量32000立方米每秒，洪水量217.1亿立方米）时，关闭闸门，仅下泄发电用水流量1100立方米每秒；遇万年一遇洪水（流量43000立方米每秒，洪水量274.2亿立方米）时，仅下泄流量3000立方米每秒。发电：调节发电用水，使水量得到最大的利用。灌溉：有蓄水调节可灌溉2500万亩土地。航运：水库经常下泄流量1100立方米每秒，下游航运可以全部开发。

（3）水库计算。

第一方案：水库水位350米高程，总库容351.9亿立方米，拦洪库容129.8亿立方米，调节库容36亿立方米，死库容186.1亿立方米，水库有效年限约81年。

第二方案：水库水位355米高程，总库容503亿立方米，拦洪库容129.8亿立方米，调节库容36亿立方米，死库容337.2亿立方米，水库有效年限约146年。

第三方案：水库水位360米高程，总库容658亿立方米，拦洪库容129.8亿立方米，调节库容36亿立方米，死库容492.2亿立方米，水库有效年限约214年。

（4）其他。

工程费用：第一方案8.7426亿元，第二方案9.8748亿元，第三方案10.9421亿元。

淹没损失：第一方案淹没耕地205万亩、迁移人口61.6万人，第二方案淹没耕地259万亩、迁移人口74万人，第三方案淹没耕地326万亩、迁移人口86.7万人。

工程效益：解除下游洪水灾害，灌溉2500万亩土地，每年发电49亿～60亿千瓦时，干流水量得到完全控制，下游航运可全面开发。

2. 比较邙山水库计划和三门峡水库计划。

黄委会在拟订邙山和三门峡水库计划后，对两个计划做了对比，认为：从兴利除害方针来比较，三门峡水库较邙山水库有利条件多，三门峡水库可以彻底解决下游洪水灾害、根除水患，发电能力可达100万千瓦以上，可以保证下游灌溉和航运的全面开发，邙山水库只能部分解决这些问题；从投资上说，三门峡水库投资较小且收益巨大，缺点是淹没大、迁移多。综合考虑应该先修三门峡水库。对于三门峡水库的淤积问题，黄委会认为可以通过水土保持工程和修建支流水库来解决。估计水土保持能在 30～50 年内起决定作用。为了防止水库建成初期的泥沙淤积，可以选择在主要支流修建水库来暂时控制泥沙，以支流水库来保证干流水库的效用，为水土保持争取时间。黄委会指出:“三门峡水库，关系着黄河流域总的开发计划，设计、施工均比较困难，必须请苏联专家帮助，邙山水库按照我们的力量，可以自己设计与施工，但亦必须请苏联专家指导。”①

1953 年 2 月，王化云向毛泽东汇报了三门峡水库和邙山水库的比较情况及整个黄河的治理方案。当谈到要在黄河干流上修一批大水库时，毛泽东很关心水库的寿命问题，问水库能用多少年，王化云说，即使不做水土保持及支流水库，也可以用 300 年；如果修支流水库、做好水土保持，用 1000 年也是可能的。当毛泽东询问三门峡水库的几个方案中哪个最好时，王化云肯定了修到 360 米高程的方案。王化云“当时积极主张修大水库用来蓄水拦沙，然后再接上水土保持生效”，在汇报过程中，他“心里老是想让主席表个态，尽快把三门峡工程定下来”。虽然毛泽东对王化云的汇报比较满意，但仍然慎重地表示回去再研究。②

其后，水利部对修建水库解决黄河防洪问题给黄委会做了明确指示：第一，要迅速解决黄河防洪问题；第二，根据国家经济状况，费用不能超过 5 亿元，迁移不能超过 5 万人。③由于这一限制，三门峡建库方案第三次被搁置下来。根据水利部的指示，黄委会重新研究将一座邙山大库方案改为在邙山与芝川建两座水库并降低坝高、缩小库容的方案。

（三）邙山与芝川方案

1953 年 5 月 31 日，王化云在向邓子恢副总理汇报时，呈报了《关于黄

---

① 黄河水利委员会.黄河三门峡水库、邙山水库初步计划提要,1953.黄河档案馆档案,A1-1(4)-3.

② 王化云.我的治河实践.郑州：河南科学技术出版社，1989：58.

③ 黄河三门峡水利枢纽志编纂委员会.黄河三门峡水利枢纽志.北京：中国大百科全书出版社，1993：28.

河基本情况与根治意见》和《关于黄河情况与目前防洪措施的报告》两个报告。王化云在报告中分析了黄河的基本情况，并阐述了“兴利除害，蓄水拦沙”的治黄思想。报告还简要介绍了邙山、芝川两座水库联合运用的方案设想。

邙山和芝川方案采用两座水库的办法，是为了避免使用一座水库带来的迁移多、淹没大、费用高和工程难度大的缺点。首先在龙门下游的芝川镇附近选择一个坝址，修筑一个长约3.8千米、高约29米的土坝，设置下泄流量8000立方米每秒，库容47亿立方米，迁移约3万人，总投资1.5亿元。另外，在邙山一带选择桃花峪和伊洛河口的荒屿村两处坝址，在桃花峪坝址分别设计了109米、110米和111米高程的三种坝高。用芝川镇水库配合以上两个坝址的四种设计，可以有四个方案。第一个方案：库容87亿立方米，防御千年一遇洪水的有效寿命为12年，迁移10万余人，总投资4.89亿元。第二个方案：库容82亿立方米，防御千年一遇洪水的有效寿命为10年，迁移8万余人，总投资4.58亿元。第三个方案：库容77亿立方米，防御千年一遇洪水的有效寿命为8年，迁移7万余人，总投资4.27亿元。第四个方案：库容87亿立方米，防御千年一遇洪水的有效寿命为12年，迁移7万余人，总投资5.17亿元。报告认为第二个方案库容稍大，迁移人口不算太多，投资不算太大，似乎可以定为首选的一个方案。如果建造这一工程，可以保证黄河在20年内不发生水灾，从而腾出时间进行治本工作。此外，在大水库完成之后，邙山水库剩余的库容还可以作调剂灌溉之用。①

邓子恢看了王化云的报告后，认为很有见解，于6月2日写信给毛泽东并将这两份报告附上。他在信中说：“关于当前防洪临时措施，我意亦可大体定夺，第一个五年，先修芝川、邙山两个水库。过五年后，再修其他水库。根据目前国家财政经济条件、技术条件与农民生产、生活条件，只能做如此打算，不能要求过高。只要修好这两个水库，度过五年、十年，我们国家将更有经验来解决更大工程与更多的移民问题。这个黄河治标的办法，正是为治本计划争取时间。而这个治标办法，又属于治本计划之一

① 王化云.关于黄河情况与目前防洪措施的报告，1953.黄河档案馆档案，A0-1(1)-8.

部分，这就是治标与治本相结合，当前利益与长远利益相结合的方针。”[①]由于当时国务院已决定将治理和开发黄河列入苏联援建项目，因此该方案未能定案。

中华人民共和国成立初期，修建三门峡工程被三次提出又被三次放弃的原因，概括来讲，主要有以下几个方面：一是政治上的原因，由于当时新中国刚刚成立，国内战争还没有完全结束，再加上抗美援朝战争，因此国内和国际的政治环境还没有稳定。二是经济上的原因，由于当时新中国刚刚成立，百废待兴，国内战争、抗美援朝战争、经济建设等各方面都需要人员和物资的大量投入，国家不可能拿出太多资金投入到水利建设上，而且当时全国各大江河都有洪水威胁，党和政府依据“分清缓急、先易后难”的方针，先行治理了淮河、长江等江河。三是技术上的原因，当时我国还没有修建这么大规模水利工程的经验和能力，也没有处理黄河泥沙问题的经验。四是淹没问题，根据当时的规划，水库淹没大、迁移多，所以反对的人也多。

① 邓子恢.邓子恢同志关于治理黄河问题给主席的信，1953.黄河档案馆档案，A0-1(1)-8.

第二章

三门峡工程决策前的黄河问题和社会环境

中华人民共和国成立后，经过几年的治理，黄河的状况有所改善，但由于黄河问题的复杂性，再加上历史遗留了很多问题，黄河面临的问题依然非常严重。到 1954 年，影响三门峡工程建设的政治、经济和技术等方面的因素也发生了变化。

第一节　黄河问题

当时的黄河问题，主要表现在严重的灾害未能得到有效控制和巨大的资源未能开发利用等方面。

一、水土流失

黄河流域的水土流失主要发生在黄土高原地区。黄土高原是我国黄土分布最集中的地区，它的范围大体上西起日月山、东到太行山、南至秦岭、北抵阴山，面积约 58 万平方千米，海拔在 1000～2000 米。黄土高原的地貌形态，可分为塬、梁、峁三大类型。塬是边缘陡峭的桌状平坦地形，面积广阔，适于耕作，塬面和周围的沟谷称为黄土高原沟壑区；梁和峁是被沟谷分割的黄土丘陵，被称为黄土高原丘陵沟壑区，梁呈连绵带状，峁则为圆形小丘。

黄土高原的水土流失是举世闻名的。在它 58 万平方千米的土地上，水土流失面积达 43 万平方千米，占 70% 多。其中每平方千米土壤年流失量达到5000～10000吨的就有28万多平方千米，占水土流失总面积的65%，局部地区的土壤年流失量甚至高达30000吨。[①]在黄河中游土壤流失严重的地区，每平方千米每年约损失土壤10000吨，地面每年平均降低约1厘米。在整个黄河中游地区，平均每年每平方千米土地约被冲刷掉3700吨土壤，比全世界的平均值大26倍。根据分析的结果可知，这些被冲刷的土壤每吨含氮肥0.8～1.5千克、磷肥1.5千克、钾肥20千克。[②]

图2-1　黄土高原地貌[③]

造成黄土高原地区水土流失严重的原因，主要有自然因素和人为因素两个方面。[④]

自然因素主要包括以下几个方面：第一，黄土是一种特殊的土质，主要由极小的粉状颗粒组成，具有多孔、透水、垂直节理发育和湿陷性等特征。

① 王化云.我的治河实践.郑州：河南科学技术出版社，1989：258.

② 黄河规划委员会.黄河综合利用规划技术经济报告，1954.黄河档案馆档案，规-1-67：13.

③ 黄河水利委员会.世纪黄河.郑州：黄河水利出版社，2001：138.

④ 王化云.我的治河实践.郑州：河南科学技术出版社，1989：285-286.

黄土干燥时像岩石一样十分坚固，可垂直陡立，但一遇水则马上土崩瓦解，变成泥流状态。第二，黄土高原地区的地形特点是丘陵起伏、沟壑密布，沟道一般深为100～300米，每平方千米土地上的沟道长3～7千米。水流将黄土高原变得千沟万壑，沟壑更加剧了水土流失。第三，黄土高原属于干旱和半干旱气候，年内年际降雨分布很不平衡，其中每年约有70%的降雨集中在6～9月，且多暴雨，降雨强度很大。每年土壤冲刷量和河流输沙量，主要是由几场暴雨产生的。第四，植被条件差。地面植被是拦截雨水、调节径流、改良土壤性状、减小风速、防止土壤侵蚀的重要条件。但黄土高原地区的天然植被条件很差，整个黄土区残存的天然林地面积仅占黄土高原总面积的2%。植被的严重破坏，导致了气候的恶化，干旱、风沙等灾害频繁出现。

人为因素指人类的社会活动对水土流失的影响。据历史学家和地理学家考证，黄土高原的水土流失虽古已有之，但随着人类活动的强度逐渐增强，原有的森林植被遭受严重破坏，各种自然因素间的相对平衡被打破，致使水土流失更加严重。

严重的水土流失直接危害着农业生产，给黄河流域的人民带来了巨大的灾害。水土流失一方面导致沟壑面积日益扩大，耕地面积逐渐缩小，土壤肥力减退。另一方面又加重了旱灾。水土流失不仅严重地危害黄土高原地区农业生产的发展，而且每年使大量泥沙注入黄河，淤积下游河道，抬高河床，形成“悬河”，造成黄河下游一次次的洪水灾害。

二、泥沙[①]

黄河以多泥沙闻名于世，根据资料统计，三门峡年平均输沙量为16亿吨，平均含沙量为每立方米37.8千克。与世界上其他多泥沙河流相比，如孟加拉国的恒河年输沙量达14.5亿吨，同黄河年输沙量相近，但因其水量大，含沙量只有每立方米3.9千克，远小于黄河；美国科罗拉多河的含沙量达每立方米27.5千克，略低于黄河，但年输沙量仅为1.36亿吨，可见黄河年输沙量之多、含沙量之高，这在世界多沙河流中是绝无仅有的。

---

① 黄河水利委员会黄河志总编辑室.黄河流域综述.郑州：河南人民出版社，1998：88-91.

黄河的泥沙来源比较集中，主要来自中游黄土高原的三大片地区：一是河口镇至延水关之间的支流；二是无定河的支流红柳河、芦河、大理河，以及清涧河、延水、北洛河和泾河支流马莲河等河的河源区；三是渭河下游北岸支流葫芦河中下游和散渡河地区。

在黄河的主要支流中，年平均来沙量超过1亿吨的有4条。其中来沙量最多的是泾河，年平均来沙量高达2.62亿吨，占黄河来沙量的16.1%；无定河年平均来沙量2.12亿吨，占13%；渭河年平均来沙量1.86亿吨，占11.4%；窟野河年平均来沙量1.36亿吨，占8.4%。

黄河不仅泥沙来源比较集中，而且具有“水沙异源”的显著特点。河口镇以上黄河上游地区，流域面积为38.6万平方千米，占全流域面积的51.3%，来沙量仅占全河总沙量的8.7%，而来水量却占全河总水量的54%，是黄河水量的主要来源区；黄河中游河口镇至龙门区间流域面积为11.2万平方千米，占全流域面积的14.9%，来水量仅占14%，而来沙量却占55%，是黄河泥沙的主要来源区；龙门至潼关区间流域面积为18.2万平方千米，占全流域面积的24.2%，来水量占22%，来沙量占34%；三门峡以下的洛河、沁河来水量占10%，来沙量仅占2%。

黄河泥沙在时间分布上不均衡，年际变化大，年内也很不均匀。如多泥沙的1933年三门峡来沙量达39.1亿吨，为多年平均值的2.4倍；少沙的1928年为4.88亿吨，仅为多年平均值的30%；多沙年和少沙年相比，前者的来沙量为后者的8倍。一些支流的年输沙量变化更大。在一年之内，80%以上的泥沙来自汛期，7～10月兰州的输沙量占全年输沙量的85.8%，河口镇占81.0%，龙门、三门峡分别达到89.7%和90.7%。中游的支流则更为集中，泥沙往往集中于几场暴雨洪水。

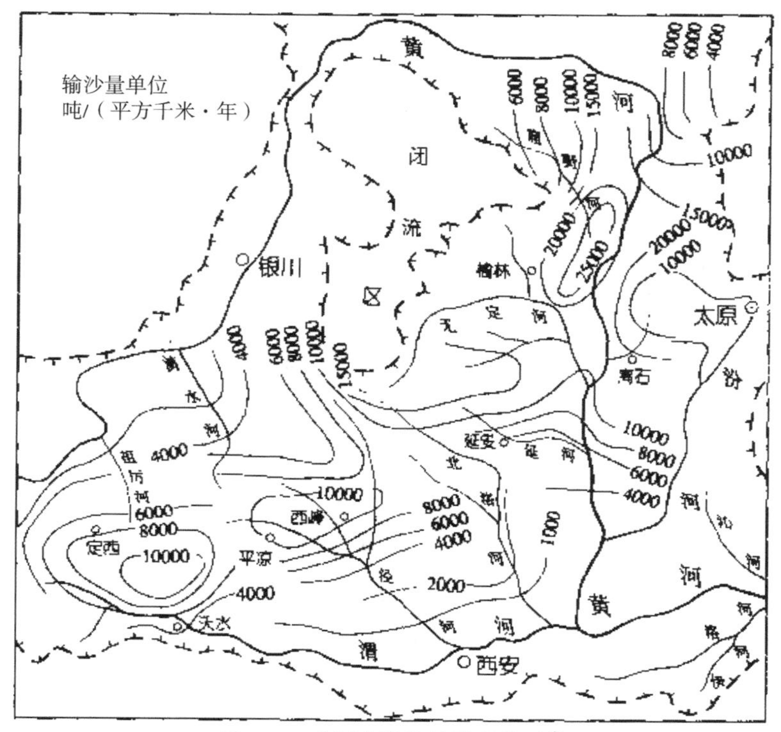

图 2-2　黄河中游输沙情况简图①

三、下游河道变迁

历史上，黄河在上中游平原河段河道也曾有过演变，有的变迁还很大，但黄河河道的主要变迁还是发生在下游。

由于黄河挟带大量泥沙，进入下游平原地区后，泥沙迅速沉积，主流在漫流区游荡，因此人们筑堤防洪，但是行洪河道不断淤积抬高，成为高出两岸的“地上河”。如此一来，在一定条件下，黄河就决溢泛滥，改走新道。

黄河下游河道迁徙变化的剧烈程度，在世界上是独一无二的。黄河下游河道变迁的范围，西起郑州附近，北抵天津，南达江淮，纵横 25 万平方千米。自周定王五年（公元前 602 年）有洪水决溢改道的记载以来到 1938

① 黄河水利委员会黄河志总编辑室.黄河流域综述.郑州：河南人民出版社，1998：89.

年花园口决口的2540年间，黄河决口泛滥的年份多达543年，甚至一场洪水便导致黄河多处决溢，总计决溢1590次，大改道5次。[①]以下是这五次大改道。[②]

一是周定王五年（公元前602年）宿胥口决河改道。当年黄河自宿胥口（今河南延津北）决口至濮阳，迤逦东北经今河南濮阳、内黄、清丰、南乐，河北大名、馆陶，东至黄骅一带流入渤海，这一河道逐渐形成西汉时期的河道。

二是王莽始建国三年（11年）魏郡决河改道。当年，黄河在魏郡（今河南濮阳西北）决口，其流路大体是经濮阳、聊城、商河、惠民于利津入海。至东汉永平十二年（69年）王景治河时才修筑堤防形成了稳定的河道。

三是宋仁宗庆历八年（1048年）商胡决河改道。庆历八年6月，黄河在商胡（今濮阳东昌湖集）决口，向北流经馆陶、临清、南皮、青县至乾宁军入海。这次改道从地域上讲是一次大改道，从时间上看仅有80余年，而且其间决口频繁，“北流”“东流”交替行河。

四是南宋建炎二年（1128年）杜充决河改道。北宋末年，战争连绵，黄河堤防失修，河患严重。1128年，东京（今开封）留守杜充为阻止金兵南下，在滑县以上李固渡决河，黄河东流，经豫鲁之间至山东巨野、嘉祥一带注入泗水，由泗水入淮。这是一次人为的大改道。

五是清咸丰五年（1855年）铜瓦厢决口改道。金元以后至明清期间，保运河漕运成为治河的重要目标，在黄河堤防修守上重北轻南，北岸堤防强固，南岸常形成在颍河、泗水之间分流入淮的形势，因此南部淤积严重。经历200多年的淤积，南岸地势大大升高。在此形势下，河势向北回归已成大势所趋。1855年7月，黄河发生大水，水位骤涨4米左右，7月5日在铜瓦厢溃决。主流先向西北又折转东北，淹及封丘、祥符、兰阳、仪封、考城、长垣等县，后流入山东淹及曹州、东明、濮城等地，在张秋横穿运河，夺大清河河道至利津入海。

---

① 黄河水利委员会黄河志总编辑室.黄河流域综述.郑州：河南人民出版社，1998：142.
② 王渭泾.历览长河.郑州：黄河水利出版社，2009：185.

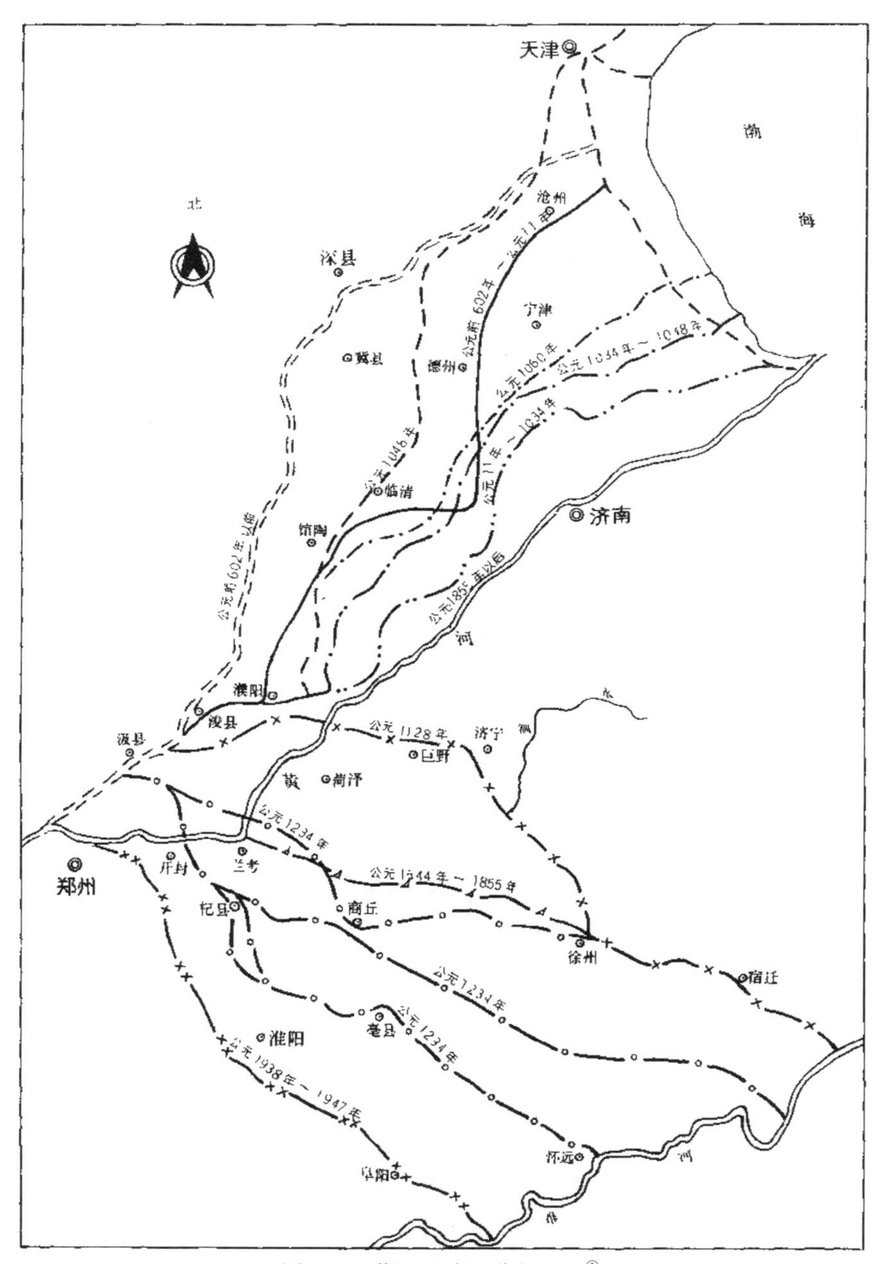

图 2-3　黄河下游河道变迁图①

① 黄河防洪志编纂委员会.黄河防洪志[M].郑州：河南人民出版社，1991：36.

1855年黄河在铜瓦厢决口后，经过了约20年的漫流期。咸丰十年（1860年）张秋以东至利津开始修筑民埝，清现行河道。光绪元年（1875年）开始修筑官堤，历时10年，新河堤防陆续建立起来。铜瓦厢以上河道因溯源冲刷河床下降，黄河改道初期黄河决溢多在山东境内。民国年间河南段黄河决口次数逐渐增多，于1947年3月15日将花园口口门堵合，黄河回归故道。[①]

四、洪水

黄河的水患威胁以下游最为严重，从西汉文帝壬戌十二年（1863年）到清道光二十年（1840年）的2008年间，共计316年黄河有洪水灾害，平均六年半就有一个洪灾年。从清道光二十一年（1841年）至民国二十七年（1938年）的98年中，黄河洪灾年有64年，平均不到两年就发生一次洪水灾害。[②]

黄河下游洪水基本上来自中游，上游来水构成基流。通过查阅历史文献资料、野外长期调查和反复考证发现，黄河最大历史洪水为1843年的大洪水，河南陕县站洪峰流量为36000立方米每秒，花园口站为33000立方米每秒。根据综合分析推算，黄河花园口站有出现46000立方米每秒特大洪水的可能。[③]

黄河下游洪水主要来自三个地区，即河口镇至龙门区间（简称“河龙间”），龙门至三门峡区间（简称“龙三间”），三门峡至花园口区间（简称“三花间”）。黄河在花园口以下河段为“地上河”，仅有金堤河和大汶河汇入，这两条河洪水来量不大。

这三个区间产生的洪水是构成下游洪水的主体，组成了花园口站三种不同类型的洪水：一是以三门峡以上的河龙间和龙三间来水为主形成的大洪水（称为上大型洪水），如1933年洪水陕县站实测洪峰流量为22000立方米每秒，1843年大洪水据调查估算陕县站洪峰流量为36000立方米每秒，

① 黄河水利委员会黄河志总编辑室.黄河流域综述.郑州：河南人民出版社，1998：20.

② 黄河防洪志编纂委员会.黄河防洪志.郑州：河南人民出版社，1991：39.

③ 黄河水利委员会黄河志总编辑室.黄河流域综述.郑州：河南人民出版社，1998：75.

这类洪水具有峰高、量大、含沙量大的特点，对下游防洪威胁严重；二是以三门峡以下三花间来水为主形成的大洪水（称为下大型洪水），如1957年洪水花园口站流量为13000立方米每秒，其特点是洪峰较低，但是历时较长，对下游堤防威胁也相当严重；三是以三门峡以上的龙三间和三门峡以下的三花间共同来水组成（称为上下较大型洪水），这类洪水的特点是洪峰较低、历时较长、含沙量较小，对下游防洪亦有相当威胁。①

发生上大型洪水时三门峡洪峰流量占花园口洪峰流量的80%以上，发生下大型洪水时三花间洪峰流量占花园口洪峰流量70%以上。但从洪水总量来看，无论哪种类型的洪水，三门峡以上洪水所占洪峰流量的比例均是较高的，有时高达80%～90%；即使是下大型洪水，三门峡以上来水所占短历时洪量的比例也在40%以上，长历时洪峰流量所占的比例更高，可达70%～80%。②

黄河下游洪水特性不仅与洪水的地区来源有关，而且与洪水发生的季节有关，伏汛（7、8月洪水）与秋汛（9、10月洪水）有所不同。伏汛洪水的洪峰型为尖瘦型，洪峰高、历时短、含沙量大；秋汛洪水的洪峰型较为低胖，多为强连阴雨的暴雨所形成，洪峰低、历时长、含沙量大。

清代后期57年间，黄河有40年决溢。民国37年间，黄河有30年决溢，一年中决溢口门最多的年份是1933年，达104处。

以下是民国时期黄河发生的几次大洪水。

第一次是1933年洪水。1933年8月10日，黄河陕县水文站测量到自1919年建站以来最大的一次洪水，陕县站洪峰流量22000立方米每秒，此次洪水主要来自中游。黄河下游漫溢31处，决口73处。据国民政府黄河水利委员会统计：受灾66个县，受灾面积8637.25平方千米，受灾人口360多万人，伤亡1.8万多人，财产损失2.317亿元。③

① 黄河防洪志编纂委员会.黄河防洪志.郑州：河南人民出版社，1991：19-20.

② 黄河防洪志编纂委员会.黄河防洪志.郑州：河南人民出版社，1991：20.

③ 黄河水利委员会黄河志总编辑室.黄河流域综述.郑州：河南人民出版社，1998：135.

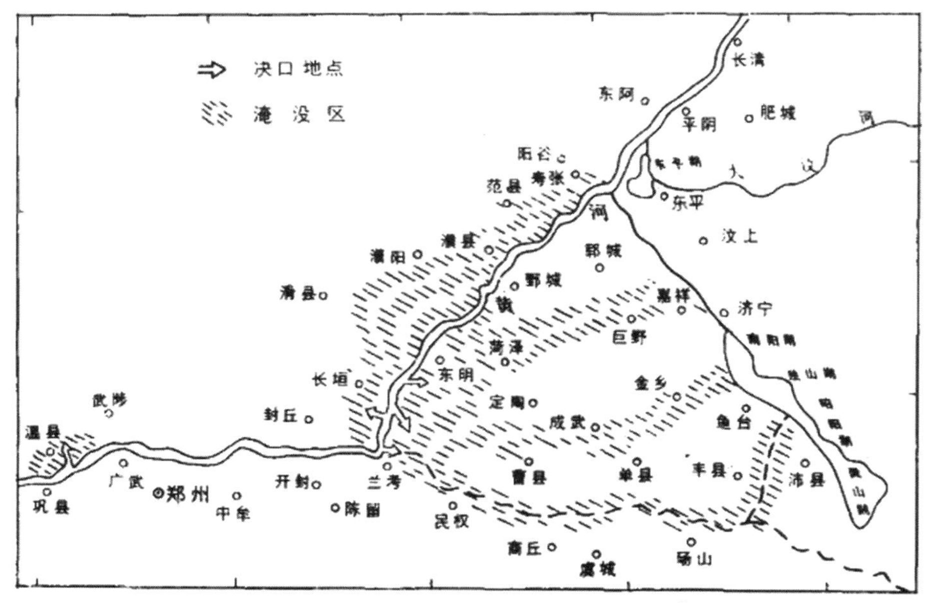

图 2-4　1933 年黄河下游水灾区域示意图[①]

第二次是 1935 年洪水。当年花园口洪峰流量为 14900 立方米每秒，7 月 10 日黄河在山东鄄城县董庄决溢，山东、江苏两省 27 个县受灾，受灾面积 1.2 万平方千米，受灾人口 341 万人，伤亡 3750 人，财产损失 1.95 亿元。[②]

第三次是 1938 年洪水。当年花园口最大洪峰流量达 11000 立方米每秒，6 月 9 日国民党军队奉命掘开花园口河堤，试图利用洪水阻挡日军西进。黄河水由花园口改道流经贾鲁河、涡河夺淮河入海，洪水漫流豫东、皖北、苏北的 44 个县市，受灾面积 1.3 万平方千米，受灾人口 480 万人，伤亡 89 万人，财产损失 9.53 亿元。[③]

① 黄河水利委员会黄河志总编辑室.黄河流域综述.郑州：河南人民出版社，1998：153.
② 黄河水利委员会黄河志总编辑室.黄河流域综述.郑州：河南人民出版社，1998：153-154.
③ 黄河水利委员会黄河志总编辑室.黄河流域综述.郑州：河南人民出版社，1998：154.

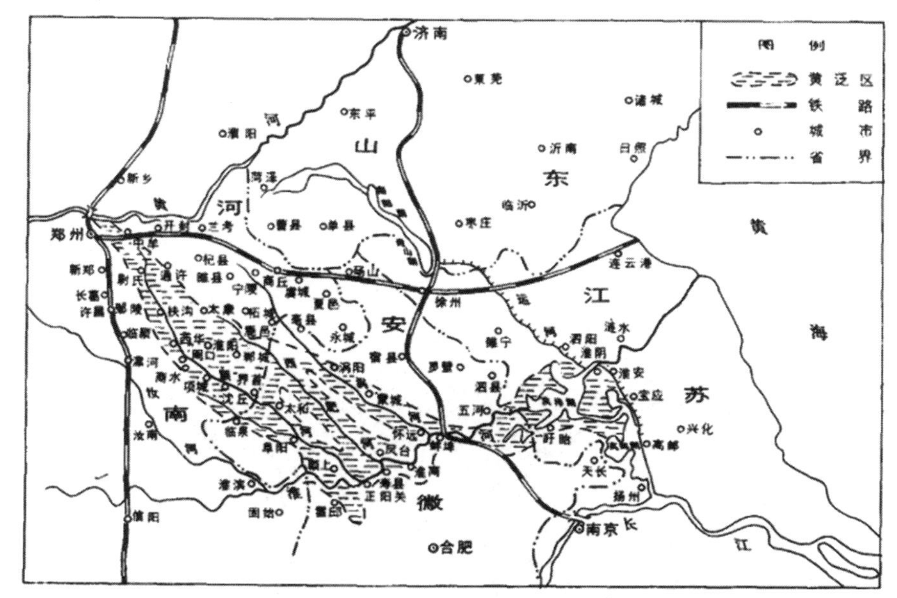

图 2-5　1938 年黄泛区示意图[①]

1949 年 9 月，黄河下游发生了一次大洪水，历时一个多月，花园口洪峰流量达 12300 立方米每秒，千里堤防全线偎水，渗水、管涌、堤坡塌陷等险情接连发生，虽经几十万军民奋力抢护战胜了洪水，但是堤防普遍薄弱、抗洪能力低的问题也暴露得十分明显。[②]

五、凌汛

凌汛决溢是黄河洪水灾害的另一种表现形式。

黄河流域冬季受西北风影响，气候干燥寒冷，最低气温一般都在 0℃以下，许多河段在冬季都要结冰封河。每年初春开河时，在上游宁夏石嘴山到内蒙古河口镇和下游花园口至入海口两个河段，往往形成冰凌洪水，称为凌汛。冰凌洪水在黄河下游多发生在 2 月份，在上游宁蒙河段多发生在 3 月份。

黄河这两个河段的共同特点是：河道比较平缓，河水流速较小，河流的

① 黄河水利委员会黄河志总编辑室．黄河流域综述．郑州：河南人民出版社，1998：154.

② 水利部黄河水利委员会．人民治理黄河六十年．郑州：黄河水利出版社，2006：82.

流向都是从低纬度流向高纬度，纬度差较大；气温上游暖下游冷，结冰封河时是溯源而上，而解冻开河时则是自上而下。当上游解冻开河时，下游往往还处于封河状态，上游下泄的冰水在河道的急湾、卡口等狭窄河段，由于排泄不畅极易结成冰坝、冰塞，堵塞河道，导致下游水位急剧升高，严重威胁堤防安全，甚至决口。

图 2-6 黄河下游凌汛冰坝①

冰凌洪峰发生时间比较固定，下游河段一般在 2 月上中旬。冰凌洪水峰低量小，历时较短。凌峰流量一般为 1500～3000 立方米每秒，实测最大不超过 4000 立方米每秒，下游利津的洪水总量为 6 亿～10 亿立方米。冰凌洪水的主要特点：一是洪峰流量小而水位高；二是在水鼓冰开时，凌峰流量沿程递增，与秋伏大汛正好相反。②

从冰盖破裂开始流冰起至河道内结冰全部消融为止，称为开河期。在这期间，如果气温逐渐回升，上下游同时开河，冰凌大部分就地融化解体，冰盖下的河槽蓄水逐渐释放，一般不致产生冰凌卡塞现象，对防洪安全威胁不大，这种开河方式称为“文开河”；如果是在流量较小的情况下封河，河面冰盖很低，冰下的过水断面很小，当开河时上游的河槽蓄水急剧释放，而下游过水量小，泄水不畅，河槽内的蓄水量迅速增加，就容易形成较大

① 水利部黄河水利委员会.人民治理黄河六十年.郑州：黄河水利出版社，2006：109.

② 黄河防洪志编纂委员会.黄河防洪志.郑州：河南人民出版社，1991：25.

的凌峰，使河水水位迅速升高。这样，即使在数九寒天、冰质较坚硬的情况下，下游河段也可能“水鼓冰开”，造成“武开河”的严重局面。下游河道上宽下窄，河南兰考以上河道宽浅、沙滩密布，封冻后河道的槽蓄水量较大，艾山以下河道狭窄、泄水断面小、河道弯曲、险工对峙，冰凌流经这些河段就容易堆叠、下潜形成冰塞和冰坝。当上游河道先开河时冰水齐下，而下游河道排泄不畅，往往会引起河道水位急剧上涨，威胁堤防安全。

黄河严重的凌汛主要集中在下游。历史上，黄河下游因凌汛决口频繁，据不完全统计，从1883年至1936年的54年中，有21年发生凌汛决口。[①]

由于黄河凌汛成因极其复杂，加之缺乏有效的防守措施，中华人民共和国成立初期，黄河河口地区发生过两次凌汛堤防决口。[②]

1951年2月3日，黄河在利津王庄险工决口。决口流量600立方米每秒，洪水泛滥区宽14千米、长40千米，造成45万亩耕地、122个村庄受灾，倒塌房屋8641间，受灾人口8.5万，死亡6人。堵口工程从3月21日开始，历时2个月，共动用土方24万立方米、秸柳料164万千克、石料4200立方米、木桩1.2万根、铅丝1000千克、麻袋7.5万条，总投资105.5万元。

1955年1月29日，黄河在利津五庄决口。决口后，口门迅速扩大到305米，水深达6米，最大流量约1900立方米每秒。31日，五庄下游2千米处再次发生溃决，口门宽80米，水深约8米。两股溃决水流汇合后，进入徒骇河。这次凌汛决口，造成360个村庄的88万亩耕地被淹，倒塌房屋5355间，受灾人口17.7万人，80人死亡。

六、旱灾

黄河流域大部分地区属于干旱、半干旱地区，降雨量偏小、变率大，水土流失严重，旱灾发生频繁，并且旱情严重。黄河流域的大旱灾范围广、历时久，历史上常常形成“赤地千里”“饿殍遍野”的悲惨局面，灾情尤为严重。

---

① 黄河水利委员会黄河志总编辑室.黄河流域综述.郑州：河南人民出版社，1998：87.

② 水利部黄河水利委员会.人民治理黄河六十年.郑州：黄河水利出版社，2006：111-114.

从公元前1766年到1945年的3711年中，黄河流域有旱灾记载的就达1070余年。其中清朝一代发生201次，平均一年多就要遭受一次旱灾的袭击。清光绪二年至四年（1876—1878年），遍及黄河中下游各省的大旱灾发生，死亡人数达1300多万。[①]

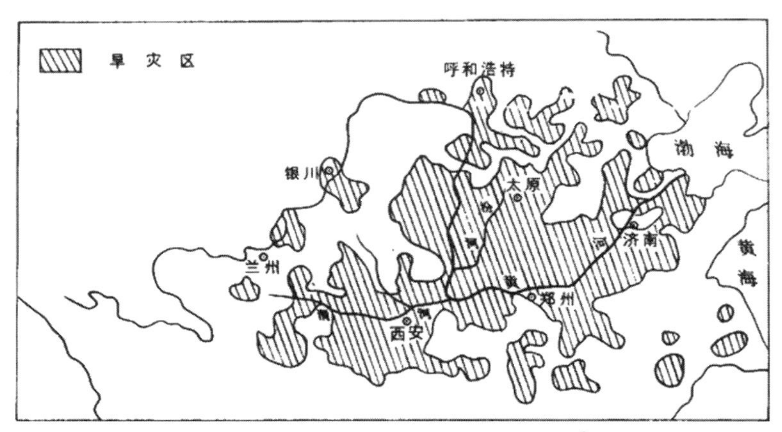

图2-7 1877年黄河流域旱灾区域图[②]

自1912至1949年的38年间，黄河流域共计发生6次大旱灾，其中有3次特大旱灾。民国九年（1920年）发生于陕西、山西、河南、山东、河北5省的大旱灾，受灾人口达2000万人，死亡50万人；民国十八年大旱灾，流域各省挣扎在死亡边缘的灾民达3400多万；民国三十一年至三十二年的大旱灾，仅河南一省就饿死300万人。[③]

七、黄河流域的资源

黄河流域是资源丰富、具有巨大发展潜力的地区。

据1991年的资料显示：黄河流域范围内总土地面积11.9亿亩（含内流区），其中耕地约1.79亿亩，林地1.53亿亩，牧草地4.19亿亩，宜于开垦的荒地约3000万亩；黄河下游现行河道洪水可能影响的总土地面积1.8亿亩，其中耕地1.1亿亩，这些土地虽然不在流域范围以内，但仍属黄河

① 水利电力部黄河水利委员会.人民黄河.北京：水利电力出版社，1959：33.
② 黄河水利委员会黄河志总编辑室.黄河流域综述.郑州：河南人民出版社，1998：177.
③ 王化云.我的治河实践.郑州：河南科学技术出版社，1989：287.

防洪保护区；流域内探明的矿产有114种，在全国已探明的45种主要矿产中，黄河流域有37种，具有全国优势（储量占全国总储量32%以上）的有稀土、石膏、石英岩、铝、煤、铝土矿、铅、耐火黏土等8种，其中煤炭资源在全国占有重要地位，已探明煤产地685处，保有储量占全国总数的46.5%，石油、天然气资源也比较丰富。这些资源遍布沿黄各省区，而且具有品种齐全、质地优良、埋藏浅、易开采等优点；黄河年平均径流量约580亿立方米，虽然只占全国总量的2%，但对于西北和华北缺水地区来说，其水资源尤其宝贵。①

据1979年全国水力资源普查结果：黄河流域水力资源理论蕴藏量4054.8万千瓦，占全国水力资源理论蕴藏量的6%，年平均发电量3552亿千瓦时，并且73.3%的水力资源分布在黄河干流上，全流域可能开发的装机容量大于1万千瓦的水电站共100座，总装机容量2727.7万千瓦，年平均发电量1137.2亿千瓦时，占全国可开发水力资源的6.1%。②

1954年的统计结果显示：黄河流域内共有耕地65600万亩，占全国耕地面积的40%，其中，小麦播种面积占全国的61.7%，各种杂粮播种面积占全国的37%～63%不等，棉花播种面积占全国的57%，烟叶播种面积占全国的67%；黄河的年平均水量约为470亿立方米，虽然大约只有长江年平均水量的二十分之一，但是只要充分利用，就可以把灌溉区域扩大到11600万亩，在这个灌溉区域内可以使粮食增产137亿斤，棉花增产12亿斤；在黄河水量得到适当的调节以后，黄河在青海贵德以下直到海口还可以通航；黄河河源比海平面高出4368米，仅青海贵德以下的水力发电能力就达2300万千瓦，每年能发电1100亿千瓦时（仅指黄河干流，支流尚不在内），此数约为1954年全国发电量的10倍，由于各种条件优越，发电成本可以低到当时我国火力发电成本的十分之一左右；③在矿产资源方面，煤矿蕴藏量估计占全国80%以上，铁矿蕴藏量占全国很大比重，铝矿蕴藏量为

---

① 黄河水利委员会黄河志总编辑室.黄河流域综述.郑州：河南人民出版社，1998：910.

② 黄河水利委员会黄河志总编辑室.黄河流域综述.郑州：河南人民出版社，1998：137.

③ 邓子恢.关于根治黄河水害和开发黄河水利的综合规划的报告//中华人民共和国水利部办公厅宣传处.根治黄河水害开发黄河水利.北京：财经出版社，1955：8.

全国第一，石油蕴藏量占全国的40%，其他非金属矿也很丰富。[①]

第二节　社会环境

中华人民共和国成立之初的几年，政府通过没收官僚资本、统一财经、稳定物价、恢复和发展生产、沟通城乡物资交流、土地改革、镇压反革命、调整工商业、开展“三反”“五反”运动等措施，解放了生产力，国家掌握了经济命脉，确立了国营经济对整个国民经济的领导地位，调动了广大人民群众的积极性，人民民主专政得到巩固，实现了统一、安定和团结的政治局面。抗美援朝战争的胜利，使我国赢得了一个相对和平的国际环境。

一、国民经济的逐步恢复

20世纪三四十年代，中国工业化程度很低，农业在国民经济中占绝对优势。20世纪30年代，全国几乎三分之二的产品来自农业，工业产品不足三分之一。绝大部分工业产品由传统的手工业方法生产，现代手段生产的产品不到10%，90%以上的劳动力依靠传统技术。[②]

产业落后，又经过战争的严重破坏，到1949年，全国工农业生产状况已跌入低谷。1949年，全国的生产同历史上最高水平相比，工业总产值下降50%，其中重工业下降70%，轻工业下降30%；农业总产值下降约25%。同历史上最高水平相比，1949年，钢产量仅15.8万吨，减少80%；煤炭产量仅3243万吨，减少48%；粮食产量为11318万吨，减少约25%；棉花产量为44.4万吨，减少约48%。1949年全国工农业总产值中，现代工业产值只占17%。根据联合国的统计，1949年中国人均国民收入27美元，不足亚洲人均44美元的三分之二，不足印度57美元的一半。[③]

在中华人民共和国成立之前，中国共产党就开始考虑经济建设问题。

---

① 程学敏.改造黄河的第一步.北京：电力工业出版社，1956：11.

② 张柏春等.苏联技术向中国的转移（1949—1966）.济南：山东教育出版社，2004：29-30.

③ 胡绳编，中共中央党史研究室著.中国共产党的七十年.北京：中共党史出版社，1991：289.

1949 年的《中国人民政治协商会议共同纲领》第三十五条指出：“应以有计划、有步骤地恢复和发展重工业为重点，例如矿业、钢铁业、动力工业、机器制造业、电器工业和主要化学工业等，以创立国家工业化的基础。”

1950 年 6 月召开的中共中央七届三中全会明确提出，新中国成立后头三年，全党全国的中心任务就是争取国家财政经济状况的根本好转。国民经济的恢复大体经历了两个阶段：第一个阶段是从 1949 年 10 月到 1950 年 6 月，这个阶段的主要工作是彻底没收官僚资本和肃清帝国主义在华经济侵略势力，建立和发展社会主义国营经济，打击投机资本、统一财经、平抑物价和控制市场，为恢复和发展国民经济创造最基本的条件；第二阶段是从 1950 年 6 月到 1952 年年底，这个阶段的主要工作是完成土地改革，调整工商业，精简整编军队和国家机关，恢复工农业生产和交通运输事业，发展商业和对外贸易，争取国家财政经济状况的根本好转。

到 1952 年年底，经过三年的努力，全国工农业总产值达到 827.2 亿元，比 1949 年增长 77.5%，比解放前历史最高水平的 1936 年增长 20%。其中，工业总产值比 1949 年增长 145%，农业总产值比 1949 年增长 48.4%。工农业主要产品的产量几乎都已超过历史上的最高水平。在 1952 年 8 月的《三年来中国国内主要情况及今后五年建设方针的报告提纲》中有这样的统计数字：1952 年同解放前最高年产量相比，农产品方面，增产粮食 109%、棉花 155%；工矿业方面，生铁 104%、钢锭 155%、煤 89.5%、发电量 116%、石油 116%、水泥 149%、棉纱 147%、棉布 216%、造纸 233%；交通运输方面，增加铁路货运量 161%、公路货运量 112%，只有航运因受美国等国家的封锁而仍落后。恢复国民经济的艰巨任务，已在短短三年内按原定计划完成。[①]

随着国民经济的恢复和发展，国家财政状况基本好转，实现收支平衡，略有节余。1951 年，国家财政总收入为 133.1 亿元，财政支出为 122.5 亿元，收支相抵，结余 10.6 亿元；1952 年，财政总收入为 183.7 亿元，支出

① 金冲及，中共中央党史研究室.周恩来传(1949—1976)(上).北京：中央文献出版社，1998：119-120.

176 亿元，结余 7.7 亿元。[①]文教卫生事业得到相应发展，职工和农民的收入增加，生活有较大改善。同 1949 年相比，1952 年全国职工总数由 800 万增加到 1600 万，平均工资提高了 70%。企业先后实行了劳动保险制度，在公教人员中实行了公费医疗制度。据调查，解放前职工生活水平最高的 1936 年，全国职工家庭每人每年平均消费额为 140 元，1952 年达到 189.5 元，增长了 35%。同 1949 年相比，1952 年农民收入增长了 30% 以上。[②]

在经济恢复的同时，国民经济结构也发生了深刻的变化。国营经济、私人资本主义经济、个体经济、国家资本主义经济、合作社经济都得到了发展。国营经济发展更为迅速，1949 年社会主义工业在全国工业（不包括手工业）总产值中所占比重为 34.7%，1952 年上升到 56%。工业（包括手工业）总产值在全国工农业总产值中的比重从 1949 年的 30.0% 上升到 41.5%，其中现代工业产值由 17.0% 上升到 26.6%。在工业总产值中，重工业产值的比重由 1949 年的 26.4% 上升到 1952 年的 35.5%。这表明，国民经济的恢复不仅有量的发展，而且有质的变化和提高。[③]

二、过渡时期总路线的提出

1952 年，国民经济恢复时期结束，国家经济已经有了相当程度的发展。毛泽东在 1952 年 9 月 24 日的中央书记处会议上提出：现在就要开始用 10 年到 15 年的时间基本上完成到社会主义的过渡。这是酝酿提出过渡时期总路线的开始。随后，刘少奇、周恩来都较详细地论述了“从现在逐步过渡到社会主义去”的指导思想和大致设想。1953 年 6 月的中央政治局会议，对此正式进行了讨论，形成了比较完整的表述。在 1953 年 9 月 24 日发布的庆祝国庆四周年口号，正式宣布了这条总路线。1953 年 12 月，中共中央批发中央宣传部拟定的《为动员一切力量把我国建设成为一个伟大的社会主义国家而斗争——关于党在过渡时期总路线的学习和宣传提纲》，对总路

① 徐棣华，等.中华人民共和国国民经济和社会发展计划大事辑要（1949—1985）.北京：红旗出版社，1987：21-22，34.

② 胡绳，中共中央党史研究室.中国共产党的七十年.北京：中共党史出版社，1991：295.

③ 胡绳，中共中央党史研究室.中国共产党的七十年.北京：中共党史出版社，1991：295.

线的内容作了详细的阐述。毛泽东在审定和修改这个提纲时对总路线作了表述：

“从中华人民共和国成立，到社会主义改造基本完成，这是一个过渡时期。党在这个过渡时期的总路线和总任务，是要在一个相当长的时期内，逐步实现国家的社会主义工业化，并逐步实现国家对农业、手工业和资本主义工商业的社会主义改造。这条总路线是照耀我们各项工作的灯塔，各项工作离开它，就要犯右倾或‘左’倾的错误。”[①]

1954 年 2 月 10 日，中国共产党七届四中全会通过决议，批准了总路线。9 月，第一届全国人民代表大会第一次会议把总路线写入《中华人民共和国宪法》。

过渡时期的总路线提出以后，在全党和全国人民中进行了广泛深入的宣传和教育工作，在党内迅速达成共识，也得到全国人民的拥护，成为团结和动员全国人民共同为建设一个伟大的社会主义新中国而奋斗的新的纲领。[②]

三、第一个五年计划的编制

根据过渡时期总路线的要求，按照中共中央“三年准备，十年计划经济建设”的战略设想和工作安排，中国应从 1953 年开始实施发展国民经济的第一个五年计划。而“一五”计划的编制从 1951 年就开始了，计划的编制工作由周恩来、陈云主持。

1952 年 12 月，中共中央发出《关于编制 1953 年计划及长期计划纲要的指示》，1953 年 4 月，中共中央批准下达 1953 年国民经济计划提要。在这期间，中共中央提出的过渡时期总路线明确规定，逐步实现国家的社会主义工业化是总路线的主体。根据中央的有关指示精神，第一个五年计划一方面初步编制、开始执行；另一方面不断讨论修改，先后历时四年，五易其稿，到 1954 年 9 月基本定案。1955 年 3 月经中国共产党全国代表大会讨论同意，于同年 7 月第一届全国人民代表大会第二次会议正式审议通过。

---

① 毛泽东.建国以来毛泽东文稿(第 4 册).北京：中央文献出版社，1990：405.

② 胡绳编，中共中央党史研究室.中国共产党的七十年.北京：中共党史出版社，1991：303.

第一个五年计划的指导方针和基本任务是：首先集中主要力量发展重工业，建立国家工业化和国防现代化的基础；培养相应技术人才，发展交通运输业、轻工业、农业和扩大商业；有步骤地促进农业、手工业的合作化和对私营工商业的改造；正确发挥个体农业、手工业和私营工商业的作用。所有这些都是为了保证国民经济中社会主义成分的比重稳步增长，保证在发展生产的基础上逐步提高人民物质生活和文化生活的水平。[①]

计划规定："集中主要力量进行以苏联帮助我国设计的156项建设单位为中心的、由限额以上的694个建设单位组成的工业建设，建立我国的社会主义工业化的初步基础；发展部分集体所有制的农业生产合作社，并发展手工业生产合作社，建立对于农业和手工业的社会主义改造的初步基础；基本上把资本主义工商业分别纳入各种形式的国家资本主义的轨道，建立对于私营工商业的社会主义改造的基础。"[②]

"一五"计划的基本建设投资分配：五年内全国经济建设和文化教育建设的总投资额为766.4亿元。在基本建设方面，投资合计为427.4亿元，工业部门为248.5亿元，占基本建设投资总额的58.1%，其中制造生产资料工业的投资占88.8%，制造消费资料工业的投资占11.2%；农业、林业和水利部门为32.6亿元，占7.6%；运输邮电部门为82.1亿元，占19.2%；贸易银行和物资储备部门为12.8亿元，占3.0%；文化、教育和卫生部门为30.8亿元，占7.2%；其他为20.6亿元，占4.8%。[③]

"一五"计划的指标：在工业方面，总产值计划1957年增加到535.6亿元，比1952年增长98.3%，年均增长14.7%。其中生产资料产值年均增长17.8%，消费资料产值年均增长12.4%；手工业总产值1957年增加到117.7亿元，比1952年增长60.9%。农业及其副业总产值1957年比1952年增长23.3%，达到596.6亿元，粮食产量增长17.6%，达到年产3856.3亿斤，棉花产量增长25.4%，达到年产32.7亿斤。工农业总产值到1957

---

① 中共中央文献编辑委员会.周恩来选集(下).北京：人民出版社，1984：109.

② 中华人民共和国发展国民经济的第一个五年计划//中共中央文献研究室.建国以来重要文献选编(第6册).北京：中央文献出版社，1993：410-411.

③ 中华人民共和国发展国民经济的第一个五年计划//中共中央文献研究室.建国以来重要文献选编(第6册).北京：中央文献出版社，1993：414-417.

年达到1249.9亿元，年平均增长8.6%。[①]

四、苏联的援助

20世纪50年代，苏联援助建设的“156项工程”是第一个五年计划时期建设的重要项目。

1950年2月14日，中苏签订《中苏友好同盟互助条约》，同时签订了苏联向中国政府提供3亿美元贷款的协定。按照规定，以五年为期（1950—1954年），苏联用贷款向中国提供电站、冶金工厂、机床厂、煤矿、铁路和公路运输以及国民经济其他部门所需的设备和材料。[②]中苏还签订了苏联援助中国建设、改造50个大型企业的协定，后来援建企业改为47个，包括10个煤矿、11座电站、3个钢铁企业、3个非金属企业、5个化工企业、7个机械企业、7个国防企业和1个造纸企业，其中36个设在东北。

1953年，中国开始执行发展国民经济的第一个五年计划。1953年3月21日，苏中在莫斯科签订了关于苏联援助中国扩建和新建电站的协定。1953年5月15日，苏中签订了关于协助中国新建和改建141个工业企业的协定，其中50个企业是1950年2月14日协定中规定的，91个是新增的。[③]1954年秋，苏联政府代表团来中国进行正式访问，签订了关于苏联政府向中国政府提供5.3亿卢布长期贷款的协定，并签署了关于苏联援助中国增建15个工业企业和对以前协定中规定的141个企业增供设备的议定书。[④]

苏联援助的“156项工程”，主要是帮助我国建立比较完整的基础工业体系和国防工业体系的框架。实际施工的150个项目分为能源、冶金、化工、机械、军工、轻工业和制药工业等几类，引进方式都是成套设备。[⑤]

---

① 中华人民共和国发展国民经济的第一个五年计划//中共中央文献研究室.建国以来重要文献选编（第6册）.北京：中央文献出版社，1993：418—419.

② 鲍里索夫，科洛斯科夫.苏中关系.肖东川，谭实，译.北京：生活•读书•新知三联书店，1982：37.

③ 鲍里索夫，科洛斯科夫.苏中关系.肖东川，谭实，译.北京：生活•读书•新知三联书店，1982：54.

④ 鲍里索夫，科洛斯科夫.苏中关系.肖东川，谭实，译.北京：生活•读书•新知三联书店，1982：55.

⑤ 张柏春等.苏联技术向中国的转移1949—1966.济南：山东教育出版社，2004：73.

第三节　水利建设

一、水利建设方针

从 1949 年的全国水利联席会议起，经过几次重要会议，全国的水利建设方针逐步确定。

（一）1949 年水利联席会议

中华人民共和国成立之初，由于水利建设的迫切需要，中央人民政府成立了水利部。同时各大行政区、各省市及其管辖的各地区也成立了水利机构。几条大江大河也筹建了水利机构。

1949 年 11 月 8—18 日，水利部在北京召开了各解放区水利联席会议，会议由傅作义部长主持，这实际上就是第一次全国水利会议。出席会议的有各解放区水利负责人和专家教授等 70 余人。11 月 14 日，水利部副部长李葆华在会上作了《当前水利建设的方针和任务》的报告，提出了当时水利建设的方针和任务，并提出 1950 年水利建设工作的初步意见。这是新中国成立以来第一次提出水利建设的方针和任务，对以后的工作有指导意义。[①]

李葆华首先强调了水利的重要性，“全国解放战争取得了基本胜利，压在人民头上的反动派，已经根本上被打倒。新的形势使得经济建设的任务，提到了首要的地位。水利建设，是经济建设中重要的一环。政协会议把兴修水利、防洪防旱等水利事业规定在共同纲领中；中央人民政府对水利事业极为重视，人民对水利事业也是异常关心的。我们水利工作者必须努力工作以实现政府与人民的愿望”[②]。在这个前提下，李葆华提出了当时水利建设的方针和任务，共有 7 条[③]：

第一，水利建设的基本方针，是防止水患，兴修水利，以达到大量发展生产的目的。在这一原则下，我们要依照国家经济建设计划和人民的需

---

① 张含英. 我有三个生日. 北京：水利电力出版社，1993：33.

② 李葆华. 当前水利建设的方针和任务//《当代中国的水利事业》编辑部.1949—1957 年历次全国水利会议报告文件：9.

③ 李葆华. 当前水利建设的方针和任务//《当代中国的水利事业》编辑部.1949—1957 年历次全国水利会议报告文件：10–11.

要，根据不同的情况和人力财力及技术等条件，分别轻重缓急，有计划、有步骤地恢复并发展防洪、灌溉、排水、放淤、水力、疏浚河流、兴修运河等水利事业。

第二，各项水利事业必须统筹规划，相互配合，统一领导，统一水政。在一个水系上，上下游，本支流，尤应统筹兼顾，照顾全局。

第三，为保障与增加农业生产，目前水利建设应着眼于防洪、排水、灌溉、放淤等工作。

第四，为便利城乡互助，应从事内河航道的整理，并有计划地开凿运河。

第五，为配合轻重工业的发展，应与工业部门相结合，有计划有步骤地调查开发水力。

第六，对于各河流的治本工作，首先是研究各重要水系原有的治本计划，以此为基础制订新的计划。尚无治本计划者，应从速研究拟订计划。至于已具备了施工条件的个别治本工程，经过批准后，亦可有重点地部分实施。水土保持工作与各河流治本工作密切相关，应与有关部门结合进行。对各水系基本材料的搜集、整理和研究，亦应视为重要工作之一。

第七，为适应水利建设的需要，应积极地充实水利机构，有计划地培养水利人才，提高水利建设知识。

会议期间，周恩来总理在接见出席联席会议的代表时指出：我们是一个农业大国，富国利民，必须兴修水利。中华人民共和国成立后，要恢复经济，发展生产，就要大兴水利。[①]

水利是国民经济建设的重要一环，所以在中华人民共和国成立后的一个月就举行了这次会议。虽是初创，但制定了工作方针和任务，并对若干政策性问题进行了讨论，这就为新中国的水利建设奠定了基础。[②]

（二）政务院关于1952年水利工作的决定

1950年8月，周恩来总理在全国自然科学工作者代表会议的讲话中，阐述了水利工作在国家经济建设中的地位，他说："兴修水利，我们不能只

---

① 水利部黄河水利委员会.人民治理黄河六十年.郑州：黄河水利出版社，2006：82.

② 张含英.我有三个生日.北京：水利电力出版社，1993：35.

求治标，一定要治本，要把几条主要河流，如淮河、汉水、黄河、长江等修治好。”[①]

1952年3月21日，中央人民政府政务院第一百二十九次政务会议通过了《关于1952年水利工作的决定》，在总结1951年工作的基础上提出了水利建设的方针：“从一九五一年起，水利建设在总的方向上是：由局部的转向流域的规划，由临时性的转向永久性的工程，由消极的除害转向积极的兴利。依照这个方向，一九五二年总的要求是：继续加强防洪排水，减免水灾，以保证农业生产；大力扩展灌溉面积，加强管理，改善用水，以防止旱灾并增加单位面积产量；重点疏浚内河，整理水道，以发展航运，便利城乡物资交流；进一步加强流域性、长期性的计划的准备工作，特别注意根治水害与灌溉、发电、航运的密切配合，以适应人民经济发展的需要；切实注意组织工作，健全领导，培养干部，以保证任务的胜利完成。”[②]

这个决定完全符合当时中国水利建设发展的实际情况。所指出的方针，是对过去工作经验的总结，成为以后水利规划的指导思想，指明了以后的方向——就是必须着眼于全流域，着眼于从长期、许多方面的利益，努力做到减免水患、开发水利、保障社会安定、促进经济建设。[③]

（三）1953年全国水利会议[④]

1953年12月召开的全国水利会议，总结了过去四年的全国水利建设，提出了以后水利建设的方针和水利建设的短期任务。

1. 水利建设方针。

“今后水利建设，应根据国家在过渡时期的总路线，在各级党政统一领导下，按照各地具体情况制定具体的要求和可行的步骤，使水利建设为国家工业化与农业的社会主义改造服务，并逐步地战胜水旱灾害，为农业增产特别是粮食和棉花的增产服务，求得每年灾害有所减轻。水利建设必

---

① 水利部黄河水利委员会.人民治理黄河六十年.郑州：黄河水利出版社，2006：82-83.

② 中央人民政府政务院.关于1952年水利工作的决定//《当代中国的水利事业》编辑部.1949—1957年历次全国水利会议报告文件：117-118.

③ 张含英.我有三个生日.北京：水利电力出版社，1993：54.

④ 李葆华.四年水利工作总结和今后方针任务//《当代中国的水利事业》编辑部.1949—1957年历次全国水利会议报告文件：131-147.

须与总路线密切结合，防止离开总路线的单纯工程观点。在制定各河的流域规划及各种大型工程的设计时，都应根据当前并预计到将来国家工农业发展的需要与可能条件，通盘考虑，防止脱离实际的片面化与绝对化的思想。”①

2. 短期的水利建设任务。

（1）使黄河、长江不发生严重的决口和改道，以防打乱整个国家的建设部署。

（2）继续大力治淮，以减轻这条多灾河流的危害。

（3）对于一般河流，要求在目前的保证水位下不溃堤，其中某些为患严重的河道应适当整治，在普通暴雨情况下减轻洪水与内涝灾害。

（4）开展各种各样的小型农田水利，培养人民的抗灾能力，为农业增产服务。

（5）解决已完工程的遗留问题。

3. 对各河治理及农田水利的具体要求。

（1）淮河。自 1953 年起，分两个步骤达到根治淮河的目的。

（2）黄河。黄河的根治需要比较长的时间，为防止异常洪水的袭击，避免大的灾害，根据人力、物力、财力和技术等条件，近五年内应在已挑选的芝川、邙山两水库中选修一个。在上游黄土高原地区，应有步骤地大力开展水土保持工作，同时在支流修筑小型水库，以减少泥沙及洪水下泄。在上述水库工程未完成前，仍继续加强堤防与防汛工作，并继续研究制订黄河的流域规划。

（3）长江。长江根治需要更长时间，目前应加强堤防，保障荆江大堤不决口，争取时间再图治本。

（4）为了减轻辽河洪水灾害，首先举办浑河大伙房水库，要求在五年内完成。

（5）其他各地应以整理与巩固现有工程、开展中小型水利为重点。

---

① 李葆华. 四年水利工作总结和今后方针任务//《当代中国的水利事业》编辑部. 1949—1957 年历次全国水利会议报告文件：137.

二、水利建设

经过 1949 年到 1953 年的 4 年建设，全国的水利事业有了很大的发展。截至 1953 年 10 月，国家对水利建设的总投资达到 12 亿元，共完成土工 26.8 亿立方米、石工 1700 万立方米、混凝土工 63 万立方米。全国的水利建设取得以下初步成效[①]：

第一，减轻了长江、淮河、黄河、汉水及一般河流，以及沿海、沿湖的水患。淮河的洪水已得到初步控制，下游已基本消除了 1921 年式的洪水威胁，中游如能将闸坝合理控制，也能保证淮河干堤在 1950 年式的洪水情况下不至于有破堤危险，上游的淮河、颍河洪水虽尚未解决，但洪河、汝河的洪水已有了改善；黄河中下游堤防几年来不断巩固加强，加上有计划地蓄洪、滞洪、分洪，可争取防御与 1933 年同样的洪水；长江、汉水的堤防得到加强，并修筑了荆江分洪工程，基本上解除了荆江大堤决口的威胁；永定河官厅水库完成以后，已可控制官厅以上的洪水，减轻了下游水灾，并为水利开发建立了基础；淮河流域及其他地区的内涝也有一定改善。

第二，兴修了群众性的农田水利工程。4 年来，全国共兴修 、整修小型塘坝 600 万处，凿井 80 万眼，贷放水车 50 万辆，恢复与新建较大灌溉工程 250 余处、排水工程 30 余处，添置抽水机 3 万多马力，加上改进了灌溉管理，共扩大灌溉面积 5400 万亩。

第三，培养了大批专业人才。在苏联专家的帮助下，我国逐渐摸索到水利建设的方针与某些流域的治水方略，同时也培训了技术人员，锻炼了施工队伍，并培养了大量的积极分子与基层干部。4 年来，全国各地完成了许多技术性较高的工程，如荆江分洪工程的南闸和北闸、官厅水库、佛子岭水库、三河闸及引黄济卫工程等，水利技术逐步提高。

---

① 李葆华.四年水利工作总结和今后方针任务//《当代中国的水利事业》编辑部.1949—1957 年历次全国水利会议报告文件：131-132.

第四节 黄河治理

一、治黄方针

（一）1950年黄委会会议

1950年1月，水利部转发政务院水字1号令：黄河水利委员会原为山东、平原、河南三省治黄联合性组织，为统筹规划全河水利事业，决定将黄河水利委员会改为流域性机构，所有山东、平原、河南三省的黄河河务机构，应即统归黄河水利委员会直接领导，并仍受各省人民政府之指导。[①]

1950年1月22—29日，黄委会在河南开封召开了治黄工作会议，这次会议是新中国成立后第一次黄河全河工作会议，会议经过广泛征求意见和反复讨论，通过了1950年治黄方针与任务、1950年的工作计划和预算方案、黄委会的组织编制草案等。会议根据水利部对当时全国水利建设的方针，并结合黄河的具体情况确定1950年黄河治理的方针："以防比1949年更大的洪水为目标，加强堤坝工程，大力组织防汛，确保大堤，不准溃决；同时观测工作、水土保持工作及灌溉工作亦应认真地、迅速地进行，搜集基本资料，加以研究分析，为根本治理黄河创造足够的条件。"对提出这一方针的依据，会议认为："在黄河问题上，关于治本与治标、防洪与兴利的排列，曾经引起长期争执，迄今尚无定论。我们认为这次根据全国水利会议的精神，集中黄河上的专家和各地领导实际工作的同志的意见，提出这一工作方针，是合乎当前实际情况和人民的最大化利益的。"[②]

---

① 黄河水利委员会黄河志总编辑室.黄河大事记.郑州：黄河水利出版社，2002：231.

② 黄河水利委员会.王化云治河文集.郑州：黄河水利出版社，1997：38.

图 2-8　1950 年出席黄委会第一次治黄工作会议的代表合影[①]

黄河的治本研究问题是这次会议的一个重要议题。会议认为“治黄工作的最终任务就是变害河为利河。达到这一目的的关键是控制黄河的水量和含沙量。在这一问题未得到彻底解决前，黄河的彻底除害和全面兴利都谈不上。广大人民的长远利益要求我们积极地规划黄河长治久安之计，并为实施这种计划创造足够的条件”；会议还提出，在确保下游河道安全的情况下，“积极开展治本研究工作”。[②]会议也认识到治本研究是迫切的、重要的，应予高度重视，同时也必须正视它的困难，如过去治本研究工作未能真正展开、资料不全、人员缺乏，治本研究工作谈不上恢复或发展，而是需要创建试办。会议对治本研究工作的态度“是积极的、坚决的，同时也是实际的、有步骤的”。会议拟定的治本研究道路，就是“技术与群众结合，理论与实践结合”，同时水土保持、测量勘查、水文建设、水工试验都要切切实实地做起来。会议还提出了当前治本研究的具体任务是水土保持的典型试验、测量勘查、水工试验、恢复与整理水文站，同时思想上要确定方向、组织上要充实机构。[③]

黄河水利委员会的成立，标志着黄河治理由分区走上统一。过去由于

---

① 水利部黄河水利委员会.人民治理黄河六十年［M］.郑州：黄河水利出版社，2006：85.

② 黄河水利委员会.王化云治河文集［M］.郑州：黄河水利出版社，1997：38.

③ 黄河水利委员会.王化云治河文集［M］.郑州：黄河水利出版社，1997：41-42.

分区治理的限制，对客观事物了解和认识的程度不同，特别对像黄河这样一条复杂难治的大河，认识上存在分歧。这次会议消除了分歧，取得了共识，确立了统一的治河思想和治河方针，为以后的治黄工作铺下了思想上、组织上、工作上统一的基础，推进了新中国治黄事业的发展。①

（二）“兴利除害，蓄水拦沙”治黄思想的提出

1951 年，时任黄委会主任的王化云通过对历代治河方略的研究，在已有工作的基础上，结合自己对黄河客观规律的初步认识，提出了“兴利除害，蓄水拦沙”的治黄主张。他指出“我们治理黄河的目的，就是害要根除，利必尽兴，一句话就是兴利除害”，“我们治理黄河的总方略应该是用‘蓄水拦沙’的方法，达到综合性开发的目的”。②

王化云认为黄河的灾害主要有两个：一是黄河水携带的大量泥沙淤积在下游河道和入海口，造成河床的升高和河槽的经常变化，导致决堤或改道；二是西北黄土高原的水土流失，水土流失不仅造成了西北人民的灾难，也成为黄河泥沙的主要来源。所以根治黄河就必须要治理这两大祸患。同时，他还认为黄河也是人民的一个大福源：黄河每年平均有 450 亿立方米的水量，并且在干流有许多优良的坝址和库址，如果能合理利用这些河水和优良的地形，不仅可以除害，还可以发电、灌溉、通航等。对于以前的治河方略，他认为这些方略大多只注重下游防洪，强调把水和泥沙送入大海，但是存在三个缺点：第一，“水没有控制，河道不能固定，堤即不能束水”，“从历史上来看，堤防工程没有解决防洪问题，不能不说‘以堤束水，以水攻沙’的方略，无法根本解决防洪问题”，“因此我们认为以上治河的方略，不宜采用”；第二，“没有解决西北水土流失问题，上边的灾害没有解决”；第三，“没有解决兴利问题，发电、灌溉、航运均得不到适当解决”。③

鉴于上述原因，王化云提出：为了根治黄河水害、开发黄河水利，就不应采取以前把泥沙和水送到海里去的办法，而要把泥沙和水拦蓄在上边。拦蓄的办法是修筑干流水库、支流水库，同时在西北黄土高原上进行大规

① 王化云.我的治河实践[M].郑州：河南科学技术出版社，1989：84，86.
② 黄河水利委员会.王化云治河文集[M].郑州：黄河水利出版社，1997：50.
③ 黄河水利委员会.王化云治河文集[M].郑州：黄河水利出版社，1997：50-51.

模的水土保持、造林种草，把泥沙和水拦蓄在高原上、沟壑里及支流和干流水库里。这些泥沙和水得到拦蓄以后，不仅使得西北水土流失和下游改道淹没的灾害得到根本解决，而且可以获得电力、灌溉、航运、给水等方面的巨大利益。他认为只有采用如此做法，黄河的害才能根除，黄河的利才能尽兴，也就是说才能达到综合开发的目的。

"蓄水拦沙"方针主要表现为一条方针、四套办法。治河的总方针"应是'蓄水拦沙'，就是把泥沙拦在西北的千壑万沟与广大土地里"，也就是"节节蓄水，分段拦泥"。四套办法是"依据这一方针，在黄河的干流上从邙山到贵德，修筑二三十个大水库大电站；在较大的支流上，修筑五六百个中型水库；在小支流及大沟壑里修筑两三万个小水库；同时用农、林、牧、水结合的政策进行水土保持。通过以上四套办法，把大小河流和沟壑变为衔接的阶梯的蓄水和拦沙库。同时利用水发展林草，利用林草和水库调节气候，分散水流，这样就可以把泥沙拦在西北，使黄河由浊流变清流，使水害变为水利"。①

1953 年年初，王化云向水利部和政务院主管农业的邓子恢副总理汇报了"除害兴利，蓄水拦沙"的治黄方略。邓子恢认为："王同志对黄河基本情况作了历史性的全面分析"，"根据这个分析，王同志提出黄河治本方针是'节节蓄水、分段拦沙'"，"王化云同志对黄河基本情况的分析与黄河治本方针是正确的、符合实际的"。②邓子恢肯定了这一方针并呈报给毛泽东主席和党中央，得到毛泽东主席和周恩来总理的赞同。

（三）《关于治黄的报告》③

1953 年 3 月，水利部副部长李葆华向毛泽东和党中央报送了《关于治黄的报告》。报告指出，"治黄工作已转入治本阶段，遵照中央指示，于1953 年内作出根治黄河初步方案并积极进行干流水库规划设计与准备工作。"为完成以上两项任务，必须注意以下两点：

---

① 王化云.关于黄河基本情况与根治意见的报告，1953.黄河档案馆档案，A0–1(1)–8.

② 邓子恢.邓子恢同志关于治理黄河问题给主席的信，1953 年 6 月.黄河档案馆档案，A0–1(1)–8.

③ 李葆华.关于治黄的报告，1953 年.黄河档案馆档案，1–3–1953–0034C.

第一，必须弄清西北黄土高原的水土流失情况。因为黄河问题基本是泥沙问题，泥沙来自黄土高原的水土流失。将来水土保持能否完成，不仅是根治黄河的关键，同时也关系着对西北自然环境的改造和工农业的发展。在加强水土保持工作的要求下，根据苏联经验首先要有计划地、大规模地把基本工作做好。计划在三年内采取普遍查勘测量与重点试办相结合的方针，按照综合开发的原则，配合农业部、林业部和科学院等有关部门，在1953年完成23万平方千米严重水土流失区的查勘，并训练测量队建立观测站，同时在无定河和泾河进行重点试办，以取得基本资料。

第二，规划设计工作。根据“蓄水拦沙”、工农业兼顾的治黄方针，于1953年提出治理黄河初步方案作为治黄方针，完成三门峡水库任务书和邙山水库方案，并进行比较研究，报请中央审查抉择。这是治黄的根本工作，必须大力进行。

二、黄河的治理和研究①

从1949年到1954年，随着中华人民共和国的成立和国家建设的发展，黄河治理由分区治理走上统一治理的道路，并取得了很大的成就。一是在下游基本上完成了防御1933年式洪水的措施，战胜了历年洪水特别是1954年的洪水，完成了不决口的任务；二是进行了大规模的水文、测量、地质钻探、查勘规划、泥沙研究等基本工作；三是水土保持工作的查勘与试验推广在某些地区取得了较为成熟的经验；四是引黄灌溉济卫工程的兴办。

（一）防洪

从1949年到1954年，黄河发生了两次比较大的洪水：一次是1949年的秋汛，花园口最大流量12300立方米每秒，洪水总量105亿立方米，8000立方米每秒以上洪水历时4天；一次是1954年的伏汛，秦厂最大流量15000立方米每秒，洪水总量113亿立方米，8000立方米每秒以上洪水历时4天。1954年的洪水在洪峰流量、洪水位、洪水总量和历时等方面而言都比1949年为大。但1949年的情况是，濮阳以下的堤线和全河险工都告

① 黄河水利委员会.王化云治河文集.郑州：黄河水利出版社，1997：91-105.

急，几天内就发生了400多处漏洞，开放了梁山、东平、寿张、范县共约60万人口的滞洪区。1954年的情况要好得多，险工仅是个别现象，漏洞也只是在济南发生了一处，仅开放了东平湖约2万多人的滞洪区。

治理黄河下游的根本方针是依靠人民，保证不决口、不改道，以保障人民生命财产安全和国家的经济建设。具体措施主要是：废除民埝政策，没有民埝的地方不许再修，对于已有的民埝，妨害大的动员群众拆除，妨害不大的不许加修；兴办滞洪区，1951年在长垣县石头庄兴办了溢洪堰工程，将北金堤与临黄堤之间作为滞洪区，同时在沁河口以上沁河、黄河三角地带和东平湖两侧梁山、东平湖地区也建立滞洪区，这样就可以把河道不能排泄的洪水分别由石头庄分出5000立方米每秒，由大陆庄、二道坡、黑虎庙分出3000立方米每秒溢入滞洪区；加固堤防，共培修黄河、沁河两岸大堤1800多千米，完成土方1亿多立方米；修整坝埽，截至1954年共用石料234万立方米，新修或改建坝埽4866道，秸料埽仅在利津还残留着一些，约占全部坝埽的6%；大堤排险，从1950年开始进行大堤锥探工作，截至1954年共计锥眼约5800万眼，发现与挖填隐患约8万处，捕捉害堤动物2万余只；动员广大群众参与防洪和治理。

图2-9　石头庄溢洪堰建成①

（二）勘查与研究

1. 水文方面。

截至1954年，全河已经建有78个水文站、38个水位站、259个雨量站。

① 水利部黄河水利委员会.人民治理黄河六十年.郑州：黄河水利出版社，2006：97.

同时培养训练水文干部500余人，增设了测验设备，改进了测验方法，做了洪水预报，进行了水文整编工作，整编了1919年至1952年的全部水文资料，完成水位资料1300站年，流量、含沙量资料各600站年，取得了比过去更精确的水文泥沙资料。此外进行了干支流洪水调查工作，在这些调查中发现了陕县1843年发生的36000立方米每秒的洪水，沁河润城1482年发生的11900立方米每秒的洪水，以及泾河、洛河、伊河洪水的校核与陕县至孟津段黄河区间径流的校核。但所取得的水文泥沙资料的精确程度，还远远不能满足治本工程与防洪工程设计的需要。

2. 测量方面。

测量队伍由127人扩展到1135人，完成壶口至京汉铁桥段及中宁至托克托段的河道和水库坝址、三门峡水库坝址、沁河五龙口以下河道、下游滞洪区、内蒙古灌溉区、引黄灌区，以及泾河、渭河、无定河水土保持区等的地形测量，共计33000多平方千米，精密水准5300多千米。但由于1953年以前对质量注意不够，测量工作的发展远远赶不上治黄工程的要求，如三门峡水库坝址的测图就不能达到设计的需要。

3. 泥沙研究方面。

1950年泥沙研究所建立，开始了泥沙研究工作。在这一工作上，采取了“室内研究与野外观测相结合”的方针。最初仅是精密泥沙测验和颗粒分析，随着治黄工作的发展，逐渐扩充了设备，进行了各项分析试验工作。5年时间完成了黄河淤积泥沙来源、数量分析与三门峡最大洪水量模型试验，同时进行了引黄东西干渠不冲不淤渠道的观测试验及沉沙池运用的观测试验等工作。但所得的成果不够精确，远远满足不了以后各项工程设计的需要。

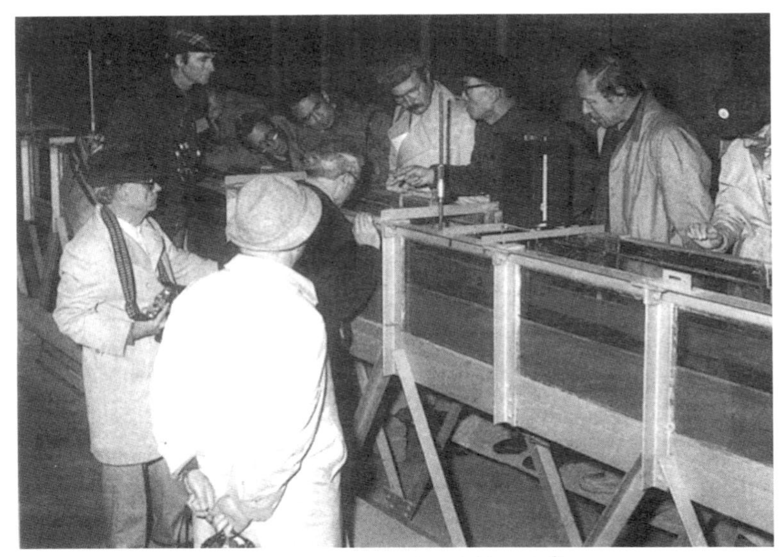

图 2-10　泥沙试验所水槽试验[①]

4. 地质钻探方面。

自 1952 年开始，经过苏联专家的具体指导、地质部门的配合及水电总局的支援，共进行了邙山、芝川、涑水河口、王家滩、任家堆、宝山、八里胡同、小浪底、龙门、壶口、大佛寺、巴家嘴、红石峡、蔡家嘴、伊阙等坝址的钻探勘察，为以后的规划设计积累了一定的资料。

5. 查勘方面。

先后组织了 32 个查勘队，调配职工 1059 人，查勘面积 42 万多平方千米，完成干支流河道查勘总长 21000 多千米。在干流方面除河源至贵德段约 912 千米尚待查勘外，对沿河的地形地质、水道冲淤、河岸崩塌、沟壑发展、水流情形、水库坝址的可能性及航运状况都做了比较全面的查勘，发现优良坝址 106 处，并重点进行了龙门到孟津段水库查勘及三门峡、清水河等水库的社会经济调查。

（三）水土保持和引黄济卫

1. 水土保持。

自 1950 年起，西北黄河工程局建立，水土保持推广试验站也逐步在陕

① 黄河水利委员会.世纪黄河.郑州：黄河水利出版社，2001：88.

北、陇东、陇南建立，并进行了水土保持工作。1953 年，通过大规模的查勘与考察，汇集了丰富的有关水土流失的自然情况和群众的保持水土经验方面的材料，如天水地区的沟埂、庆阳地区的田埂、离临地区的淤地坝等方法都是较成熟的经验，在这些地区水土保持工作已经有了门路。但是水土流失区面积太大，取得的经验还只是一部分地区的典型经验。

2. 引黄济卫。

1950 年，在苏联专家指导下，我国兴办了引黄灌溉济卫工程。经过查勘、测量、规划、设计与紧张的备料工作，工程于 1951 年 3 月开始施工，于 1953 年年初完成。工程投资 726 万余元，建渠首闸 1 座及其他各种大小建筑物 1488 座，开掘斗渠以上渠道 640 多万千米，挖土 600 多万立方米，植树 13 万多株。这一工程的完成能够灌溉农田 72 万亩并可补给卫河水量。

第三章

三门峡工程的初步决策和规划

到 1954 年，国家政权的逐步巩固、国民经济的恢复和发展、苏联的经济技术援助、技术条件的改善及大规模经济建设的开始，这些都为三门峡工程的建设提供了条件，也对三门峡工程的建设提出了要求。1954 年 10 月编制的《技经报告》将三门峡工程列为第一期工程，1955 年 7 月《技经报告》经全国人大通过，三门峡工程正式立项。《技经报告》初步确定了三门峡工程的任务、方针和具体指标，并对一些具体问题作出了安排。《技经报告》的规划成为三门峡工程最终决策的基础。

第一节　三门峡工程的决策系统

三门峡工程的决策，先是由黄规会拟定出基本要求和最初指标，经过党中央、国务院和全国人大批准，最后由周恩来总理代表国务院结合各相关省份、各相关部委和水利专家的要求、意见确定最终方案。三门峡工程的决策主要由国务院完成，相关省份、相关部委、黄规会和苏联专家组等机构参与了决策，其中较为重要的有黄规会和苏联专家组。

一、国务院

国务院是《技经报告》和三门峡工程的决策主体，提出了决策的原因、任务和对具体实施的要求。

（一）治理黄河的原因

治理黄河的原因主要有以下三个方面。

1. 黄河问题关系重大。

"黄河问题是全国人民所关心的。"黄河是我国第二大河，流域面积74.5万平方千米，其影响范围更是包括了华北和淮河流域等广大地区。"黄河流域是我国历史的发源地和文化的摇篮，在一个长时期内是全国政治和经济的中心。"黄河流域的农业生产在全国占有很重要的地位。"黄河流域的地下富源有煤、石油、铁、铜、铝和其他大量矿藏。在黄河流域各省区，工业正在迅速发展，许多新的工业城市和工业基地正在建设中。"①

2. 黄河本身蕴含了重要的资源。

黄河的多年平均水量约为470亿立方米，只要充分利用，"就可以把灌溉区域扩大到1.16亿亩土地，在这个灌溉区域内可以使粮食增产137亿斤，棉花增产12亿斤。在黄河水量得到适当的调节以后，黄河在青海贵德以下直到海口还可以通航。黄河的水力尤其宝贵。黄河河源比海平面高出4368公尺，仅从青海贵德以下的水力发电能力达2300万千瓦，每年能发电1100亿千瓦时，对黄河流域的工业发展以至整个国家工业化和电气化事业有伟大的意义。黄河由于地形优越，大多数水电站的造价都比其他地方低廉；至于发电成本，可以低到目前我国火力发电成本的十分之一左右"。②

3. 黄河流域灾害严重。

"黄河是古今中外著名的一条灾害性的河流。它的灾害主要是水灾。""黄河虽然在中游也有水灾，但严重的水灾却集中在下游。据历史记载，黄河下游在3000多年中发生泛滥、决口1500多次，重要的改道26次，其中大的改道9次。改道最北的经海河出大沽口，最南的经淮河入长江。因此黄河的灾害一直波及海河流域、淮河流域和长江下游，威胁25万平方公里上8000余万人的安全。黄河的每次泛滥、决口和改道都造成人民

---

① 邓子恢.关于根治黄河水害和开发黄河水利的综合规划的报告//中华人民共和国水利部办公厅宣传处.根治黄河水害　开发黄河水利.北京：财经出版社，1955：7-8.

② 邓子恢.关于根治黄河水害和开发黄河水利的综合规划的报告//中华人民共和国水利部办公厅宣传处.根治黄河水害　开发黄河水利.北京：财经出版社，1955：8.

生命财产的惨重损失，常常有整个村镇甚至整个城市人口被大部或全部淹没的惨事”，并且“黄河水害在历史上是不断严重化的”。[①]

除了严重的水害以外，黄河流域还有中游地区水土流失的严重危害和整个流域的严重旱灾。在甘肃东部、陕西的大部、山西的大部以至河南西部的一部，每年都有大量土壤遭受损失。土壤的损失大部分是由于雨水特别是暴雨的冲刷，小部分是由于风力的剥蚀。严重的水土流失“使这一区域的宜耕面积逐渐缩小，土壤肥力逐渐减少了，农作物产量低下，广大农民的生活条件不容易有大的改善”。黄河的大量泥沙到了下游由于河道平缓，不能完全入海而大量沉积，河底就逐年淤浅，直至高出河堤两旁的地面，成为“地上河”。遇到较大的洪水，河堤无法约束的时候，黄河下游就要发生泛滥、决口以至改道的严重灾害。[②]黄河流域虽然遭受暴雨造成的灾害，但是整个流域雨量是很不够的，雨量不足使黄河的水量不足。

（二）治理黄河的任务

这次规划的任务是：“不但要从根本上治理黄河的水害，而且要同时制止黄河流域的水土流失和消除黄河流域的旱灾；不但要消除黄河的水旱灾害，尤其要充分利用黄河的水利资源来进行灌溉、发电和通航，以促进农业、工业和运输业的发展。总之，我们要彻底征服黄河，改造黄河流域的自然条件，以便从根本上改变黄河流域的经济面貌，满足现在的社会主义建设时代和将来的共产主义建设时代整个国民经济对于黄河资源的要求。”[③]

（三）对《技经报告》的意见

《技经报告》是按照“根治水害、开发水利的方针和方法制定的”，“这个规划虽然还只是一个轮廓，它的具体工程项目和项目中的许多地点、数字还有待于进一步的研究确定，但是它的原则和基本内容是完全正确的”。

---

① 邓子恢.关于根治黄河水害和开发黄河水利的综合规划的报告//中华人民共和国水利部办公厅宣传处.根治黄河水害　开发黄河水利.北京：财经出版社，1955：8-12.

② 邓子恢.关于根治黄河水害和开发黄河水利的综合规划的报告//中华人民共和国水利部办公厅宣传处.根治黄河水害　开发黄河水利.北京：财经出版社，1955：8.

③ 邓子恢.关于根治黄河水害和开发黄河水利的综合规划的报告//中华人民共和国水利部办公厅宣传处.根治黄河水害　开发黄河水利.北京：财经出版社，1955：16.

《技经报告》“同我们正在讨论的整个社会主义建设计划的其他项目一样，确是一个伟大的计划，确是我们全国人民值得为它来艰苦奋斗的计划”。[①]

黄河的综合规划，由于对全流域的防灾、发电、灌溉、水土保持和航运各方面都作了通盘的计划，更加显示了黄河在整个国民经济发展中的重大作用。通过《技经报告》的实施“我们不需要几百年，只需要几十年，就可以看到水土保持工作在整个黄土区域生效；并且只要6年，在三门峡水库完成以后，就可以看到黄河下游的河水基本上变清”，“不要多久就可以在黄河下游看到几千年来人民所梦想的这一天——看到‘黄河清’”。[②]

“国务院根据中共中央和毛泽东同志的提议，请求全国人民代表大会采纳黄河规划的原则和基本内容，并通过决议，要求政府各有关部门和全国人民，特别是黄河流域的人民，一致努力，保证它的第一期工程按计划实现。”[③]

（四）为实施《技经报告》对各部门的要求

“为了实现这一规划，当然首先需要政府各有关部门即水利部、燃料工业部、地质部、重工业部、机械工业部、农业部、林业部、交通部、铁道部、科学院和其他有关方面的共同努力。这一规划的第一期计划中，还有许多项目需要作进一步的勘测和研究来确定。已经确定的工程项目需要开始进行设计。由于苏联负责三门峡工程的设计，我国的有关部门必须负责供给设计所需要的资料，并积极进行必要的施工准备工作以及水库区移民的准备工作。为了实现水土保持的第一期要求，各有关部门应当积极指导地方人民政府订出具体的计划并加以正确的实施。

“但是实现这一计划不仅仅需要政府的努力，还需要全国人民的努力。毫无疑问，全国人民将在人力、物力、财力上坚决地支持这一伟大计划的实施。黄河流域各省区的人民，将在这一计划实施的过程中做出最大的贡

---

① 邓子恢.关于根治黄河水害和开发黄河水利的综合规划的报告//中华人民共和国水利部办公厅宣传处.根治黄河水害　开发黄河水利.北京：财经出版社，1955：7,22,34.

② 邓子恢.关于根治黄河水害和开发黄河水利的综合规划的报告//中华人民共和国水利部办公厅宣传处.根治黄河水害　开发黄河水利.北京：财经出版社，1955：34-35.

③ 邓子恢.关于根治黄河水害和开发黄河水利的综合规划的报告//中华人民共和国水利部办公厅宣传处.根治黄河水害　开发黄河水利.北京：财经出版社，1955：36.

献。甘肃、陕西、山西三省农民，三省的省、县、乡各级人民委员会，三省的共产党和各民主党派、各人民团体的各级地方组织的工作人员，对于水土保持计划的执行负有最重要的责任。我们相信，他们为了自身的利益、本地方的利益和全国人民的利益，一定能够把他们的责任充分地担负起来。三门峡水库区和其他水库区的居民，本着‘一户搬家，保了千家’的美德，也将按照政府的指示实行迁移，积极帮助这一根治和开发黄河的伟大计划的实现。”①

二、黄河规划委员会

《技经报告》是由黄规会具体负责完成的，黄规会也是为了编制《技经报告》才专门成立的，三门峡工程的初设任务书和技术设计任务书也是由黄规会负责完成的，所以黄规会是三门峡工程决策的重要参与者。

（一）人员组成②

黄规会有委员 17 人，分别是李葆华（水利部副部长）、刘澜波（燃料工业部副部长）、柴树藩（国家计划委员会委员）、王化云（黄委会主任）、张含英（水利部副部长）、钱正英（水利部副部长）、宋应（地质部副部长）、竺可桢（中国科学院副院长）、赵明甫（黄委会副主任）、李锐（燃料工业部水电建设总局局长）、张铁铮（燃料工业部水电建设总局副局长）、刘均一（林业部调查设计局）、高原（交通部航务工程总局）、赵克飞（铁道部设计总局）、王凤斋（农业部农业生产管理总局）、王新三（国家计委燃料工业计划局局长）、顾大川（国家计委农林水利计划局局长），以李葆华为正主任委员、刘澜波为副主任委员。

委员会设立办公室，办公室下设梯级开发组、水文及水利计算组、水工组、施工组、地质组、灌溉组、水土保持组、航运组、水库淹没组、基本资料组和动能经济组，共计 11 个专业组，主要由水利部和燃料工业部的技术人员组成。在编制过程中，陕、甘、内蒙古、晋、冀、鲁、豫等省

---

① 邓子恢.关于根治黄河水害和开发黄河水利的综合规划的报告//中华人民共和国水利部办公厅宣传处.根治黄河水害开发黄河水利.北京：财经出版社，1955：34-35.

② 黄河水利委员会，勘测规划设计院.黄河规划志.郑州：河南人民出版社，1991：120.

（区）也派人参加编制工作。

（二）《技经报告》要实现的具体目标

编制《技经报告》的原因："随着国家经济建设发展的需要，对黄河这一条多灾多难而资源丰富的河流，从根本上制止其洪水泛滥，消除对下游广大国土上人民生命财产的危害，保证经济建设顺利开展，同时充分利用水利和土地资源，为我国的经济建设服务。"[①]

《技经报告》的具体目标：第一项是要解决黄河的洪水问题，特别是黄河下游广大地区严重而迫切的防洪问题；第二项是要利用黄河的水量来发展黄河流域的农田灌溉，来满足国民经济中日益增长的农业增产的需求；第三项是要开发黄河的水力资源，发出大量廉价的电力，来满足黄河流域的工业、农业和交通运输业日益增长的电力需求；第四项是要改善黄河的航运；第五项是要在西北黄土区域进行大规模的水土保持工作，这项工作是解决黄河灾害问题的根本措施，是上述四项工作胜利实现的必要保证，同时也是提高西北地区农业生产的必经条件。[②]

（三）编制《技经报告》采用的方针[③]

黄规会在编制《技经报告》时，总结了过去治河的经验和教训，认为过去治河"限于社会的条件和科学的、技术的条件，只是想办法在黄河下游送走水，送走泥沙"，"但是事实已经证明，水和泥沙是'送'不完的，送走水、送走泥沙的方针是不能根本解决问题的。在今天的科学的、技术的条件下，我们人民政权如果还沿用这个方针来治理黄河，那就是完全错误的了"。在此基础上，黄规会提出"我们对于黄河所应当采取的方针就是不把水和泥沙送走，而是要对水和泥沙加以控制，加以利用"，这是因为"第一，黄河下游的水灾和中游的水土流失以至中下游的旱灾是互相关联的，它们在根本上都是由于没有能够控制水和泥沙的结果；不解决水和泥沙的控制问题，就不能解决黄河的灾害问题。第二，只要我们能够控制黄河的水和泥

---

① 黄河规划委员会.编制黄河技术经济报告工作基本总结,1955，黄河档案馆档案，规-1-65.

② 程学敏.改造黄河的第一步.北京：电力工业出版社，1956：17—18.

③ 邓子恢.关于根治黄河水害和开发黄河水利的综合规划的报告//中华人民共和国水利部办公厅宣传处.根治黄河水害开发黄河水利.北京：财经出版社，1955：18-19.

沙，它们就不但不能成灾，而且能为我们造无穷的幸福”。

黄规会采用的基本方法是，从高原到山沟、从支流到干流节节蓄水、分段拦泥，尽一切可能把河水用在工业、农业和运输业上，把黄土和雨水留在农田上。具体地说就是：“第一，在黄河的干流和支流上修建一系列的拦河坝和水库。依靠这些拦河坝和水库，我们可以拦蓄洪水和泥沙，防止水害；可以调节水量，发展灌溉和航运；更重要的是可以建设一系列不同规模的水电站，取得大量的廉价的电力。第二，在黄河流域水土流失严重的地区，主要是甘肃、陕西、山西三省，展开大规模的水土保持工作。这就是说，要保护黄土使它不受雨水的冲刷，拦蓄雨水使它不要冲下山沟和冲入河流，这样既避免了中游地区的水土流失，也消除了下游水害的根源。”

（四）编制《技经报告》所坚持的原则[①]

黄规会根据编制《技经报告》的任务和方针，在黄河干流实施了阶梯开发的方法，即在黄河干流上修建一系列的拦河坝，从而把黄河改造为“梯河”。在选择和布置梯级开发方案时依据了以下几个原则：

第一，《技经报告》的基本任务是选择第一期工程，因此所研究的方案要能够满足最近期内的实际需要，适应目前的首要任务，同时要对整个河流作全面合理的规划，也就是使目前利益与远景利益相结合。

第二，梯级开发方案必须要综合考虑各种问题，要考虑防洪、灌溉、发电、航运及都市和工业用水等综合效益，但是也要考虑到各个地段的自然条件与社会经济条件的特点。

第三，必须考虑每一河段地形地质上的特点，采用适合的坝型、坝高，使梯级开发方案在技术上具有可能性，并且在经济上是比较合理的。

第四，要最大限度地利用河流的资源，因此必须在全河段上选定几个较大的水库，使流量得到较充分的调节以提高径流的利用系数，只有这样才能在枯水时期，按不同保证率供给发电、灌溉、航运所需要的流量，同时使洪水的威胁得以减少或免除。

第五，选择水力枢纽的坝址及确定其水头时，在尽量利用天然落差的

---

①《中国电力规划》编写组.中国电力规划（水电卷）.北京：中国水利水电出版社,2007：421.

前提下，也要考虑尽量减少水库区的淹没损失，尤其要避免淹没沿河的重要城市以及在国民经济上有重要意义的工业地点和农业地区。

（五）对三门峡工程具体指标的要求

黄规会在《技经报告》中对三门峡工程的要求是：可以防御千年一遇洪水，使千年一遇洪水流量由 37000 立方米每秒减至 8000 立方米每秒，当三门峡下游发生千年一遇洪水时，三门峡水库将关闭泄洪闸门 4 天；灌溉农田 2220 万亩以上，发电容量 90 万千瓦，使下游枯水流量由 300 立方米每秒调节到 800 立方米每秒，在上游水土保持工作未完全收效以前，可以拦蓄泥沙、下泄清水。①

在三门峡工程设计时，黄规会对三门峡工程提出了比在《技经报告》中更高的要求，主要是：由于泥沙淤积严重，为了使工程寿命能够延长到百年，希望加高正常高水位；为了确保下游防洪的安全，尽量考虑在三门峡下游发生大洪水时，三门峡工程完全不泄洪或者泄洪量在 6000 立方米每秒以下，并考虑将关闭闸门的时间予以延长；适当考虑增加灌溉面积；等等。②

三、苏联专家组

苏联专家组是编制《技经报告》和设计三门峡工程的重要参与者，对三门峡工程决策有重要影响。

（一）人员组成

苏联专家组主要由苏联电站部派出，以苏联电站部水电设计院列宁格勒设计分院（以下简称“列院”）的专家为主。专家组成员是组长列院副总工程师阿·阿·柯洛略夫（苏联电站部）、水工专家巴·谢·谢里万诺夫（苏联电站部）、水文与水利计算专家维·安·巴赫卡洛夫（苏联电站部）、水工施工专家谢·斯·阿卡拉可夫（苏联电站部）、工程地质专家格·比·阿卡林（苏联电站部）、灌溉专家康·谢·郭尔涅夫（苏联农业部）、航运专家维·尤·卡麦列尔

① 黄河规划委员会.黄河综合利用规划技术经济报告,1954，黄河档案馆档案，规-1-67：159.

② 黄河规划委员会.黄河三门峡水利枢纽（带有水电站）设计技术任务书//黄河三门峡水利枢纽志编纂委员会.黄河三门峡水利枢纽志.北京：中国大百科全书出版社，1993：389.

（苏联海上及内河航运部）。

（二）主导思想

苏联国家计划委员会在《关于中华人民共和国五年计划任务的意见书》中，对黄河综合规划作了专门说明，“黄河水力资源的利用对中华人民共和国有着巨大的国民经济的意义，但实现起来却是一个极为复杂的技术问题，特别是由于水流速度极大，而水库又有迅速被泥沙淤满的危险”。“苏联在设计大河上的巨大水电站时，首先要做出这些河流水力资源的综合利用设计图，然后才根据地质、地形以及其他各种条件正确地布置水电站和其他水利工程，才能确定调整水流和在各经济部门之间分配水源的适当程度，也才能确定各水电站的建设顺序。在编制这种综合利用设计图的同时，就要考虑到将来利用这些水电站所发电力的工业发展问题。黄河也必须有这样一个综合利用设计图，在编制这种设计图时，可以利用一切过去积累的勘测资料。因此，关于在这条河上建设第一批水电站的期限问题，最好当总的综合利用设计图做好以后再作决定。”①

按照苏联的经验，由于水电建设的复杂性，水电站的设计程序又和一般工厂的设计程序不同，在初步设计和技术设计之前，需要有一个编制河流规划报告的设计阶段。在编制河流规划报告时，要根据综合利用的原则，对全河进行慎重的比较研究，从而选定能够最好地满足各项综合要求的，在技术上最可靠、在经济上最合理的第一期工程，此后，才能对被选定的第一期工程对象进行初步设计和技术设计。②

河流的综合利用，是苏联国民经济建设中的基本原则之一，要求用最小的投资使国民经济的发展获得最大的综合效益。早在第一个五年计划时期，苏联的水电设计部门就规定了河流综合利用的设计原则。第聂伯河、顿河和伏尔加河上的巨大建设工程，都是河流大规模综合利用的范例。

在黄河的规划问题上，苏联专家组也提出按照综合利用的原则来进行。

---

① 苏联国家计划委员会.苏联国家计划委员会关于中华人民共和国五年计划任务的意见书//中共中央党史研究室，中央档案馆.中共党史资料（第69辑）.北京：中共党史出版社，1999：9.

② 程学敏.苏联专家对于黄河规划的巨大帮助//中华人民共和国水利部办公厅宣传处.根治黄河水害　开发黄河水利.北京：财经出版社，1955：76.

苏联专家组指出：根据黄河的自然条件和中国国民经济发展的需要，黄河综合利用的任务，一是解决黄河严重的洪水问题，二是用黄河的水来大规模发展农田灌溉，三是开发黄河的动力资源来满足黄河流域各新建工业城市的电力需要，四是改善黄河的航运，五是大力开展黄土区域的水土保持工作。①

对于在具体规划中贯彻综合利用的办法，苏联专家组指出：在规划大的综合利用水力枢纽时，必须充分考虑到各项综合任务的满足，如防洪、灌溉、发电、航运、拦沙等。而在进行防洪、灌溉、发电、航运和水土保持等专业规划的时候，也必须尽量和综合性水力枢纽密切结合，利用它所提供的有利条件，相辅相成。水土保持的规划则要考虑到如何最有效地防止综合性水力枢纽的沉沙淤积。此外，在综合性的和专业性的水工建筑物中，也都应当考虑综合利用，如灌溉渠道的通航。②

（三）选择第一期工程的方法

在选择《技经报告》的第一期工程时，苏联专家组认为："为了更好地满足国民经济整体的利益，必须设法找出综合的解决方案，使得在最大可能的范围内满足各有关水利部门的利益，并全面给国民经济以最大的利益。为了使第一期工程选择不是偶然的，必须研究整个河流或某一河段的规划，拟定所有可能的开发梯级及其远景方案，把各方案相互联系起来，并从中选出一些更好的方案，作为第一期工程。"③

第二节　《黄河综合利用规划技术经济报告》

中华人民共和国成立后，相关部门即着手研究治理黄河的问题。为了根治黄河水害和开发黄河水利，水利部（主要是它所领导的黄委会）、燃料

---

① 程学敏.苏联专家对于黄河规划的巨大帮助//中华人民共和国水利部办公厅宣传处编.根治黄河水害　开发黄河水利.北京：财经出版社，1955：78.

② 程学敏.苏联专家对于黄河规划的巨大帮助//中华人民共和国水利部办公厅宣传处编.根治黄河水害开发　黄河水利.北京：财经出版社，1955：79.

③ 黄河规划委员会.编制黄河技术经济报告工作基本总结，1955.黄河档案馆档案，规-1-65.

工业部（主要是它所领导的水电总局）、地质部等相关单位都进行了大量的准备工作。1952 年，在商定苏联政府帮助我国建设的 156 个项目时，水利部及燃料工业部都向中央要求聘请苏联专家综合组来我国帮助制订黄河规划。同年 8 月，以周恩来为团长、陈云和李富春为副团长的中国政府代表团，到苏联洽谈第一个五年计划的技术援助项目时，“黄河全流域总规划及黄河下游水电站”被列为援助项目之一。苏联政府同意派水力和水利专家来华指导编制黄河规划，规定设计交付时间为 1954 年到 1957 年。[①]

一、编制经过

1953 年 6 月 17 日，国家计划委员会召集水利部、燃料工业部、地质部、农业部、林业部、铁道部和中国科学院等单位的负责人开会，商讨苏联专家来华帮助制订黄河规划之前应做的各项准备工作。根据会议讨论的结果，国家计划委员会于 7 月 16 日发出《关于成立黄河资料研究组的通知》，决定在国家计划委员会的领导下，成立以燃料工业部和水利部人员为主的黄河研究组，国务院有关部委指定专人参加，负责调查、收集、整理和分析黄河规划所需的各种资料。要求水利部和燃料工业部水电总局把这项工作当作主要任务，各有关部门也应积极配合，将这个工作列入各部门的工作部署。黄河研究组以李葆华为组长，刘澜波、王新三、顾大川、王化云为副组长。实际工作负责人是水电总局的李鹗鼎和黄委会的刘善建，费用由燃料工业部水电总局编列预算，研究组在水电总局办公，专家组在燃料工业部办公。根据分工，黄委会主要负责收集整理水文、泥沙、流域面上水土保持和支流及龙门以下干流的资料，燃料工业部主要负责龙门以上黄河干流的资料。[②]

黄河研究组集中了技术人员 56 人，经过半年的努力，整编并翻译出黄河概况报告 17 篇，干支流的水力资源坝址查勘、各主要坝址的地质调查、水库经济调查、水土保持调查等报告 33 篇，水文、泥沙统计表 4 册，水位流量关系曲线图 82 张，各种水文曲线图 12 张，气象统计图表 33 张，各类

---

① 张铁铮．中国代表团赴苏洽谈技术援助项目．中国水力发电史料，1991(2)：41–42.

② 黄河水利委员会，勘测规划设计院．黄河规划志．郑州：河南人民出版社，1991：117–118.

地形图及水库库容面积曲线图 939 张，地质图 50 张。[①]

1954 年 1 月，苏联专家组到达北京。苏联专家组来华后，随即开展工作，一面研究已准备的资料，一面听取对有关问题的系统介绍。苏联专家首先着重了解了全流域的自然情况、动能经济（工业分布、电力负荷、建设水电站和火电站的比较等）、黄河治理历史、已进行的工程和规划方案，以及邙山、芝川和三门峡水库的情况等。苏联专家经过两个月的情况了解和资料审阅，认为过去的准备工作方向是对的，现有的资料已具备编制《技经报告》的条件。苏联专家还建议在进行黄河重点查勘的同时，开始编制报告，报告由苏联专家指导，中方编写。

国家计划委员会基本同意苏联专家组的上述建议，于 1954 年 2 月起集中水利部、燃料工业部、农业部、林业部、交通部、地质部和中国科学院等有关单位的技术人员 180 余人，设置办公室和 11 个专业组，着手进行《技经报告》的编制工作。办公室正、副主任分别为张铁铮和马静庭，各组人员数量和组长分别是：阶梯开发组 11 人，组长章修典、程学敏；水文及水利计算组 43 人，组长叶永毅、陆钦侃；动力经济组 2 人，组长曹维恭；水工组 23 人，组长张昌龄、刘善建；施工组 14 人，组长礼荣勋、段芳芝；地质组 4 人，组长贾福海；灌溉组 24 人，组长陈之频、李维质、王钟岳；航运组 11 人，组长洛卓；水土保持组 32 人，组长仝允杲、石元正；水库淹没组 10 人，组长康维明；基本资料组 10 人，组长郭劲恒。另外，还有绘图组 43 人，编译室编译人员 38 人，行政管理干部 38 人，总共 300 余人。[②]苏联专家除对口分工外，水库淹没组和基本资料组由柯洛略夫兼管，水土保持组由阿卡拉可夫兼管，动能经济组由水电总局的苏联专家库兹涅佐夫兼管，该组单独活动。1954 年 4 月，李富春副总理主持召开会议，决定在黄河研究组的基础上，成立黄河规划委员会。[③]

在苏联专家组到达北京以前，虽然已经准备了大量资料，但为了深入现场了解黄河的实际情况，收集补充有关资料，听取沿河各地对治黄的意

① 黄河水利委员会，勘测规划设计院．黄河规划志．郑州：河南人民出版社，1991：118.
② 黄河规划委员会．编制黄河技术经济报告工作基本总结，1955．黄河档案馆档案，规-1-65.
③ 黄河水利委员会，勘测规划设计院．黄河规划志．郑州：河南人民出版社，1991：118.

见和要求，对规划中的关键问题特别是对第一期工程的选定进行现场考察等，于 1954 年 2 月组成黄河查勘团，开展黄河现场大查勘，这是确定治黄大计的一次关键性查勘。查勘团由李葆华、刘澜波分任正、副团长，赵明甫、张铁铮分任正、副秘书长，查勘团有苏联专家、中国专家和工程技术人员等 120 余人参加。

查勘从下游地区开始。查勘团在下游沿河考察了重要险工、水文控制站和黄河入海口。在济南、开封、郑州等地，查勘团听取了当地政府负责人的汇报，对于黄河在历史上三年两决口所造成的惨重灾害，以及广大人民对根治黄河水害、开发黄河水利的迫切愿望，有了深切的体会。

图 3-1　黄河查勘团在黄河下游查勘[①]

1954 年 3 月 17 日，查勘团在查勘了邙山水库坝址后，在洛阳召开了座谈会。座谈会上，苏联专家认为邙山方案存在以下缺点[②]：

第一，邙山水库容量很小，不能很好地为下游的防洪、灌溉、航运及发电调节流量。

第二，这一水库不能拦沙，而是输沙，使下游河床仍然淤积，河道仍然要改变，容易决口。如果不是输沙，而是拦沙，那么水库寿命不到预定的 15～20 年就会淤满。

第三，地质方面条件不好，流沙、粉砂层及黄土不利于修建工程。

---

① 水利部黄河水利委员会.人民治理黄河六十年.郑州：黄河水利出版社，2006：147.

② 黄河规划委员会.编制黄河综合利用规划技术经济报告苏联专家谈话记录.1955：272.

第四，在这样的地质条件上，很难修建如设计任务书上所提那样高的混凝土溢流部分，在过去的经验中，在这种条件下修筑类似的工程是没有的。

第五，在这样的地质情况下，混凝土溢流部分在施工上也很困难。

第六，邙山坝址不解决发电问题。

第七，水库工程的工作量非常大，造价非常高，而寿命却很短，利用的效益不足以补偿投资。

因此，苏联专家不认可将邙山水库作为第一期工程。

在完成龙门至孟津段的查勘之后，查勘团在西安召开了技术座谈会，中共中央西北局的负责人也参加了座谈会。会上，中国工程师及地质专家率先发表意见，接着苏联专家都作了发言。水文与水利计算专家巴赫卡洛夫详细论述了三门峡工程对解决黄河洪水、泥沙及调节流量的优越性。工程地质专家阿卡林说，三门峡的地质条件是非常有利的，闪长斑岩的坚固性是无可怀疑的。灌溉专家郭尔涅夫指出，三门峡水库对下游防洪灌溉具有重要意义。航运专家卡麦列尔表示三门峡工程不但能给下游航运带来有利条件，水库本身也将是很好的通航湖泊。水工专家谢里万诺夫说，在这样坚固的岩石基础上修建堤坝，它的设计和建筑，从技术观点上看，是不会有什么困难的。水工施工专家阿卡拉可夫说，只有三门峡工程才能有效地控制洪水和泥沙，三门峡的3个岩岛给施工导流创造了自然的有利条件，建筑物结构简单、混凝土用量小，这些都是施工的有利条件。[①]

经过讨论，最后苏联专家组组长柯洛略夫总结道："在黄河下游，即自龙门到邙山，在我们看过的全部坝址中，必须承认三门峡坝址是最好的一个坝址。现在已经可以这样讲，这些坝址中的任何一个也不能代替三门峡使下游获得那样大的效益，即任何其他坝址都不能像三门峡坝址那样能综合地解决问题——防洪、灌溉和发电的问题。"他具体分析了三门峡坝址的优点：第一，三门峡水库容量很大，能完全调节洪水，可以保障山东和河南两省免受洪水威胁，而且能将黄河下游的最小流量增至1000立方米每秒，并能保证新的灌溉面积；第二，三门峡水库与水土保持及其他水库相配合，

① 黄河规划委员会.编制黄河综合利用规划技术经济报告苏联专家谈话记录.1955：273-281.

能将淤在下游的泥沙全部拦住，这样就能使黄河下游河床逐渐刷深，提高河床的稳定性，从而减轻沿河防洪堤的维护压力；第三，地质条件很好；第四，施工条件较好；第五，三门峡工程在解决防洪、灌溉的同时，还能获得大量的电力；第六，与其他坝址比较，有着最好的技术经济指标。①

对三门峡工程淹没损失大的问题，柯洛略夫认为，“想找一个既不迁移人口，而又能保证调节洪水的水库，这是不能实现的幻想、空想，没有必要去研究。为了调节洪水，需要足够的水库容积，但为了获得必要的水库容积，就免不了淹没和迁移。任何一个坝址，无论是邙山、三门峡或其他哪一个坝址，为了调节洪水所必需的水库容积，都是用淹没换来的。区别仅在于坝址的技术质量和水利枢纽的造价”②。上述“用淹没换取库容”的观点对当时三门峡工程的决策和方案研讨产生了较大的影响，但也有少数中国专家对此持有不同的意见，认为具体问题应当具体分析。③

对于减轻移民困难的办法，柯洛略夫指出：移民不需要一下子完成，而是逐渐地、分期地来做；第一期水库淹没标高的选择，应按库容仅为满足调节洪水所必需的最小库容来选择，大约在 335 米，这样将减少第一期移民的数量；如果工程在 1955 年开工，那么移民可以在 1958 年到 1959 年进行，这样就有充分的时间做细致的准备和组织工作；水库上部仅为蓄洪使用，平时可以耕种；以后水库的移民，可根据具体情况逐渐完成。④

座谈会期间，李葆华团长、刘澜波副团长与西北局负责人交换了意见，西北局认为在移民问题上西北确有困难，但只要三门峡工程的方案确定，愿在中央的领导下努力设法解决。从延长三门峡工程寿命和便于移民工作等方面考虑，西北局负责人特别希望水土保持和支流拦泥库的修建能同时进行。

经过反复讨论研究，黄河查勘团最后一致同意苏联专家组的意见：为了综合解决当前与长远的防洪、灌溉、发电等问题，黄河规划的第一期工程

① 黄河规划委员会.编制黄河综合利用规划技术经济报告苏联专家谈话记录.1955：281-283.

② 黄河规划委员会.编制黄河综合利用规划技术经济报告苏联专家谈话记录.1955：282.

③ 张含英.我有三个生日.北京：水利电力出版社，1993：76.

④ 黄河规划委员会.编制黄河综合利用规划技术经济报告苏联专家谈话记录.1955：282-283.

首先抓紧修建三门峡工程。座谈会最后确定三门峡工程为第一期工程。[①]

图 3-2　黄河查勘团在三门峡坝址查勘[②]

图 3-3　柯洛略夫（中）、李葆华（左二）、李锐（左三）等在三门峡研究建坝问题[③]

为了了解水土流失和水土保持情况，黄河查勘团又查勘了水土流失严重的泾河、无定河和榆林附近的沙漠地区，以及可以拦阻泥沙兼及灌溉的支流水库坝址。对于许多群众创造的水土保持方法，这次查勘中给予了肯定，这些具体事实增强了查勘团对水土保持工作的信心，也丰富了《技经报告》的内容。[④]

---

① 黄河三门峡水利枢纽志编纂委员会.黄河三门峡水利枢纽志.北京：中国大百科全书出版社，1993：30.

② 袁隆.治水四十年.郑州：河南科学技术出版社，1992：插图.

③ 黄河水利委员会.世纪黄河.郑州：黄河水利出版社，2001：109.

④ 李鹗鼎.黄河查勘散记//中华人民共和国水利部办公厅宣传处.根治黄河水害　开发黄河水利.北京：财经出版社，1955：108.

图 3-4 黄河查勘团在榆林风沙区查勘[①]

黄河查勘团到达兰州后，查勘了刘家峡坝址，认为这里可修建一座很好的水电站。之后，黄河查勘团查勘了著名的青铜峡，并对古老的秦渠、汉渠、唐徕渠的进口、河套平原进行勘察。黄河查勘团于 4 月 27 日从包头回北京休息 21 天后，从托克托沿黄河顺流而下到河曲，查勘万家寨、龙口等坝址，后又经太原往陕北查勘水土流失最严重的地区，再折回太原经临汾到达黄河唯一的瀑布——壶口瀑布查勘。至 6 月 15 日，黄河查勘团完成全部查勘任务。

黄河查勘团的查勘共历时 110 天，行程 12000 多千米，查勘了从兰州到入海口 3300 多千米的河道，共查勘干流坝址 21 处、支流坝址 8 处、灌区 8 处、水土保持区 4 处、水文站 7 处、下游堤防 1400 余千米和滞洪工程，以及沿河航运情况等。黄河查勘团详细听取并讨论研究了有关地方政府对治黄的意见和要求，对黄河流域综合规划的关键问题特别是选择第一期工程等问题基本统一了认识，为编制《技经报告》奠定了基础。[②]

---

① 水利部黄河水利委员会.人民治理黄河六十年.郑州：黄河水利出版社，2006：148.

② 黄河水利委员会，勘测规划设计院.黄河规划志.郑州：河南人民出版社，1991：119.

图 3-5　黄河查勘团勘察刘家峡坝址[①]

1954 年 10 月，黄规会全面完成了《技经报告》的编制工作。《技经报告》分为总述、灌溉、动能、水土保持、水工、航运、对今后勘测设计和科学研究工作方向的意见、结论 8 卷，全文约 20 万字，附图 112 幅，另外还将大量资料分卷汇编成《技经报告》的参考资料，以供参考。苏联专家组还编有《黄河综合利用规划技术经济报告苏联专家组结论》，全文约 10 万字。另外，专家组组长柯洛略夫撰写了《黄河综合利用规划技术经济报告基本情况》的报告。

图 3-6　技术人员在编制《技经报告》[②]

① 水利部黄河水利委员会.人民治理黄河六十年.郑州：黄河水利出版社，2006：150.

② 黄河水利委员会.世纪黄河.郑州：黄河水利出版社，2001：108.

《技经报告》编制完以后，黄规会提出了《黄河综合利用规划技术经济报告编制完成报告》，认为“报告所提的黄河规划方案，我们认为是符合我国人民对于治理和开发黄河迫切需要的”，并指出对报告中的几个具体问题需要在以后做进一步研究后才能确定[①]：

（一）三门峡水库洪水放流标准，在流域规划中暂定为8000流量，坝顶高程350公尺，我们考虑为确保下游河防安全，水库洪水放流应充分照顾伊洛沁洪水情况，在初步设计时作进一步的研究核实。坝顶高程是照顾到移民困难和根据泥沙淤积计算而定的，我们认为最高蓄水位可以如此定，但坝身为百年大计，由于水文泥沙资料不完整，可考虑将坝顶修到360公尺左右，以确保安全。

（二）第一期灌溉工程定为3000万亩，可以研究增加。

（三）第一期工程中，支流水库的部署与防洪有关的伊洛河、沁河应先进行，其他支流水库应在各支流技术经济调查报告编好后，选择意义重大者有重点地进行，以后逐步展开。

（四）水土保持工作量及经费，将来还要结合实际情况，订出具体部署，应贯彻依靠群众的精神，经费可以削减。

随后黄规会又提出了《对于黄河综合利用规划技术经济报告补充意见》[②]：

一、原《黄河综合利用规划技术经济报告》，由于泥沙淤积严重，拟定三门峡水库寿命为50～70年。现为了使该水库寿命能够延长至百年以上，则该水库的正常高水位应在初步设计中考虑超过《技经报告》中所拟定的初步方案（即大沽标高350公尺）。为此究竟应采纳何种标高为宜，希在初步设计中多作些方案计算确定之。

二、由于伊河、洛河、沁河支流水库的防洪效果尚需进一步论证，为了确保下游防洪的安全，则在初步设计中研究确定三门峡水库在洪水期的

---

① 黄河规划委员会.黄河综合利用规划技术经济报告编制完成报告，1954.黄河档案馆档案，B16-13-43.

② 黄河规划委员会.对于黄河综合利用规划技术经济报告补充意见，1954.黄河档案馆档案，规-1-12.

运行方式。原《技经报告》中所采用的三门峡水库泄洪量8000秒公方的数值，可尽量考虑完全不泄洪或者泄洪量在6000秒公方以下。

又在《技经报告》中曾拟定，当三门峡下游发生千年一遇洪水时，三门峡水库将关闭泄洪闸门4天。初步设计中可考虑将关闭闸门的时间予以延长。

由于以上情况所需的额外防洪库容，可以提高水库正常高水位取得之。

三、三门峡下游第一期发展灌溉的面积，在《技经报告》中拟定为2000余万亩，现拟增加到3000万亩，并有一部分播种水稻，因此灌溉蓄水量将有所提高。根据新的灌溉用水量进行水库调节，由此而需增加的调节库容，亦可以提高水库正常高水位取得之。

四、由于提高水库正常高水位而必须增加的移民数字，政府将予以考虑。

黄规会在《技经报告》编制完成后，对《技经报告》的编制工作作了总结，内容涉及编制过程，以及编制工作中的经验和教训等。对编制工作中的经验和教训的总结主要有以下几个方面①：

（1）规划中存在着规划思想不明确和程序先后倒置的现象。如在灌溉规划中，产生了赶任务、急于得出灌区选定成果的情况；在水土保持规划中，没有先总结群众和试验站的经验再选择水土保持措施，而是先选择了措施再去总结经验；在计算水土保持的减沙效果时，水土保持的工作量尚未定出，因为水文组计算水库淤积影响急需此结果，就盲目估计；关于移民问题，因为苏联专家提出分期移民，就认为已经解决了移民问题，但对于如何迁移和迁移补偿等问题考虑不够。

（2）综合利用是规划工作的最高原则之一，只有这样才能达到充分利用水土资源，给国民经济以最大的利益。

（3）细致研究资料、掌握资料、适当地运用资料才能正确地进行计算。工作开始之初，由于重视资料的思想不够，急躁地赶任务，因此一上来就忙于计算，对引用的资料缺乏细致研究。为了可以进行计算，就提出一些假定的情况，甚至急于要完成任务，对必需的基本资料没有尽力地去搜索。

---

① 黄河规划委员会.编制黄河技术经济报告工作基本总结,1955.黄河档案馆档案，规-1-65.

应检查和搜集必要资料，并根据现有资料进行分析、充分掌握和利用，尽可能计算出正确的结果。例如：水土保持组对计算工作量和减少泥沙量的方法，采用的就是典型推广、相似类比的原则。先将河流水文站测验的年平均输沙量分配到流域面积上，并且以查勘中冲刷量调查的典型资料相印证，得出不同类型地区的水蚀模数。再根据自然条件和典型资料确定一个区域的发展方向和基本措施，然后结合典型小区域用类比的方法推广到该区各部。根据分析泥沙减少的典型资料估算出各项水土保持措施的泥沙减少系数，以计算泥沙减少量。这样，就在现有资料不足的条件下解决了规划问题。在洪水计算中，由于资料不全，可结合自然条件以类比相关的办法将记录加以补充和延长，虽然计算中带有很大的假定性，但方向是正确的。

（4）适当分工，密切联系，严格贯彻制度，才能保证做好《技经报告》。例如，在考虑移民问题时，没有完全与地方政府取得一致，所以移民的安置办法带有假定性。

二、审定过程

1954年11月29日，国家计划委员会邀集国务院第七办公室、国家建设委员会、水利部、燃料工业部、地质部、农业部、林业部、铁道部、交通部、黄规会等有关部门的负责人和苏联专家，集中听取苏联专家组组长柯洛略夫的报告《黄河综合利用规划技术经济报告基本情况》。

《黄河综合利用规划技术经济报告基本情况》简要叙述了黄河的现状、综合利用远景和规划第一期各项措施，集中阐述了黄河存在的问题及对策。[①]柯洛略夫报告后进行了会议讨论。讨论时，水利部副部长李葆华在发言中认为，“黄河规划方案是正确的。它解决了中国几千年来从没有解决的问题”，“希望早日批准这一方案。黄河要决口，就要威胁整个中国建设，整个国民经济”。燃料工业部副部长刘澜波补充说，黄河流域新建城市的电源问题也是很紧张的，规划中解决了这个问题，还解决了农业上的灌溉问题，建议中央提早讨论通过这个报告。邓子恢在讲话中指出：“《技经报告》完全解决了问题，按照这个方案逐步加以实施，不仅解决了对我们危害

---

① 柯洛略夫.黄河综合利用规划技术经济报告基本情况，1954.黄河档案馆档案，规-1-66.

最大的黄河洪水，而且帮助我们解决了灌溉、发电问题和将来的航运问题，这是实现国家的工业化和农业合作化最迫切需要的。”“黄河规划主要是三门峡水利枢纽方案，前几次党中央开会已同意了这一方案。因此，今后的问题就是如何分头组织力量加以实施。”[①]

1955 年 2 月 15 日，黄规会将《技经报告》和苏联专家组对该报告的结论等文件，上报国务院、国家计划委员会及国家建设委员会，认为“该报告中所提黄河规划方案是符合我国人民对治理和开发黄河的迫切需要的。因此建议国家计划委员会、国家建设委员会，报请国务院予以批准”[②]。黄规会还指出有如下几个具体问题，提议在下一段设计中进一步研究后确定[③]：

1. 洪水期三门峡水库下泄流量的标准，在《技经报告》中暂确定为 8000 秒公方。我们考虑为确保下游河防安全，则洪水期三门峡水库下泄流量应充分照顾伊洛沁河等支流的洪水情况。这一问题在计划任务书及初步设计时进一步研究核定。

2. 三门峡水力枢纽，正常高水位在技术经济报告中确定为大沽标高三五公尺，水库寿命考虑五至七年，我们考虑黄河泥沙的严重，为了水库使用延长寿命、水库综合利用的效益有更大的发挥，建议将三五五公尺、三六公尺两个高程方案与三五公尺方案一并在初步设计中进行比较研究，以确定最优方案。

3. 第一期工程中，下游的灌溉面积确定为 3000 万亩，可研究适当增加。

4. 关于支流，应首先编制伊洛沁河的技术经济报告，并选择重要水库地点作为第一期工程，以解决由于三门峡以下各支流的洪水汇合所造成的黄河下游洪水问题。其他支流水库应在各支流技术经济报告编好后，选择意义大者重点进行，以后逐步开展。

---

① 国家计划委员会.关于苏联专家报告“黄河综合利用规划技术经济报告基本情况”会议简报第一号，1954：黄河档案馆档案，1955- 规 -3.

② 黄河规划委员会.报送黄河综合利用规划技术经济报告请审批，1955：黄河档案馆档案，规 -1-11.

③ 黄河规划委员会.报送黄河综合利用规划技术经济报告请审批，1955：黄河档案馆档案，规 -1-11.

5. 水土保持工作是根治黄河的特别重要而又艰巨的工作，须及早进行。根据最近时期水土保持发展的经验，如果很好地依靠群众与农业生产合作社，结合农业生产，《技经报告》中所列经费还可以适当削减。

1955 年 4 月 5 日，国家计划委员会党组和国家建设委员会党组审查《技经报告》后，联名向中央呈报《关于请审批黄河综合利用规划技术经济报告和黄河、长江流域规划委员会组成人员名单的报告》。报告中对《技经报告》的审查意见如下[①]：

一、规划报告中所提出的黄河综合利用远景和第一期工程都是经过慎重研究和比较的，应当认为是今天可能提出的最好的方案。建议予以批准。

二、在第一期工程中，下列各项工程应于第一个五年计划期内即开始进行：

（甲）三门峡水利枢纽，苏联已同意担负设计和供应设备，可于 1957 年开始施工；

（乙）下游临时防洪工程，在三门峡水库和三门峡下游的沁河、伊洛河的支流水库建成之前，下游的堤防加固和分洪、滞洪工程应当立即进行。此项设计正由水利部进行，可于 1955 年开始施工；

（丙）上游水土保持，为了减少各支流的泥沙大量流入黄河，增加上游各地的农业生产，应当有步骤地开展群众性的水土保持工作，此项工作应由水利、农业、林业等部门和地方党、政配合进行。

上述三项工作在第一个五年计划内需拨款 15000 万元，1955 年约需 2000 万元，拟请准予列入计划。

三、黄河规划委员会为确保下游防洪安全和延长三门峡水库使用年限，提出的三门峡水库泄洪量标准是否定为每秒 8000 公方，正常高水位是否定为 350 公尺，抑或定为 355 公尺、360 公尺等问题，建议由黄河规划委员会向苏联专家提出，在初步设计中研究确定。

1955 年 5 月 7 日，中共中央政治局在中南海西楼会议室开会，讨论了黄河规划的问题。会议由刘少奇主持，出席会议的有朱德、陈云、董必武、

---

① 国家计划委员会.关于请审批黄河综合利用规划技术经济报告和黄河、长江流域规划委员会组成人员名单的报告，1955.黄河档案馆档案，1955-规-3.

邓小平、彭真、薄一波、谭震林、杨尚昆、胡耀邦、廖鲁言、李葆华、刘澜波、李锐和王化云等共 46 人，会议听取了李葆华关于《黄河综合利用规划技术经济报告》的汇报。政治局基本通过这一方案，并决定将黄河综合利用规划问题提交第一届全国人民代表大会第二次会议讨论；责成水利部党组起草提交全国人民代表大会关于黄河综合利用规划的报告和决议草案，交中央审阅。关于黄河上中游的水土保持问题，会议指出应制定具有法律性质的条例，责成水利部党组提出草案，交中央审查。[①]

中央政治局会议后，水利部党组决定由王化云起草提交全国人大的关于黄河规划的报告。5 月下旬王化云写出初稿，经水利部党组组织有关人员进行修改后于 6 月上旬交中央审阅。中共中央书记处决定由邓子恢、李葆华、胡乔木负责进行修改，实际上主要是由当时任中共中央宣传部副部长的胡乔木修改，王化云和李锐向他介绍了有关黄河和规划方面的情况，黄河规划方面的技术问题则由张昌龄、程学敏、陆钦侃等工程师提供资料。报告于 7 月中旬最后定稿。

1955 年 7 月，国务院召开第十五次全体会议，李葆华、刘澜波对《关于根治黄河水害和开发黄河水利的综合规划的报告》作了说明。会议通过了这个报告，并决定由邓子恢副总理代表国务院在第一届全国人大第二次会议上作报告，提请大会审议批准。[②]

1955 年 7 月 5 日，第一届全国人民代表大会第二次会议开幕，7 月 18 日，邓子恢副总理代表国务院在会上作了《关于根治黄河水害和开发黄河水利的综合规划的报告》，报告介绍了治理黄河的原因、任务和《技经报告》的主要内容。

邓子恢报告完毕，中南海怀仁堂顿时发出雷鸣般的掌声，1000 多位人大代表为黄河的美好远景而欢欣鼓舞，许多代表称邓子恢副总理的报告是一个“激动人心”的报告，有的代表因过分激动而彻夜未眠。[③]

---

① 王化云．我的治河实践．郑州：河南科学技术出版社，1989：160.

② 国务院．国务院全体会议第十五次会议记录，1955：黄河档案馆档案，1955-规-3.

③ 王化云．我的治河实践[M].郑州：河南科学技术出版社，1989：163.

图 3-7 人大代表表决《关于根治黄河水害和开发黄河水利的综合规划的报告》[①]

1955 年 7 月 20 日，《人民日报》发表了题为《一个战胜自然的伟大计划》的社论，在社论中指出“这个报告在我国历史上第一次全面地提出了彻底消除黄河灾害，大规模地利用黄河发展灌溉、发电和航运事业的富国利民的伟大计划。这个计划集中地体现了千百年来我国人民的愿望，也给今天正为祖国社会主义建设事业而忘我劳动的全国人民带来了巨大的鼓舞”，“彻底消除黄河水害，综合开发黄河水利，这是我们的祖先经常设想但是没有做到的事情。这件事情就要由我们这一代人在几十年内胜利完成。几千年来，我们的祖先为控制黄河作过顽强、持久的斗争；在几十年内，我们这一代人要完全赢得这个斗争。人们可以想到，这个斗争多么重大，这个任务多么光荣！我们一定要治好黄河、淮河、长江和其他大江大河。我们有战胜一切困难的坚决意志。‘让高山低头，让河水让路！’这就是我们的口号”。[②]

① 水利部黄河水利委员会.人民治理黄河六十年[M].郑州：黄河水利出版社，2006：155.

② 人民日报社论.一个战胜自然的伟大计划//中华人民共和国水利部办公厅宣传处.根治黄河水害开发黄河水利.北京：财经出版社，1955：38、42.

1955年7月30日，第一届全国人民代表大会第二次会议作出《关于根治黄河水害和开发黄河水利的综合规划的决议》，指出[①]：

一、第一届全国人民代表大会第二次会议批准国务院所提出的关于根治黄河水害和开发黄河水利的综合规划的原则和基本内容，并同意国务院副总理邓子恢关于根治黄河水害和开发黄河水利的综合规划的报告。

二、国务院应采取措施迅速成立三门峡水库和水电站建筑工程机构，完成刘家峡水库和水电站的勘测设计工作，并保证这两个工程的及时施工。

三、为了有计划、有系统地进行黄河中游地区的水土保持工作，陕西、山西、甘肃三省人民委员会应根据根治黄河水害和开发黄河水利的综合规划，在国务院各有关部门的指导下，分别制定本省的水土保持工作分期计划，并保证其按期执行。

四、国务院应责成有关部门、有关省份根据根治黄河水害和开发黄河水利的综合规划对第一期灌溉工程进行勘测设计并保证及时施工。

《技经报告》是我国治黄历史上第一部全面、完整、科学的综合规划，也是我国第一部经过全国人民代表大会审议通过的大江大河流域规划。黄河规划的通过，给全国人民以极大的鼓舞，在这个规划的指引下，治黄事业从此进入一个全面治理、综合开发的历史新阶段。[②]

三、主要内容

（一）规划的范围

黄河各段河道自然特性的变化，大致以青海的贵德与河南的孟津为转变点。为了工作的便利，规划以贵德上游的龙羊峡与孟津下游邙山的桃花峪为黄河上、中、下游的分界，即龙羊峡以上为上游，龙羊峡至邙山桃花峪为中游，邙山桃花峪至入海口为下游。

这次规划的河段范围主要是从贵德（龙羊峡）至入海口的黄河干流。龙羊峡以上黄河的开发问题，由于基本资料不足，在规划时还没有提出迫切

---

① 第一届全国人民代表大会第二次会议.关于根治黄河水害和开发黄河水利的综合规划的决议//关于根治黄河水害和开发黄河水利的综合规划的综合报告.北京：人民出版社，1955：2.

② 王化云.我的治河实践.郑州：河南科学技术出版社，1989：164.

的治理、开发要求，另外也不具备条件，再加上黄河的上游没有泥沙问题，所以这次规划就没有把龙羊峡以上的部分包括在内。

黄河的中游和下游，自龙羊峡上口至入海口全长3673千米，占全河总长度的76%，流域面积62.16万平方千米，占总流域面积的83%。报告所研究的范围仅包括黄河的干流部分，黄河各支流的综合利用规划并不在报告的研究范围之内。虽然在干流规划的研究中也曾对某些支流提出了建设水库的初步要求，如为了水土保持而考虑河口镇与潼关间的各支流上的水库，为了防洪而考虑伊河、洛河、沁河等支流上的水库，但是这只是干流本身综合利用问题的一部分，并不等于各支流的综合利用规划。

黄河综合利用经济地区的研究范围，并不局限在流域以内，还特别对防洪、灌溉和电力利用等影响所及的地区做了研究。黄河下游洪水灾害，北可抵天津，南可达淮河，波及范围有25万平方千米；黄河灌溉面积，就地形条件而言，潼关以上可能灌溉的土地约1600万亩，冀、鲁、豫三省提出要求灌溉的面积为13200万亩；电力供应范围根据国家第一至第三个五年计划，考虑到黄河各水利枢纽可能达到的地区，以及在此地区内各工业城市的地理位置，划分为4个动力经济地区，即兰州附近地区，包头、大同地区，西安、洛阳、巩县、郑州、邯郸、太原地区，下游地区；航运的研究范围仅限于龙羊峡至黄河入海口的干流，对于京杭大运河及南北相邻河流的航运，只做了初步研究。

（二）远景计划

黄河综合利用规划包括远景计划和第一期计划两部分。远景计划是对黄河综合利用各方面的一个全面的、轮廓性的规划，远景计划是比较粗略的。

远景计划拟定由青海贵德龙羊峡起到河南荥阳桃花峪止，按照河流的特点，把黄河中游分作四段分别加以利用。第一段从龙羊峡到宁夏的青铜峡，河道穿行于山岭之间，河道坡度很陡，水力资源丰富，而新兴的工业区正在迅速发展，所以需要着重利用水力发电，同时可以利用水库来防洪和灌溉；第二段从青铜峡到内蒙古的河口镇，这一段两岸是山谷间的平原，土壤肥沃，但是缺少雨水，河道开阔，坡度平缓，宜于通航，因此这一段主要的任务是发展灌溉和航运；第三段从河口镇到山西河津的禹门口，这一段黄河进入山西、陕西两岸的峡谷，河道坡度很陡，但因地质条件和地理条件的限制，不能修建大的水坝和水库，只有在上游调节流量的大水库建成以后才能利用水力来发电；第四段从禹门口到桃花峪，这一段从禹门口到陕县两岸是黄土原地，河道开阔，从陕县到孟津是峡谷地带，是控制黄河下游洪水的关键地段，又靠近山西、河南、陕西的工业区，因此这一段的主要任务是防洪和发电。从孟津以下基本上是平原，河道平缓，可以设坝灌溉附近的重要农业区。根据初步设计，在上述黄河中游的四个河段准备修建适应不同条件、不同任务的拦河坝 44 座，另外在黄河下游也准备修建用于灌溉的拦河坝 2 座，共计 46 座。

为了配合黄河干流梯级开发计划，还要在黄河的重要支流上修建一批水库，少数是综合性的，多数是为拦蓄支流的泥沙。规划时研究了 24 座支流水库，其中有 19 座拦泥、3 座调洪、2 座综合利用。

黄河综合利用规划的远景目标①如下：

第一，黄河的洪水灾害可以完全避免。三门峡工程可以把黄河（陕县）最大洪水流量由 37000 立方米每秒减至 8000 立方米每秒，8000 立方米每秒的流量可以经过山东境内狭窄的河道安然入海。如果三门峡和三门峡以下黄河支流伊河、洛河、沁河同时发生这种特大的洪水，那么三门峡水库可以关闭闸门，把三门峡以上的全部洪水拦蓄 4 天之久。这样，加上伊河、洛河、沁河上的 3 个支流水库的拦蓄，黄河下游的流量仍然可以减少到 8000 立方米每秒，下游的安全就仍然可以确保。由于黄河泥沙受三门峡水库及其以上的干支流水库的拦截，下游河水将变为清水，下游河道将不断刷深，河槽将日趋稳定，下游的各种防洪负担将来都可以解除。刘家峡水库修成后，可把黄河兰州段的最大洪水流量由 8330 立方米每秒减至 5000 立方米每秒，兰州及宁蒙河套地区可免除水灾。

第二，巨大的发电量。利用黄河干流上的 46 座拦河坝，能力可达 2300 万千瓦，年平均发电量为 1100 亿千瓦时，相当于 1954 年全国发电量的 10

---

① 邓子恢.关于根治黄河水害和开发黄河水利的综合规划的报告//中华人民共和国水利部办公厅宣传处.根治黄河水害　开发黄河水利.北京：财经出版社，1955：25-26.

倍。黄河支流水库也可发电。这将使青、甘、宁、内蒙古、晋、陕、豫、冀等地的工业、农业、交通运输业得到廉价电源，促使广大地区电气化，并将为国家节约大量燃料用煤。

第三，扩大了灌溉面积。龙羊峡、刘家峡、黑山峡、三门峡4处大型综合水利工程都可以用于灌溉，从青铜峡到河口镇一段和桃花峪以下准备修建的拦河坝则将主要用于灌溉。此外，支流上的一部分水库也可以用于灌溉。利用这些工程可以创造稳定的引水条件，避免河水的过分低落和渠水的干涸。在修建了这些水坝、整修和兴修了一系列的渠道和其他灌溉设备以后，灌溉土地的面积将由现在的1650万亩扩大到11600万亩，占黄河流域需要由黄河灌溉的全部土地面积的65%。因为黄河的水量不足，其余约35%的土地灌溉问题，除依靠井水和雨水解决一部分外，还需要考虑从汉水或其他邻近水系引水补充黄河水量，才能完全解决。

第四，发展航运。在46座拦河坝修成并安装过船装置以后，黄河中下游可全线通航。500吨拖船可由黄河入海口航行到兰州，黄河流域的交通运输状况将得到很大的改善。

第五，水土保持。在实行上述阶梯开发计划的同时，必须在甘肃、陕西、山西三省和其他黄土区域开展大规模的水土保持工作，按照各侵蚀类型区的具体情况，采取农业技术措施、农业改良土壤措施、森林改良土壤措施、水利改良土壤措施进行治理。前三种措施实施面积为4.3亿亩，占水土流失面积的三分之二。水利改良土壤措施需修筑各种小型工程316.2万座，平均每平方千米7.4座。这一计划实现后，黄土区域的面貌将大为改变，农、林、牧业生产将大为增加。

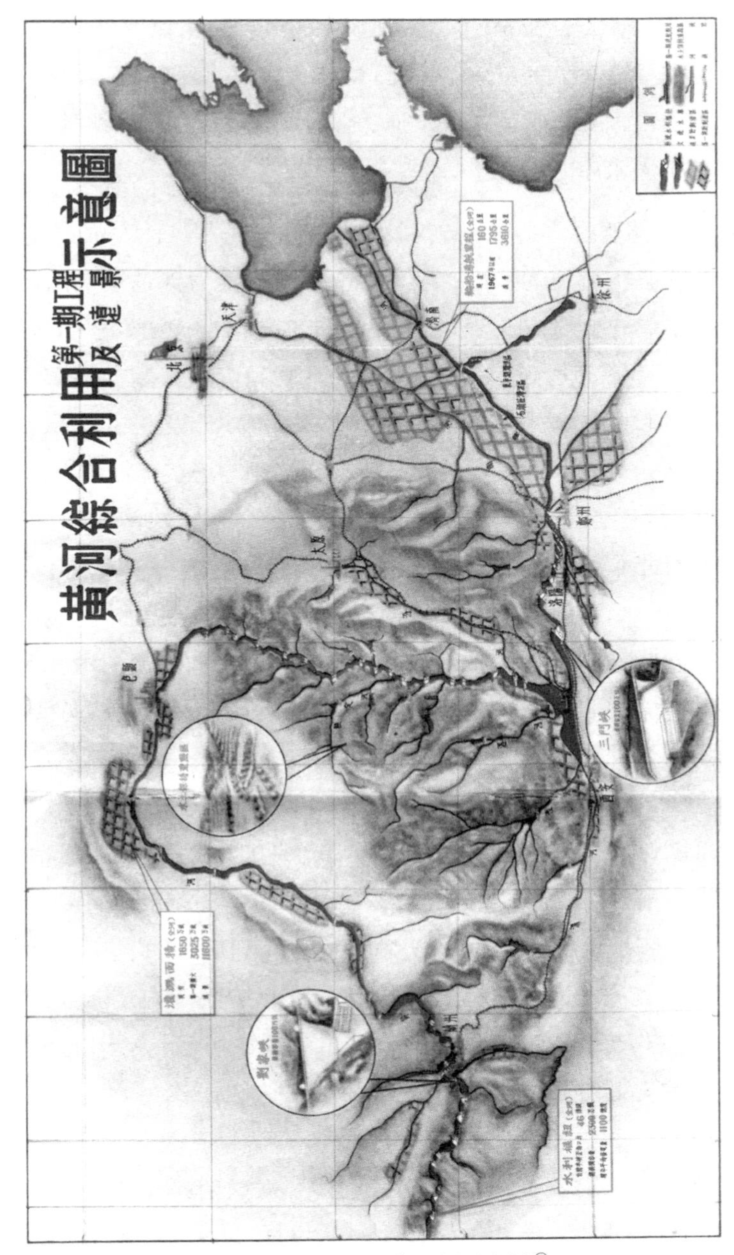

图 3-8 《技经报告》规划示意图①

① 关于根治黄河水害和开发黄河水利的综合规划的综合报告. 北京：人民出版社，1955：插图.

计划中修建在黄河支流上的多数水库的主要任务就是拦蓄泥沙，这当然可以大大减少干流泥沙的来源。但是只有在黄土区域普遍做好水土保持工作，才能从根本上制止泥沙的下泄；否则支流水库本身很快就会淤满，也就无法延长干流水库的寿命。

（三）第一期计划[①]

为了首先解决黄河的防洪、发电、灌溉和其他方面的迫切问题，《技经报告》提出了第一期计划，要求在1955年到1967年内实施。《技经报告》要求第一期工程必须达到“首先控制洪水和拦蓄泥沙，增加大量灌溉面积，发生大量电能和相应地发展航运的目的”[②]。第一期计划是从远景计划中选择出来的，被认为最有利、最能解决当时现实问题的一些工程。

第一期计划提出在黄河干流上修建三门峡、刘家峡两座综合性枢纽工程。刘家峡坝址位于兰州上游，离兰州直线距离约60千米，坝址处河谷深狭，河宽仅45米，地质条件优越，很适合修建高坝。当水库正常高水位为1728米高程时，总库容49亿立方米，可以解决各项综合利用问题，例如：发电容量100万千瓦，平水年发电量52亿千瓦时；调节流量，使甘肃、内蒙古各灌区第一期发展586万亩土地的用水量得到保证；使黄河在兰州段的千年一遇洪峰由8300立方米每秒降低到5500立方米每秒，基本上解除洪水威胁；可以保持兰州以下青铜峡至包头一带的河道有1.1米以上的水深，使航运得到发展。

在选定三门峡工程为第一期工程时，为了延长三门峡工程的使用寿命，在三门峡以上支流上计划修建10座拦泥水库，即泾河的大佛寺、渭河支流葫芦河的刘家川、北洛河的六里峁、无定河的镇川堡、延河的甘谷驿等的拦泥水库，并在其他小支流上修建5座小型拦泥水库，以拦截三门峡以上支流的泥沙。

三门峡以下还有支流洛河、沁河汇入，当这两条支流发生大洪水时，对下游仍有很大威胁，因此需要在洛河的故县及其支流伊河的陆浑和沁河

① 黄河规划委员会.黄河综合利用规划技术经济报告，1954：黄河档案馆档案，规-1-67：73-75.

② 黄河规划委员会.黄河综合利用规划技术经济报告，1954.黄河档案馆档案，规-1-67：158.

的润城各建一座防洪水库。在汾河的古交、灞河的新街镇各建一座综合性水库。

为了发展宁夏灌区、内蒙古灌区及黄河下游灌区，需修建青铜峡、渡口堂、桃花峪三座壅水坝，并发挥三门峡、刘家峡及各支流水库的灌溉作用。第一期工程计划扩大灌溉面积3025万亩，改善原有灌区1198万亩。

黄河干流有4段可以通航，从宁夏银川到内蒙古清水河段843千米，从河南桃花峪到黄河入海口段703千米，三门峡水库内190千米，刘家峡水库内59千米，共计1795千米。另外，黄河上的航运还可利用灌溉渠道通航709千米。

水土保持第一期工作量很大。第一期计划规定：改良耕作面积12700万亩，草田轮作面积870万亩，改良天然牧场13460万亩，培植人工牧场670万亩，停耕陡坡耕地1100万亩；修水平梯田2800万亩，带截水沟梯田1400万亩，修地边埂耕地1470万亩，修等高埂耕地1700万亩；造林2100万亩，育苗70万亩，封山育林3660万亩；修沟头防护21.5万个，修谷坊63.8万个，修淤地坝7.9万座，修沟堑土坝300座。这是一个巨大的计划，需要广大农民支持，需要政府和农民共同投资。假如这一计划实现，当地农业生产将增加一倍，黄河的泥沙由于水土保持和支流拦泥水库的作用，将减少一半。

黄河综合利用规划第一期工程预计需要投资53.24亿元，其中：三门峡工程12.2亿元，刘家峡枢纽4.16亿元，输电设备5亿元，洛河、沁河3座防洪水库3.04亿元，下游临时防洪措施0.27亿元，修建灌溉渠系8.07亿元，3座干流水利枢纽2.81亿元，2座综合性支流水库1.56亿元，水土保持措施7.32亿元，支流拦泥水库6.76亿元，航运设备2.05亿元。

在选择第一期工程时，在黄河中游除了三门峡工程和邙山水库外，技术人员还研究了在芝川、潼关、任家堆、八里胡同、小浪底等地建筑水利枢纽的方案，认为：任家堆、八里胡同和小浪底水利枢纽的库容甚小，不能完成所提出的任务，潼关水利枢纽的地质条件很差（黄土和细沙），其技术经济指标还不如三门峡，因此与三门峡工程比较后，放弃了这些方案。[①]

---

① 黄河规划委员会.黄河综合利用规划技术经济报告苏联专家组结论.1954：50.

第三节　三门峡工程的初步规划

一、选定三门峡坝址的原因

《技经报告》在选择第一期工程时强调“必须能够解决防洪、拦沙、灌溉、发电以及航运等综合利用任务”，经过考察和分析认为，“在黄河中游，只有三门峡是唯一能够达到这样要求的水利枢纽”。这是因为“在滩地开阔地段，坝必须建筑在沙质土壤上，坝高受到了限制，在峡谷地段的其他坝址又没有足够的库容。过去曾研究过的邙山方案，在细沙基础上要修筑38公尺高的坝，技术上有目前不能克服的困难，同时没有足够的库容，不能解决洪水和泥沙问题，也不能解决灌溉、发电和航运等综合利用的问题，并且工程量较大，造价很高，所以从技术上、经济上看都是不合适的”。①

《技经报告》认为，“三门峡水力枢纽在陕县下游22公里，控制了黄河流域面积的92%，在水库正常高水位为350公尺时，库容为360亿公方，完全可以解决黄河的各项综合利用问题。”三门峡坝址具有以下优越条件②：

1. 库容很大，能充分调节黄河的流量，使千年一遇的洪峰37000秒公方降低到8000秒公方，解除了下游洪水的威胁。

2. 与上游的水土保持措施及支流水库相结合，能拦截全部泥沙，不使下泄，使下游河床趋于稳定。

3. 流量得到调节以后，给下游的发展灌溉创造了有利条件，第一期可发展2000万亩，将来随着水库水位的抬高，尚可大量增加，远景约可发展到7300万亩。

4. 水电站设备容量可达90万千瓦（初期45万千瓦），平水年水电站的年发电量为54亿度（初期为30.6亿千瓦时），可供给郑州、洛阳、西安、太原等地区发展工业。

5. 由于下游的航运条件得以改善，航运可有进一步的发展。同时水库区内可以发展短距离的航运。

---

① 黄河规划委员会.黄河综合利用规划技术经济报告，1954.黄河档案馆档案，规-1-67：72.

② 黄河规划委员会.黄河综合利用规划技术经济报告，1954.黄河档案馆档案，规-1-67：72.

6. 三门峡坝址有优越的地质条件，坝址区内为坚固的闪长斑岩，对于修建100公尺左右高的混凝土坝在技术上是没有问题的。

7. 有优越的施工条件，三门峡河床中的两座石岛可以利用起来作为施工时期的围堰，使施工时期拦河导流易于进行。同时坝址靠近铁路线，距陇海路仅17公里。

8. 有优越的经济指标，全部工程造价（包括全部移民费用和铁路改线费用）约为12万亿元[①]，即使以全部投资摊入发电成本，每千瓦建设费用约为1360万元，与火电站单位建设费用相近。”

“经过与黄河龙门到邙山段其余各坝址的比较，认为三门峡坝址是解决当前各项任务最为有利的一个。其余所有各个坝址的地质、地形条件均较差，库容较小，技术经济指标也较差。”[②]

二、三门峡工程的指标

三门峡工程设计正常高水位350米高程，库容360亿立方米，坝高约82米，坝顶长1100米，全部混凝土用量约164万立方米，工程计划于1957年开始施工，1961年建成。[③]

三门峡工程所采用的水文数据[④]：千年一遇洪水流量为37000立方米每秒，30天洪水总量为219亿立方米，30天的洪水输沙量为45亿吨；三门峡至秦厂间千年一遇最大洪峰流量为25000立方米每秒，20天洪水总量为53亿立方米。三门峡工程需要调节洪水的限度取决于下游堤防安全的情况，根据黄河下游各处堤防的情况，考虑了风浪以上的堤顶所需安全超高，得出黄河下游最大容许安全泄量（如表3-1）。从表3-1可以看出，由于大堤使河道收缩，到下游容许泄量减少，在艾山处大堤之间的河宽仅430米，容许泄量已小于9000立方米每秒，而在黄河最下游前左处断面的容许泄量约为8000立方米每秒，所以三门峡工程采用的下泄流量为8000立方米每秒。

---

① 旧币，1万元相当于新币1元。
② 柯洛略夫.黄河综合利用规划技术经济报告基本情况，1954.黄河档案馆档案，规-1-66.
③ 黄河规划委员会.黄河综合利用规划技术经济报告，1954.黄河档案馆档案，规-1-67：159.
④ 黄河规划委员会.黄河综合利用规划技术经济报告，1954.黄河档案馆档案，规-1-67：76.

表 3–1 黄河下游最大容许安全泄量[1]

地点	距三门峡距离 /千米	设计流量 /立方米每秒	堤顶安全超高 /米	平均堤距 /千米
秦厂	252	23500	2.6	12
柳园口	335	20100	2.3	12
夹河滩	367	18500	3.0	20
苏泗庄	471	13300	2.6	12
孙口	551	11500	2.3	8
艾口	612	8900	2.3	5
洛口	707	8700	2.0	5
前左	903	8200	2.3	5

由于三门峡工程的修建将分期实施，因此专家们分别进行了三门峡工程正常运转及初期运转的水利计算（如表 3–2）；为了论定正常运转的正常高水位，研究了 345、350 和 355 米高程的三个方案（如表 3–3）。按照所研究的正常高水位方案，三门峡水库的有效库容为 270 亿～400 亿立方米或为水电站年径流的 40%～100%，并可进行多年调节。研究的各方案均考虑了第一期灌溉和第一期工程于 1959 年洪水前完工时水库运转到第 9 年年末，也就是第三个五年计划末期（1967 年）的水库淤积。根据研究的各方案的技术经济指标比较，三门峡水电站正常运转的标高规定为正常高水位 350 米高程。[2]

表 3–2 三门峡工程水位抬高的进度和水电站的水能指标[3]

特性	开始运转（1959 年）	第二个五年计划末（1962 年）	第三个五年计划末（1967 年）	远景
最高水位高程 / 米	335.5	337.5	340.5	350
最大水头 / 米	55	57	60	69.5

① 黄河规划委员会. 黄河综合利用规划技术经济报告，1954. 黄河档案馆档案，规–1–67：77.
② 黄河规划委员会. 黄河综合利用规划技术经济报告，1954. 黄河档案馆档案，规–1–67：79.
③ 黄河规划委员会. 黄河综合利用规划技术经济报告，1954. 黄河档案馆档案，规–1–67：80.

续　表

特性	开始运转（1959 年）	第二个五年计划末（1962 年）	第三个五年计划末（1967 年）	远景
库容 / 亿立方米	107	136	177	360
调节流量 / 立方米每秒	656	596	504	564
保证出力 / 万千瓦	22.5	22.5	22.5	29
年平均发电量 / 亿千瓦时	26	32	32	35
径流利用系数	0.7	0.7	0.7	0.9
迁移人口 / 万人	21.5	27.2	34.7	59.5

表 3–3　三门峡水电站正常高水位各方案的特性①

特性	高程		
正常高水位高程 / 米	345	350	355
水库总库容 / 亿立方米	254	360	506
水库有效库容 / 亿立方米	169	275	397
保证调节流量（净）/ 立方米每秒	644	789	826
保证出力 / 万千瓦	32.2	40.4	46.1
年平均发电量 / 亿千瓦时	39.2	46.0	51.4

三门峡水库所需防御千年一遇洪水的库容分为两部分：第一部分是拦蓄三门峡上游的千年一遇洪水，使下泄最大流量为 8000 立方米每秒所需的库容；第二部分是当三门峡以下的伊洛河、沁河等支流发生洪水时，水库停止下泄拦蓄径流所需的库容。对于黄河发生最大洪水的时期（7、8 月），第一部分所需防洪库容为 52 亿立方米，第二部分结合水库停止下泄约 4 天需要防洪库容 28 亿立方米，因此三门峡水库 7、8 月份所需防洪库容为 80 亿立方米，9 月份需要防洪库容 52 亿立方米，10 月份需要防洪库容 35 亿立方米。②

综合利用设计指标。三门峡工程设计各部门用水要求的保证率是发电

① 黄河规划委员会.黄河综合利用规划技术经济报告，1954.黄河档案馆档案，规–1–67：79.

② 黄河规划委员会.黄河综合利用规划技术经济报告，1954.黄河档案馆档案，规–1–67：77.

和给水 95%、航运 90%、灌溉 80%。灌溉：可以满足下游大平原发展灌溉所需的调节水量，第一期发展 2220 万亩以上，最后可发展到 7500 万亩。发电：发电能力可达 90 万千瓦，每年平均发电量为 46 亿千瓦时，可以供应陕西、山西和河南三省发展工业、农业和交通运输等方面所需的大量廉价电力。调节流量：可使下游枯水期流量由 300 立方米每秒调节到 800 立方米每秒，给灌溉、发电和航运的发展创造条件。拦沙：三门峡工程的库容十分大，因此，可以留出一定的库容来堆积泥沙，在上游水土保持工作未完全收效以前，可以拦蓄泥沙、下泄清水，使下游河道不再淤高，河道逐渐得到稳定，甚至可能刷深，同时泥沙的减少还便于灌溉和航运的发展。①

三、施工设备和人员

施工设备计划主要利用丰满水电站的现有设备，没有的设备则从国外购买。主要设备包括②：

开挖设备方面，除大型挖土机（$3m^3$ 的挖土机需要 6 台，丰满水电站没有；0.5～$1.0m^3$ 挖土机需要 6 台，丰满水电站只有 1 台）、大型推土机、大型空气压缩机（$40m^3$/分）外，其余设备大都可由丰满水电站解决。

运输设备方面，工地上所用的窄轨铁路运输设备（包括机车及平台车）基本上可由丰满水电站解决。但三门峡工程所需的大量运输汽车（约 300 辆）和宽轨铁路的运输设备，丰满水电站不能解决。

起重设备方面，三门峡工程所需的 9 吨门式起重机 8 台，在数量上丰满水电站可以解决，但因设备老旧而容易出故障，须补充 4 台新设备。其余次要起重设备，丰满水电站可满足 30% 左右。

混凝土设备方面，需要日产 8000 立方米的混凝土拌和设备，除丰满水电站现有的混凝土拌和设备予以升级改造外，须向国外购买日产 4000 立方米的全自动化混凝土拌和设备。其他混凝土设备，丰满水电站可以解决大部分。

其他设备，丰满水电站可以解决一半以上。

---

① 黄河规划委员会.黄河综合利用规划技术经济报告，1954.黄河档案馆档案，规-1-67：159.

② 黄河规划委员会.三门峡工程的施工设备，1954.黄河档案馆档案，规-1-167.

三门峡工程施工所需的工人，初步估计在12000人（固定工人）左右（如表3-4）。其中主要人员依靠丰满水电站解决，其余不足部分可考虑利用水电总局在古田溪、上犹、狮子滩及淮河佛子岭、梅山的施工力量。三门峡工程包括勘测和施工设计，大约需要各类技术人员近1000人（其中工程师约100人），以及行政人员约1000人，1957年前只需要此数的二分之一到三分之二，电力工业系统可以解决大部分，总工程师等技术骨干由水电总局派出，不足之数请水利部及其他部门支援。[①]

表3-4 三门峡工程施工人数估计表[②]

工程项目	需要工人数	丰满水电站拥有人数
混凝土浇制	2000	1000
机电安装	1000	1000
坝基灌浆	500	500
修配厂	1000	500
房屋建筑	1000	500
土石方开挖及清基	3000	500
沙石采取	1000	
各种司机	600	
其他	1900	
合计	12000	4000

四、存在问题和设计的解决办法

《技经报告》提到了三门峡工程存在一些严重问题，其中主要是水库淹没和水库内泥沙淤积的问题。

（一）水库淹没问题及设计的解决方法

三门峡水库在正常高水位350米高程时，淹没农田约207万亩，需要

① 黄河规划委员会.三门峡施工力量调配，1954.黄河档案馆档案，规-1-167.

② 黄河规划委员会.三门峡施工力量调配，1954.黄河档案馆档案，规-1-167.

迁移人口约60万人。《技经报告》认为:“为了拦截洪水泥沙和调节流量就必须有一定的库容，也就必不可免要有一定数量的淹没损失，为了解决这个问题，在本报告中采取分期抬高水库水位和分期迁移人口的办法。”[①]这些问题“同黄河泛滥、决口造成的损失，是完全不能比较的;泛滥、决口会造成生命的损失，财产损失更无法计算;迁移由于是在人民政府领导和帮助下有计划地进行的，政府保证移民在到达迁移地点以后得到适当的生产条件和生活条件”，“在水库开始工作的初期，水位只需要抬高到335.5公尺。因此，初期只需要迁移215000人，其余居民可以根据需要在以后15年到20年内陆续迁移。毫无疑问，这些迁移的居民将受到被黄河灾害威胁的8000余万人民的最大的感激，而政府则将努力保证他们在迁移的时候不受损失，并且帮助他们在到达迁移地点后尽快走上安居乐业的道路”。[②]

(二)三门峡水库内泥沙淤积问题及设计的解决方法

《技经报告》采用的数据是平均年输沙量约13.8亿吨、最大年输沙量44亿吨。《技经报告》认为:“由于三门峡水库容量非常大，由于有了黄河支流的拦泥水坝，特别是由于有了黄河中游的水土保持工作，三门峡水库至少可以维持50到70年或更长的时间。到了那时，由于其他的一系列措施，黄河水害已经可以大大地减轻。”《技经报告》也指出，“三门峡水力枢纽建成后，全部泥沙将淤积在水库的有效库容部分。如果根据现有情况，那么三门峡水库内平均每年将淤积约10亿公方泥沙，也就是说，水库经过10年淤至标高335公尺;25年淤至标高345公尺;35年淤至标高350公尺”，“水库如此的淤积速度是完全不允许的，因此必须迅速地实现本报告中所拟定的水土保持措施及在各支流建筑拦沙水库的计划”。《技经报告》设计预留147亿立方米堆沙库容;在10至15年内实施的大规模水土保持措施，估计将使流入三门峡水库的泥沙在15年内逐渐减少25%~35%，如果加上支流拦沙库的作用，那么可达到50%;在水土保持措施生效前，为了减轻三门峡水库的淤积，第一期计划先修“五大五小”拦泥库，总库容75.6

① 黄河规划委员会.黄河综合利用规划技术经济报告,1954:黄河档案馆档案，规-1-67:71.

② 邓子恢.关于根治黄河水害和开发黄河水利的综合规划的报告//中华人民共和国水利部办公厅宣传处.根治黄河水害 开发黄河水利.北京:财经出版社，1955:30-31.

亿立方米。《技经报告》也指出，“三门峡水库内泥沙淤积问题，必须与广大黄土高原区内全面的水土保持措施结合起来解决。支流拦沙水库只是在水土保持工作尚未大规模生效以前在一定时期内减轻三门峡水库的淤积，长期的和根本的解决泥沙的办法，仍须依靠大规模的、全面的水土保持工作，并且这也是发展黄土区内农业生产、改善人民生活所必需的措施”[①]。

表 3–5　三门峡工程前期规划的主要观点汇总

	功能	水库水位	运用方式或下泄流量	优点	存在问题
李仪祉	防洪、拦沙、兴利	至潼关	拦沙	地质和地形好	
安立森	防洪、拦沙	320～340 米高程	泄量 12000 立方米每秒	地势好	会有淤积
日本东亚研究所	防洪、兴利	325、350 米高程	大水大沙时敞泄冲沙、泄量 15000 立方米每秒	地理位置好、地质和地形优良、效益巨大	淹没大、淤积严重
黄河治本研究团				交通便利	八里胡同建坝较三门峡更为理想
黄河顾问团					淹没大、排沙难、寿命短
张含英	防洪、兴利	至潼关	泄量 10000 立方米每秒	山谷之中、临近下游、库容较大	淤积严重
黄河龙门孟津段查勘报告	防洪、兴利	350 米		地理位置优越、自然条件好	淹没大
黄河十年开发轮廓规划	防洪、兴利	365 米高程	蓄水拦沙	库容大、效益大	投资大
黄委会三门峡初步计划	防洪发电为主、结合其他	350 米、355 米高程	蓄水拦沙	效益大	淹没大、迁移多
技经报告	综合利用	350 米高程	蓄水拦沙、下泄 8000 立方米每秒	自然条件优越、效益大	淹没大、迁移多、淤积严重

① 黄河规划委员会.黄河综合利用规划技术经济报告，1954.黄河档案馆档案，规–1–67：73–79.

第四章

三门峡工程的设计和方案选定

《技经报告》确定，三门峡工程的正常高水位为350米高程，1955年8月编制的《黄河三门峡水利枢纽设计技术任务书》(简称"《初设任务书》")又对三门峡工程提出了更高的要求，1956年年底初步设计完成。1957年2月，国家建设委员会在北京主持召开三门峡工程初步设计审查会，会议基本同意初步设计的内容，但对水库正常高水位、泥沙和移民等问题有不同意见。审查会后，陕西省代表和一些水利专家对三门峡工程的初步设计提出了不同意见，这些意见引起了中央领导的高度重视，因此水利部于1957年6月中旬在北京专门召开讨论会，对三门峡工程的任务、正常高水位、运用方式等进行讨论。1958年4月，周恩来总理在三门峡工地召开现场会，对三门峡工程的目标、综合利用、下泄洪水、深孔高程等都作了宏观性的决策。按照最终选定的方案，1959年年底，三门峡工程的技术设计全部完成。

第一节　初步设计

1954年，王化云和张铁铮建议，三门峡工程可由我国自行设计；但李富春副总理认为，三门峡工程是一项关系全局的工程项目，而我国当时尚缺乏大型水利工程的建设经验，请苏联负责设计较为稳妥。其后，黄规会主任李葆华和副主任刘澜波向国务院建议，聘请苏联专家组来华指导三门峡工程的设计，这样既可与其他有关项目的设计保持密切联系，资料获取方便，又可以锻炼我国的技术人才和增强技术力量。之后，经过反复研究和中苏两国政府的协商，1954 年年底，确定将三门峡工程的拦河大坝和水电站委托给苏联列院设计。

一、《初设任务书》

1955 年 7 月，黄规会组成了由我国 10 位专家参加的黄河三门峡水力枢纽坝址区选择委员会。委员会成员经过对坝址区勘测资料的全面研究和现场了解地质、地形条件后，建议初步设计研究的三门峡工程坝址区“必须最后选定三门峡峡谷内，长约 700 公尺的闪长斑岩露头范围内的坝址区域”，“对三门峡水电站的其他坝址方案不再进行研究”。[①]

《初设任务书》全文共十五条[②]：

一、为了保证黄河下游居民免受洪水的威胁，为了调节河川径流和拦蓄非常洪水，为了改善下游平原土地的灌溉条件和保证陕西、山西、河南及其他各省正在发展中的国民经济生产部门的可靠而不间断的供电，决定在黄河三门峡修建带有电站的水力枢纽。

二、根据黄规会 1954 年编制的并经中华人民共和国政府批准的《技经报告》，将修建三门峡水电站作为第一期工程。

三、根据水电站坝址区选择委员会决议书，供初步设计中研究的坝址区决定在三门峡峡谷内火成闪长斑岩露头范围以内。

四、依照水库的蓄水期限，水电站分为两期修建：第一期容量为 40 万千瓦，水电站最终容量约为 100 万千瓦。水电站最终的装机容量数值，应根据系统负荷的担负情况，在初步设计中加以确定。

五、在初步设计中应确定《技经报告》中初步选定的正常高水位和第一期的水库蓄洪水位。

六、水电站的设计应基于现代的自动化和运用控制的先进技术水平，

---

① 黄河三门峡水力枢纽坝址区选择委员会.黄河三门峡水力枢纽坝址区选择委员会决议书，1955：黄河档案馆档案，B16-5-80.

② 黄河规划委员会.黄河三门峡水利枢纽（带有水电站）设计技术任务书.黄河三门峡水利枢纽志编纂委员会.黄河三门峡水利枢纽志//北京：中国大百科全书出版社，1993：389-390.

并在水电站第一期采用苏联制造的设备，在第二期则采用苏联和中国制造的设备，在中国制造的设备应按照苏联图纸生产。水电站建筑工程的主要项目采取全盘机械化施工。

编制施工设计方案时，须考虑利用中国现有的施工设备以及按照特别清单在其他国家订货的设备。

七、三门峡水利枢纽工程的竣工期限确定为1961年年底，并以1957年作为主要工程开始的第一年。第一台机组投入运转的时间确定在1961年的第一季度。建筑物的修建，应该考虑水库能部分拦蓄1960年的洪水。

八、三门峡水电站包括在以本水电站为基础的，新建电力系统“三门峡大电力网”，水火电站装机容量的约略数值为180万千瓦，这一电力系统包括陕西、山西、河南等省份的大部分地区。

九、作为水电站设计的初步原始资料，采用本设计任务书所附的水电站影响区域内电力负荷和各电站出力平衡表，以及水电站与电力系统的联接方式。

十、三门峡水电基地的主要用户为大额用电户，即制铝与铁合金等工厂。

十一、水电站与电力系统初步采取以110和220千伏的电压相联系。最后采用的水电站电压数值，应在设计时根据技术经济计算结果决定。但亦应预计到三门峡水电站与邻近各电力系统将来实现联系的可能性。

十二、现决定电力系统的中心调度所设于西安或陕县。中心调度所的最终地点应在将来确定，并于水电站下一设计阶段前通知列宁格勒水电设计分院。

三门峡水电站的远方控制范围，由设计机构处理决定。

十三、在初步设计中应该考虑将来修建船闸的可能性，并选择船闸轴线的方向（不编制船闸设计）。

十四、三门峡水电站的设计应根据《技经报告》，并考虑国家计划委员会1955年提出的意见、本设计技术任务书和其他供本水电站设计用的原始资料进行编制。

十五、在本水电站设计中，应包括根据苏联现行标准所制定的防空工程技术措施设计。

在《初设任务书》编出之后，黄规会确定在《初设任务书》中将一些与完成水电站设计有关各问题的情况和期限加以补充①。补充的内容如下：

1. 重工业部提出《关于在三门峡水电站附近地区修建大用电企业和选定厂址的决定》，要求列院于1956年1月1日前在初步设计中研究两个方案：一个方案是厂址位于距水电站20千米范围以内，另一个方案是厂址位于上述范围以外的较远地区。1956年1月1日以后，按最后选定的大用电企业厂址的方案进行编装初步设计。

2. 在初步设计阶段需制造厂方面提供有关主要设备的草图、尺寸图及其他技术数据等。

3. 选择三门峡水电站第二期所用的其余各项设备时，应根据产品目录尽量采用中华人民共和国制造的设备。如上述产品目录中缺少所需各设备时，则各设备应按苏联制造厂标准采用。

4. 为了使设计的经济部分能全面地反映出国民经济各部门在发展计划中可能发生的一切变化，设计的经济部分在中华人民共和国进行编制。

5. 鉴于以三门峡水电站为基础所构成的电力系统规模很大，认为现在即须在中国着手进行编制该电力系统的设计，其中应解决三门峡水电站和电力系统为达到可靠和高度技术水平运行方面的问题。

6. 本委员会负责注意供施工用电的洛阳热电站准时修建问题。

1955年8月19日，国家计划委员会审查《初设任务书》后，发了（55）计发王字第六十六号文，同意三门峡工程的《初设任务书》，并提出以下三点意见②：

一、在黄河综合利用规划报告中提出三门峡水库的正常高水位为三五公尺（标高），三门峡水库寿命为五十至七十年，在初步设计中应考虑延长水库寿命的问题。同时，由于三门峡水库的淤积速度和中上游水土保持工作的效果尚未完全判明，因此要求在进行初步设计的过程中于1956年1月

① 黄河规划委员会.确定在三门峡水力枢纽（带有水电站）设计技术任务书中，将下列与完成水电站设计有关各问题的情况和期限加以补充，1955：黄河档案馆档案，规-1-12.

② 国家计划委员会.国家计划委员会的意见//黄河三门峡水利枢纽志编纂委员会.黄河三门峡水利枢纽志.北京：中国大百科全书出版社，1993：391.

提出关于正常高水位标高在三五〇公尺以上（包括三五〇公尺）的几个方案，供国务院选择决定。

二、在黄河综合利用规划报告中规定三门峡水库的最大泄洪量为8000秒公方，在三门峡下游发生千年一遇特大洪水时，三门峡水库将关闭泄洪闸门四天。由于三门峡下游的伊洛沁支流水库的防洪效果尚未判明，为了确保黄河下游防洪安全，在初步设计中请考虑将最大泄洪量降低至6000秒公方和更延长关闭闸门时间的可能。

三、在初步设计中应考虑进一步扩大灌溉面积的可能，用水量将根据1955年10月和1956年1月黄河规划委员会提出的给水曲线图确定之。

请将以上意见通知苏联设计机构研究并请即行开始初步设计的工作。

二、初步设计要点

（一）《黄河三门峡工程初步设计要点》

1955年8月，中方将《初设任务书》和国家计划委员会的审查意见等文件正式提交列院。根据这几项文件中提出的要求，列院于1956年4月提出了《黄河三门峡工程初步设计要点》，主要阐述了选择坝轴线问题、枢纽建筑物配置及结构的各种方案（即坝型选择）、选择正常高水位的问题和关于施工布置方案等四个方面的问题[①]。

1. 坝轴线的选择。

在坝址地区选择了3条坝轴线来做比较（如图4-1），即上游、中游和下游3个位置，相应地画出了3个地质横剖面，同时作出上、中、下3个位置的工程布置方案。为方便比较，3个方案都采用重力坝及坝后式厂房的形式。这些轴线位置与地质的关系是：越往上移，左岸坝端与上煤系岩层接触越多；越往下移，则坝基的闪长斑岩越薄。比较这三个位置的工程量可知，中坝址方案可比上坝址方案减少混凝土用量20万立方米，而下坝址方案又可比中坝址方案省20万立方米，岩石开挖量亦可减少，因此下坝轴线方案较经济。同时下坝址基础的闪长斑岩厚度也能满足最小厚度（10～20

① 柯洛略夫.三门峡水利枢纽初步设计要点,1956：三门峡水利枢纽管理局档案,B16-10.11-97.

米）的要求。从施工方面比较，上、中线两个方案要分三段做围堰导流工程，而下坝址只需分两期就行，施工较方便，经济上也较省，所以以下坝址方案为主进行工程施工的设计研究和比较。在以后的设计工作中，应该进一步研究坝轴线的正确位置，使闪长斑岩厚度尽可能地大些。

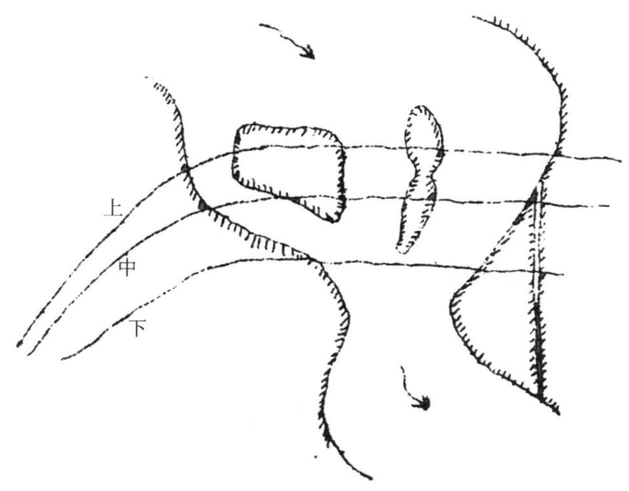

图 4-1 三门峡工程坝轴线示意图[①]

2. 坝型选择。

对于三门峡工程水坝的坝型，列院共做了 12 个可能的比较方案（如表 4-1）。通过对这 12 种方案的对比分析，列院认为：土坝和堆石坝方案工程量大、投资高，是无法参与竞争的；最经济的是撑墙坝与多拱坝，但也省不了多少，而且钢筋用量比重力坝多两三倍，抗震性能也不好，建议不采用；表 4-1 中的 4、5、6 方案造价较高，结构较复杂，没有显著优点，不值得采用；建议考虑重力坝，尤其是坝内式厂房的型式。

① 柯洛略夫.三门峡水利枢纽初步设计要点，1956：三门峡水利枢纽管理局档案，B16-10.11-97.

表 4-1　三门峡工程各方案对比表[①]

次序	方案型式	主要工程量/万立方米	造价/亿元	备注
1	重力坝，坝后式厂房	混凝土 280	6.8	钢筋 45000 吨
2	重力坝，坝内式厂房	混凝土 283	6.78	钢筋 38000 吨
3	空心坝，坝内式厂房	混凝土 306	6.78	—
4	大头空心坝，坝后式厂房	混凝土 298	6.7	—
5	重力坝，顶部溢流式厂房	混凝土 178	7.06	—
6	重力坝，坝后式厂房承受压力	混凝土 180	7.09	—
7	撑墙坝，坝后式厂房	混凝土 216	6.5	钢筋 131000 吨
8	多拱坝，坝后式厂房	混凝土 219	6.47	钢筋 115000 吨
9	混合式土坝，半地下式厂房	土石方 1220 混凝土 210	10	—
10	混合式土坝，左岸厂房	土石方 1205 混凝土 225	11	—
11	混合式土坝，右岸厂房	土石方 1240 混凝土 165	9.71	—
12	堆石坝，坝后式厂房	土石方 789 混凝土 210	10.66	—

说明：工程量和造价按照正常高水位 355 米高程计算，造价中不包括淹没补偿投资。

3. 正常高水位选择。

这个问题牵涉很广，比较复杂，特别需要指出的是黄河泥沙很多，而三门峡水库是黄河上最大的水库。最初是按照 350 米高程计算的，后来根据灌溉、防洪等方面的要求，增加了 90 亿立方米的库容，所以在确定正常高水位时，列院研究了坝高 345、350、355、360、365、370、375 米高程等多个方案（如表 4-2），并从以下几个方面进行了综合考虑：①动能经济方面，偿还年限采用 15 年，则正常高水位最有利的范围是 360～370 米高程；②防洪、灌溉方面，345 米高程方案在水库建成 18 年后，水库将淤满，

① 柯洛略夫. 三门峡水利枢纽初步设计要点，1956：三门峡水利枢纽管理局档案，B16-10.11-97.

防洪成问题，350 米高程方案在水库建成 28 年后还能灌溉，38 年后不能保证防洪作用，360 米高程方案在水库建成 90 年后防洪库容将没有；③发电方面（保证出力 35 万千瓦），355 米高程方案在水库建成 20 年后，35 万千瓦不能保证，360 米高程方案在水库建成 50 年后尚能发电 35 万千瓦，370 米高程方案在水库建成 115 年后仍可发电 35 万千瓦。最后结论：最低的正常高水位应该是 360 米高程，如果考虑水库的寿命为 100 年，则应提高到 370 米高程。

表 4–2　三门峡工程各方案主要指标[①]

正常高水位高程/米	库容/亿立方米	移民/万人	投资/亿元			近期灌溉面积/万亩	1967 年发电/万千瓦		50 年后发电/万千瓦	寿命/年
			工程	淹没	合计		装机容量	保证出力		
345	250	47	—	—	—	4060	60	30	—	32
350	360	62	5.78	7.18	12.96	4060	88	30	—	50
350	490	74	6.11	8.56	14.67	4060	100	42	12	77
360	650	87	6.45	9.87	16.32	4060	110.5	52.5	35	109
365	840	98	6.82	11.10	17.92	4060	118	60	52	147
370	1050	108	7.17	12.22	19.39	4060	123	65	63.5	189

水库淤积的初步计算结果：泥沙数量，每年平均来沙量为 13.6 亿吨，其中细沙（直径小于 0.01 厘米）占 40%，细沙向坝前推进，其余泥沙则淤积在水库首部。水电站正常运转时流量为 1000 立方米每秒，可以冲走一半细沙（异重流排沙），即总量的 20%，细沙在坝前水库底部淤积成漏斗状；来沙量在时间方面的变化，中方提出到 1967 年黄河泥沙可减少 50%，50 年后可变为清水，但考虑到森林生长慢、水土保持逐渐见效等因素，采取了较为慎重的计算方案，即 1967 年黄河泥沙减少 20%、50 年后减少 50%；水库淤积量，考虑到水库塌岸和冲往下游的 20% 泥沙，从水库拦洪第一年开始计算，则 8 年内水库淤积 80 亿立方米，50 年后淤积 350 亿立方米。

① 黄河规划委员会．关于三门峡初步设计要点的内容和讨论意见的报告，1956：黄河档案馆档案，规–1–18．

4. 关于施工布置方案。

施工布置方面，建议采用两期导流的方法，先在左岸进行修筑，左岸工程修筑到一定高度，再在右岸进行修筑。施工进度方面，提出两个方案：第一个方案是在 1957 年 2 月正式开工，开始修筑第一期（左岸）上下游围堰，同时进行岩石开挖，8 月初开始混凝土浇筑；第二期（右岸）上下游围堰，在 1957 年汛后 11 月开始，右岸土石方开挖分别在 4 月和 9 月，混凝土浇筑在 1958 年第二季度开始，至 1960 年浇筑到 329.5 米高程，就可拦蓄千年一遇洪水并有两台机组开始发电，1961 年竣工。第二个方案是在 1957 年 6 月开始修筑第一期围堰，同时进行岩石开挖，1958 年 2 月开始修筑第二期围堰，6 月初开始左岸土石方开挖，1958 年 2 月开始混凝土浇筑；1959 年 1 月开始右岸开挖，7 月开始混凝土浇筑，1961 年浇筑到 320.5 米高程，拦蓄洪水并开始发电，1962 年竣工。如果施工准备能赶得上，建议采用第一方案。

苏联的相关领导机构和专家对上述结论性意见进行审查后认为：三门峡水力枢纽坝址是黄河下游最好的地点，但自然条件比较复杂，并且位于地震区；下坝轴方案最好，因为开挖及混凝土工作量都比较少，导流也方便，需进一步研究修正，以便放在较厚一些的闪长斑岩基础上；最后的正常高水位应选为 360 米；坝型最好的是重力坝，应进一步比较坝内式厂房和坝后式厂房；应对水库的淤积予以极大注意和研究；应研究确定地震级数。①

（二）《关于三门峡初步设计要点的内容和讨论意见的报告》

在苏方提出《三门峡工程初步设计要点》后，黄规会邀请有关部委及黄河三门峡工程局的工作人员和中国专家等进行了详细讨论，于 1956 年 6 月上报了《关于三门峡初步设计要点的内容和讨论意见的报告》。以下是报告的主要内容②：

讨论后一致认为，这个要点虽是初步的，但经过详细比较和计算的，

---

① 柯洛略夫.三门峡水利枢纽初步设计要点，1956：三门峡水利枢纽管理局档案，B16-10.11-97.

② 黄河规划委员会.关于三门峡初步设计要点的内容和讨论意见的报告，1956：黄河档案馆档案，规-1-18.

对各方面的情况作了全面分析研究的结果，所以基本上是正确的。

1. 在坝轴线选择方面。

同意苏方意见，采用下坝轴线作为基本方案，在初步设计中进一步选择有利的位置。

2. 在坝型方面。

虽然有其他意见，但是一致同意在三门峡采用混凝土重力坝坝内式厂房坝型。

3. 在施工布置方面。

第一季度方案符合我国社会主义建设的要求，应加紧施工准备工作，保证实现。

4. 关于正常高水位问题。

同意苏方意见，正常高水位应为360～370米高程，360米高程以下不应考虑。关于360至370米高程之间的选择，讨论时曾提出三类方案：第一类，按370米高程设计、按360米高程施工，几十年后根据淤积的实际情况再考虑是否需要加高；第二类，按370（或365）米高程设计、一次施工完成，水库水位逐步提高到370（或365）米高程；第三类，按370（或365）米高程设计、一次施工完成，水库水位逐步提高到360米高程，几十年后根据淤积的实际情况，再考虑是否需要将水位进一步提高。三门峡水库库容的主要部分是为了泥沙淤积，正常高水位主要取决于泥沙淤积的速度。

在泥沙淤积计算中存在很多不可预见的因素，自从《技经报告》确定以后，随着农业合作化的推进，西北各省以很大的积极性开展水土保持工作。1955年的水土保持工作会提出了到1967年减沙50%的要求。到目前为止已有个别地区减沙量的数据，但在一定时期内究竟能减沙多少，还缺乏实际数据以便计算。苏联专家估计到1967年可减沙20%，50年后减沙50%，现在还没有依据确定减沙的数量。

5. 灌溉和发电的水量分配问题。

三门峡水力枢纽的修建必须考虑到综合最大效益的原则。灌溉方面，必须重新研究三门峡的放流和下游的反调节水库。发电方面，三门峡工程在正常高水位360米高程时，保证出力不应低于52.5万千瓦。基本同意三门峡装机容量为120万千瓦，建议在初步设计中考虑适当增加装机或预留装机位置的可能性。

6. 水库排沙问题。

部分人认为排出的泥沙很难达到20%，部分人认为有必要研究将泄洪孔放低或采用其他措施，争取排沙量超过20%。专家组同意在不使下游河道淤积的条件下，排除一定数量的泥沙，建议在初步设计中进一步研究排沙的可能性和技术上的合理措施。

（三）国务院对《黄河三门峡工程初步设计要点》的审查意见

1956年7月4日，国务院对《黄河三门峡工程初步设计要点》进行了审查，确定：三门峡大坝和水电站按正常高水位360米高程建成，在1967年前正常高水位应保持在350米高程；采用混凝土重力坝；水电站型式在初步设计中应详细研究和评价两个方案——坝内式厂房或坝后式厂房；采用下坝轴线，但应进一步校核，使选定的坝轴线能尽量增加工程建筑物基础的闪长玢岩厚度。对编制设计工期，国务院提出1957年2月工程开工，要求1961年工程拦洪、第一台机组发电，1962年工程竣工。[①]

1956年7月10日，黄规会主任李葆华、副主任刘澜波就上述的审查意见和决定，函告苏联电站部水力发电设计总院院长沃兹涅申斯基和列院院长雅诺夫斯基[②]：

“1956年7月4日，国务院根据设计总工程师A.A.柯洛略夫同志的报告，审查了458工程[③]初步设计要点，并作出了以下的决定：

“拦河坝和水电站应一次修到正常高水位360公尺，在1967年以前水位保持在350公尺的高程。建筑物型式采用重力式坝，水电站型式希望采用坝内式，但是在初步设计中应详细研究两个方案：坝内式厂房和坝后式厂房。坝址应采用下坝址。在初步设计中，应该进一步校核坝轴线，以便尽

---

① 黄河三门峡水利枢纽志编纂委员会.黄河三门峡水利枢纽志[M].北京：中国大百科全书出版社，1993：39.

② 李葆华，刘澜波.李葆华、刘澜波给苏联水力发电设计院院长沃兹涅申斯基和列宁格勒水力发电设计分院院长雅诺夫斯基的信//黄河三门峡水利枢纽志编纂委员会.黄河三门峡水利枢纽志.北京：中国大百科全书出版社，1993：392.

③ 注：即三门峡工程。

可能增加水电站基础闪长斑岩的厚度。”

“编制施工进度表，应该考虑石方工程在 1957 年 2 月份开始，1961 年拦洪、第一批机组发电，1962 年全部工程竣工。”

三、初步设计

（一）三门峡工程的初步设计

按照中方的要求，列院于 1956 年年底完成了三门峡工程的初步设计。以下是初步设计确定的主要指标[①]。

1. 三门峡工程的任务。

三门峡工程的任务是能够解决黄河下游综合利用的问题，即解决防洪、灌溉、发电、供水及航运的问题。具体要求：把洪水流量由 35000 立方米每秒降至 6000 立方米每秒；增加灌溉面积 4000 万亩，增加收成 2 倍，灌溉用水 360～950 立方米每秒；电站装机容量 110 万千瓦，年平均发电量 60 亿千瓦时（如表 4-3）；提高下游航道用水量到 280～700 立方米每秒，保证邙山到河口 790 千米的航道水深不小于 1 米。

表 4-3 三门峡工程初步设计中的发电情况[②]

	保证出力/万千瓦	降低保证出力/万千瓦	年平均发电量/亿千瓦时	多水年发电量/亿千瓦时	少水年发电量/亿千瓦时
一期水位 350 米高程	47	36	53	73	41
二期水位 360 米高程	52.5	32.5	60	85	46

2. 三门峡水库范围。

三门峡水库范围在三门峡水电站以上沿黄河、渭河回水，黄河回水 200 千米，渭河回水 150 千米，库区面积 3500 平方千米。

① 柯洛略夫. 三门峡水电站初步设计报告，1956：三门峡水利枢纽管理局档案，s1-2.2-118.

② 柯洛略夫. 三门峡水电站初步设计报告，1956：三门峡水利枢纽管理局档案，s1-2.2-118.

表 4-4　三门峡工程不同水位时的基本情况[①]

高程 /米	库容 /亿立方米	淹没田地 /万亩	迁移人口 /万人
310	9.8	8	2.9
320	27.5	12	4
330	59.3	30	7
340	159.4	135	32.3
350	349.1	225	58.4
360	639.3	350	89

3. 坝轴线和坝型。

坝轴线的选择为中线与下线之间，即在下坝轴线的基础上，右岸向上移，左岸基本上还在原下线的位置。大坝最高处为 110 米，坝顶宽 32 米，坝顶总长度 820 米，坝底最宽处 121 米。坝型推荐采用混凝土重力坝、坝内式厂房。

4. 水库库容。

水库正常高水位，1967 年以前为 350 米高程，1967 年以后为 360 米高程，水库库容在正常高水位 360 米高程时为 647 亿立方米、死库容 98 亿立方米，水库面积 3500 平方千米，淹没耕地 325 万亩、铁路 172 千米，迁移人口 87.1 万。防洪库容 100 亿立方米，其中 70 亿立方米用于调节径流至 6000 立方米每秒，28 亿立方米为存储 6～8 天不放之水，其余作为发电、灌溉、航运的调节库容。

表 4-5　三门峡工程初步设计采用的水文资料（陕县水文站）[②]

洪水频率	日平均流量 /立方米每秒	瞬时最大流量 /立方米	总水量 /亿立方米
万年一遇	35000	45000	410
千年一遇	23000	30000	290
两百年一遇	19000	24000	250
百年一遇	17000	22000	240

① 沈崇刚．三门峡初步设计情况介绍．中国水利，1957(7)：11.

② 沈崇刚．三门峡初步设计情况介绍．中国水利，1957(7)：11.

5. 泥沙淤积计算。

设计中采用1967年减少来沙20%，50年后减少来沙50%，工程排出泥沙20%的计算条件。据此计算出至1967年库内淤积50亿立方米，50年后库内淤积340亿立方米。

6. 工程量。

软土开挖128.7万立方米，岩石开挖206.9万立方米，填方121.4万立方米，混凝土和钢结构混凝土浇筑284.1万立方米，钢结构安装2.1万吨。

7. 施工总进度。

1961年开始拦洪发电，1962年全部完工，总工期6年半。总混凝土量295万立方米，共需水泥76万吨、钢筋6.7万吨，工程总投资约16.56亿元，其中工程造价7.57亿元、水库清理及移民费8.05亿元、施工设备费0.94亿元。

（二）审查三门峡工程的初步设计

1957年2月9日，国家建设委员会在北京主持召开三门峡工程初步设计审查会，我国各有关部门、大学和科研单位的专家、教授与工程师共140多人参加。为进行答辩，苏联派全苏水力发电设计总院总工程师瓦西连柯和三门峡工程设计总工程师柯洛略夫等21位专家来华参加审查会。审查会基本同意初步设计的内容，但对正常高水位、泥沙和移民问题持有不同意见，但当时仅是初露端倪，没有引起太大关注。[①]

1957年2月底审查完毕后，国家建设委员会起草了《对黄河三门峡水电站初步设计的审查意见书（草案）》，并向国务院上报了《关于黄河三门峡水电站初步设计的审查报告》。

1.《黄河三门峡水电站初步设计的审查意见书（草案）》的主要内容[②]。

三门峡水电站的初步设计符合综合利用的要求，审查会同意初步设计的原则决定，但是技术设计中必须对下列问题做补充研究。

① 赵之蔺.三门峡工程决策的探索历程.河南文史资料，1992(1)：17.

② 国家建设委员会.黄河三门峡水电站初步设计的审查意见书（草案）,1957：三门峡水利枢纽管理局档案，T-0-2.

（1）水能水利部分。

技术设计中必须进一步研究设计洪水量和校核洪水量，于汛后在不影响下游防汛安全的条件下尽可能利用一部分防洪库容蓄水；需在水利计算时考虑上游灌溉发展增加的用水量，结合电力平衡研究在保证率80%以外灌溉用水的需求；进一步研究上游水土保持对径流减少的影响；进一步研究排出的泥沙量，在不影响综合利用效益的前提下尽量多排异重流泥沙；研究修正三门峡水库泥沙沉积物的容量，水库淤积计算时考虑推移质泥沙和水库塌岸；在技术设计中绘制水库回水曲线时要考虑水库的淤积，进一步研究修正水土保持的效果。

（2）水工部分。

详细研究采用坝内式厂房时坝内式水电站应力分布问题，特别是厂房周边重要地方的应力分布问题；注意在强烈地震时厂房的渗水问题，并拟定防治措施；继续研究并确定悬浮状态及结实状态下的泥沙对水下结构物的压力问题；确定大坝下游冲刷对坝体和隔墙稳定性的影响问题，并拟定保护措施；根据最新的地质资料确定结构物的位置；进一步研究降低取水口和深水孔高程的可能性；研究简化隔墙结构和减少工程量的可能性；尽快决定对坝体的分缝分块；充分考虑节约钢筋和水泥；研究缩小桥式起重机尺寸的可能性。

（3）电气部分。

采取措施降低发电机冷却水的温度（从30℃降为26℃）；研究提高水电站设计水头的适宜性，使水轮机工作轮直径缩小到5.5～5.6米；研究提高初步设计中所采用排水设施效率的必要性；确定110千伏和220千伏的出线数，并重新考虑备用隔位数；希望在8台水轮发电机中考虑3台做同期调相机方式运转的可能性；研究采用伞式发电机的合理性；室外升压变压器改为气冷式。

（4）施工部分。

施工总进度，按1963年工程全部竣工，1961年将保证率1%的洪水调节至8000～9000立方米每秒，第一台机组投入运转，1962年底须有3台机组发电；施工总布置，需根据实际情况进一步确定会兴镇施工区、场地的附属企业及供水系统；截流方法，采用初步设计中推荐的方法，补充研究进占法；研究减少施工底孔的可能性；查明在冬季截流时可能发生的困难，并在施工设计中加以考虑；研究降低上游侧栈桥面高程的可能性，考虑利用其他设备代替一台缆式起重机，设计混凝土浇筑时不应依靠金属模板；进一步研究混凝土冷却和骨料冷却问题，以及冷却设备的容量问题；在技术设计中采用轨距为10.67米的轻轨机车。

2.《关于黄河三门峡水电站初步设计的审查报告》的主要内容[①]。

该报告首先介绍了初步设计的基本内容，然后提出了主要问题和意见。

（1）水库寿命与泥沙处理。

初步设计中的估计基本上是稳妥可靠的，考虑到延长水库寿命具有重大的经济意义，请求苏联在技术设计中对水库淤积问题做更深入的研究，在不影响综合利用的原则下尽量降低泄洪孔和进水口的高程，提高排沙能力，尽量多排沙。上游水土保持是延长水库寿命的最根本的方法，建议中央和国务院抓紧开展水土保持工作。

（2）水电站厂房的位置。

水电站厂房有坝内式和坝后式两种，各有利弊，但两者在技术上都是可能的，而且大坝的强度也可以做到牢固可靠。报告认为可以采用坝内式水电站的方案。

（3）施工进度。

考虑到我国目前的投资力量和施工的艰巨性，建议将竣工日期推后一到两年。蓄水高程在1962年以前，控制在标高333～337米，移民13万～26万人。

总的来看，三门峡水电站的初步设计，在水能计算方面符合综合利用的要求，在坝址和坝型的选择、施工方法的确定等主要方面都是比较恰当的，因此建议批准本初步设计。

（三）修改意见

1957年2月，邓子恢向毛泽东同志和党中央报告，认为三门峡水库修成后，在1967年以前水库水位只要达到330米高程，便可蓄水120亿立

---

① 国家建设委员会.关于黄河三门峡水电站初步设计的审查报告,1957：三门峡水利枢纽管理局档案，T-0-1.

方米，可从根本上解决黄河千年一遇的洪水灾害，保证黄河不改道。如果1957年2月动工，到1959年8月洪水期便可部分拦洪，亦可大体解除千年一遇洪水灾害和黄河改道的危险。为此建议不要停止三门峡工程的兴建，要求按原定计划，于1957年2月内开工修建三门峡工程，以免洪水到来造成被动局面。①

毛泽东圈阅了报告，并批示由中央经济五人小组处理。中央经济五人小组研究后，于3月7日以《关于三门峡水库的建设问题》报毛泽东和党中央，认为：黄河在任何情况下都是需要治理的，而且人代大会又有决议，完全“下马”不行，也是不应该的……五人小组同意经委和计委所提出的在1957年对三门峡工程的建设暂时采取“勒马”的办法，即1957年投资5000万元先行开工，摊子不要铺得太大了。②

1957年6月，邓子恢向周恩来总理和中央上报了《关于三门峡水库修建方针问题的报告》。他在报告中写道③：

关于三门峡工程的修建方针问题，经水利、电力两部分头召开专家座谈会，两部负责人又召开会议并与苏联专家讨论过。我又两次召集水利、电力及计委、经委等部门开会研究过，对几个大问题的意见大体上趋于一致。因为苏联设计机关派人来我国等了五个月，等我们对修建方针作出决定后，继续进行技术设计。因此，认为下面五个问题可以先定下来，其余问题以后再从长计议。

1. 三门峡工程是根治黄河的枢纽工程，为防特大洪水，为华北平原灌溉，这一工程必须修建。根治黄河方案已经在1955年第二次人大会通过，今年3月中央又已经批准开工，应该定下来，继续修建此工程。

2. 关于大坝高程。因为泥沙淤积问题，我们经验不足，发电与否、发电多少，尚未最后定案。为便于主动起见，水库、坝址仍照原方案360米高程设计，但目前坝高修到350米为止，或再低一些，蓄水不一定到350米。此点水利、电力两部都同意。

---

① 张铁铮.我的一生.北京：华文出版社，2008：298.

② 张铁铮.我的一生.北京：华文出版社，2008：299.

③ 张铁铮.我的一生.北京：华文出版社，2008：300-301.

3. 关于下泄流量。原设计为6000立方米每秒，为便于工程本身更好排沙，可改为10000立方米每秒或9000立方米每秒。水利部主张增加到10000立方米每秒，电力部主张按原方案不动。

4. 关于底孔高程。这关系到水库的排沙能力，原方案为320米高程，我们主张降到300米高程。水利、电力两部意见相差不多。

5. 采用坝后式厂房。

上述五个问题，我们主张先定下来，以便转告苏方，据此进行技术设计。

第二节　三门峡问题讨论会

一、讨论会缘由

1957年2月，国家建设委员会主持召开了三门峡工程初步设计审查会。会上虽然拥护初步设计方案的意见占压倒性优势，但也有少数人对这个方案的成效表示怀疑。他们认为：黄河自古泥沙为患，非但中国历代统治者毫无办法，就连美、日那样工业发达的国家在黄河流域勘察多次以后，也下了个“不治之症”的断语，现在仅凭苏联的一个方案，就下结论能解决泥沙问题，未免为时过早。陕西的一些人不同意这个设计方案，因为在三门峡筑高坝拦水，将淹没不少渭河两岸的肥沃土地，一旦发生特大洪水，就连古都西安亦有被洪水淹没之虑。还有很少一部分人坚决反对这个设计方案，他们的理由是：“高坝大库”的方案在第聂伯河上虽然取得巨大成功，但在黄河这条世界上含沙量最大的河流上未必就能行得通。①

会议期间，邓子恢、刘子厚、钱正英、李葆华、刘澜波等人到中南海向周恩来总理汇报会议情况。邓子恢首先讲了几种不同意见的基本观点，然后就黄河三门峡工程局的组织建设、技术配备和设备情况作了介绍。随后，刘子厚对三门峡工程的工地施工准备情况做了汇报。汇报结束后，周

① 马兆祥.黄河之水手中来——三门峡水利枢纽工程建设亲历记//中国人民政治协商会议全国委员会文史资料研究委员会.革命史资料(第8辑).北京：文史资料出版社，1982：231-232.

恩来总理首先对黄河三门峡工程局的工作效率和进度给予肯定，更赞扬了少数专家敢于直抒己见向世界权威挑战、提出不同意见的进取精神，然后说："建设三门峡，是早就确定的项目，至于'高坝大库'这个方案，我想说两条：第一，苏联专家好的、正确的意见必须积极采纳；第二，尽管在苏联曾被证明是好的、先进的、成功的东西，也必须要结合、照顾到我国的实际情况，决不能生搬硬套。"对会上的几种不同意见，周恩来总理表示先不要盲目表示赞同或反对。他说："在做这个设计方案时，苏联专家根据我们的意见，为大坝设计了三种不同的海拔高程，这三种标高设计各有利弊，具体按哪一种施工，中央和国务院准备听听我们自己专家的意见，想通过会议能了解到这个情况，所以没有急于开工。目前，我们要充分利用这段时间，把施工准备搞得更有把握一些，别看现在似乎慢了一点，只要准备工作做得充分，一旦开工，才会有真正的快、真正的高速度，大家都要明白这个关系。"①

由于会议没能就方案设计统一意见，周恩来总理决定先由西安交通大学对整个库区做一次模拟试验，分别按3种不同的坝高设计，测定汛期的最高水位情况，看看整个工程对西安市构成的威胁究竟怎样，并要求提供陕、豫、晋三省被淹没面积的具体数字。

初步设计审查会召开以后，对于三门峡工程的指标有了较多的争论，主要来自两方面：一是初步设计将三门峡工程的正常高水位由《技经报告》确定的350米高程提高到360米高程，库区淹没农田由200万亩增加到325万亩，迁移人口由58.4万增加到87万，并且淹没的大部分是关中平原，陕西省对此反映强烈。1957年上半年，朱德副主席和李富春、薄一波副总理先后去陕西省视察，该省都反映三门峡工程淹没损失太大，要求降低水库的正常高水位。二是清华大学教授黄万里②于1956年5月向黄规会

---

① 马兆祥.黄河之水手中来——三门峡水利枢纽工程建设亲历记.中国人民政治协商会议全国委员会文史资料研究委员会.革命史资料（第8辑）.北京：文史资料出版社，1982：233-235.

② 黄万里（1911—2001），江苏川沙（今属上海市）人，1932年毕业于唐山交通大学土木工程系，1935年获美国康奈尔大学土木工程硕士学位，1937年获美国伊利诺伊大学土木工程博士学位。回国后，曾任全国经济委员会水利处技正、四川省水利局工程师、甘肃省水利局局长兼总工程师；新中国成立后，历任唐山铁道学院、清华大学教授。长期从事水力学、水文学及水文规划方面的科学研究。

提出了《对于黄河三门峡水库现行规划方法的意见》，水电总局青年技术员温善章[①]于1956年12月向水利部和国务院呈述了《对三门峡水电站的意见》，均提出了不同意见。[②]

（一）《对于黄河三门峡水库现行规划方法的意见》[③]

1. 现行规划方法存在的问题。

（1）关于正常高水位。

现用的确定正常高水位的方法，是假定了一定的防洪库容和灌溉亩数来推算经济坝高，不过是一种单按动力经济核算的规划，不能说是一个通过全面经济核算的综合水利规划。

（2）关于防洪的经济。

初步设计认为，有了坝后就可以省掉目前每年的防汛费，这是不正确的；认为水土保持后黄河水会变清是违背客观规律的。相反，出库的清水将产生可怖的急速冲刷，防止它要费很大的力量。“有坝万事足，无泥一河清”的设计思想会造成严重的后果。坝的功用不过是调节流率，从而为治河创造优良的条件，但决不能认为有了坝河就已经治了。

（3）关于灌溉的经济。

只能按社会主义生产、按比例分配的发展规律在一国内或一区域内定出总亩数，但却不能对于某一地点的水库硬分派负担一定的灌溉亩数，这仍要看经济成本是否划算来决定。在缺水的情况下，按作物需要随时都充分供应的办法未必合理，应该考虑把宝贵的调节水只供每年5、6月最迫切的缺水季节使用，在其他季节给一部分，但不必蓄他月之水来供7、8月多水季节之用。这一建议改变了原定的呆板的灌水运用法，不仅可以节省水量、多灌亩数，而且可以大大减省库量。

---

① 温善章，1930年生，1956年天津大学水利规划专业毕业，历任水利水电科学研究院技术员、工程师，黄河水利委员会设计院高级工程师。

② 黄河三门峡水利枢纽志编纂委员会.黄河三门峡水利枢纽志.北京：中国大百科全书出版社，1993：47.

③ 黄万里.对于黄河三门峡水库现行规划方法的意见.中国水利，1957(7)：26-29.

（4）最经济的水库运用法。

如果每立方米的库容都能兼为各种目标服务，即水库的效用就可发挥到最大。这在中国的水文情况下是可能做得到的。每年7～9月的洪水期是固定的，在这期间应该不再需要蓄他月之水来灌溉。可于7月初把水库水位放低到死水位，每年7～9月全部的有效库容专为防洪用，其余各月专为灌溉用。这样去规划不同作物的种类和灌溉亩数，兼顾下游调节的可能性，使得各月出库流量尽量均匀些，以便照顾水电。

（5）关于坝高。

经济坝高应比360～370米高程低。至于综合利用核算的结果则可高可低，不经计算，无法估定。

（6）关于洪水的计算方法。

关于洪水的计算方法存在问题，计算的结果可能距离实际情形很远。

2. 坝底留出泄水洞以备他年刷沙出库的建议。

（1）筑坝的有害方面。

筑坝的有利方面是调节水流，有害方面是破坏泥沙的自然运行。在水库上游边缘附近，泥沙淤淀下来而不前进，那里的洪水位将抬高，无须等到水库淤满，今日下游的洪水他年将在上游出现。现计划把唯一避免的希望寄托在水土保持上，但是即使做好了水土保持，清水在各级支流里仍将冲刷河床而变为浑水，最后泥沙仍将淤在水库上游边缘。在坝下游，出库的清水却又使下游的防护发生困难。由于淤淀，水库本身自有一定的寿命，故应该预见水库寿终时上下游的水流情势。

（2）要刷沙出库，不是故意要“在库内作水土保持”。

在坡面上的水土应该设法尽量保持在原地，但对于那些已经流入河槽里的泥沙却相反地应该要促使它们继续随水流下去。那些故意要把泥沙留在库内的设计思想是错误而有害的。主张在支流修拦沙坝，是试图改变客观规律的措施，是不正确的；这样在河槽里拦截水土，不能称为水土保持。

（3）刷沙出库方法的一些设想。

两种不成熟的理想的刷沙出库方法：第一种，每若干年中，有一年的7月初把库水放空，使得有几场大水可把上游库边上的积沙冲刷到坝后水深的地方；第二种，在库内河底设置许多冷气压推动的螺旋桨，产生水流的底速，以扬起泥沙，随水运行出库。上述两种措施都要求在坝底留有容量相当大的泄水洞，我们必须留下这些洞，以免他年觉悟到需要刷沙时重新在坝里开洞。

（二）《对三门峡水电站的意见》[①]

1. 水库设想。

水库正常高水位为335米高程时，能取得90亿立方米以上的库容。水库在汛期来水流量不超过下游河道的安全泄量时，水库水位维持在最低的死水位（可定在300～305米高程），即不蓄水，这样就能将汛期大量的泥沙（汛期的沙量占全年的80%以上）排到下游，即占绝对数量的泥沙不会全部淤在水库内。在汛末和冬季水库蓄水，以备春夏季灌溉和航运。汛期的天然流量，一般都大于灌溉和航运的用水量。正常高水位335米高程时，库容能够满足下游防洪所提出的防御千年一遇洪水的要求，在年水量保证率为80%～85%的年份内，基本上能够满足下游灌溉4000万亩土地和航运的要求。迁移人口若按两百年一遇的洪水标准考虑时，估计在10万～15万人，总的造价是2亿～3.5亿元。对于灌溉、防洪和航运来说，正常高水位335米高程与360米高程是没有多大区别的。

水库在汛期沙量大时不蓄水、冬季沙量少时蓄水的运转方式不会将泥沙完全排到下游，可能由于10～20年的淤积，水库要失掉调节千年一遇洪水的能力，在遇到比较大的洪水时可能更是如此。但这样的设计还是有实际意义的，因为20年后很多因素都无法预知，而一个三门峡水库是否就能一劳永逸地满足20年、50年后的国民经济的要求，这是值得研究的。

2. 对已有设计的建议。

关于三门峡水库的正常高水位设定为360米高程，其合理性是值得讨论的。正常高水位360米高程时，迁移近90万人，淹没近350万亩良田，以多出12亿～15亿元的投资去获得三门峡电站的40万～50万千瓦的保证出力，每千瓦装机的投资达1200～1500元，相当于火电站的2.5倍，显然它的合理性是值得讨论的。

---

① 温善章.对三门峡水电站的意见//中国水利学会.黄河三门峡工程泥沙问题.北京：中国水利水电出版社，2006：604-609.

下游安全泄量6000立方米每秒是值得讨论的（增加防洪库容虽然不多，但对水库淤积的影响可能大些），因为在三门峡以下所产生的洪水也很大。在发生千年一遇洪水时，即使修建伊河、洛河、沁河上的3个水库后，当洪峰传到艾山亦能达到9000立方米每秒以上，这种洪峰虽是瞬时的，但大堤的防守显然还是需要的。值得注意的是，下游的灌溉和航运渠道也能分担1000～1500立方米每秒的流量。

另外，上、中游的灌溉发展到远景时或中游的水土保持有适当的收益时，都能使三门峡电站的来水量减少很多，因而保证出力和发电量将很快地减少三分之一以上。上、中游的大水库建成以后，三门峡水库调节水量的效益就不大了，相反，却增加了很大的不太需要的蒸发损失。这样，三门峡水库最大效益的使用年限是值得研究的，估计不会超过5～10年。

对于综合利用来讲，有时用一个水库完成所有部门的要求，不一定有利。有时用几个水库共同满足不同部门的要求，会比一个水库有利一些。在我国，将来土地资源会比动力资源更缺乏，另外从现在所处的历史时代来看，动力资源是有可能用其他的办法取得的，而土地资源现在看来还无方向，因此应当把减少淹没损失列为综合考虑因素之一。

当时，三门峡工地已进行了大量施工准备工作，工程即将开工，在这种情况下，周恩来总理得知上述不同意见后极为重视，指示水利部请各方面专家认真讨论，以期正确解决。因此，水利部于1957年6月中旬在北京召开讨论会，对三门峡工程的任务、正常高水位、运用方式等进行讨论。

二、讨论会情况[①]

三门峡问题讨论会于1957年6月10日至24日在水利部召开，参加讨论会的有水利部、电力部、清华大学、武汉水利学院、天津大学、黄河三门峡工程局及有关省水利厅的专家、教授共70余人，会议由张含英主持。

讨论会首先由张含英介绍组织这次讨论会的缘由。他说，这个讨论会是个学术性的讨论会，有人对三门峡水库的正常高水位和运用方式提出了

① 黄河三门峡水利枢纽志编纂委员会.黄河三门峡水利枢纽志.北京：中国大百科全书出版社，1993：48.

意见，为了慎重地研究这个问题，总理指示在这个问题上请各方面的专家讨论，希望能正确解决。[①]

讨论会上，温善章、叶永毅等提出了拦洪排沙方案，其主要论点是：工程的任务是以防洪为主，兼顾发电、灌溉和航运；工程的运用原则为拦洪排沙，不调节径流，汛期敞泄排沙，汛后蓄水兴利；水库设计水位为336～337米高程，库容110亿～120亿立方米，可满足20年内防洪淤沙，灌溉农田1500万～2000万亩的需求，发电装机容量25万～30万千瓦；库区淹没耕地50万亩以下，移民15万人以下，工程造价4.5亿元，较正常高水位360米高程的设计方案少淹没耕地250万亩、少迁移人口70万人；混凝土工程量为100万～120万立方米；拦河坝底孔高程280米，库水位310米时泄量6000立方米每秒，汛期中可有88%的泥沙排出库外。另外，他们还指出关中平原的土地资源非常宝贵，将来可能比动力还缺乏。

讨论会的基本情况如下[②]：

6月10日至17日为大会一般发言，18日以后分成四个问题分别讨论，即：是否应该修建三门峡工程、工程拦沙与排沙的问题、综合利用的要求和运用方式、对于以水土保持作为修建三门峡工程的基础的评价。

（一）关于三门峡工程应该不应该修的问题

根除黄河水害和开发黄河水利主要有3个环节，即：上游开展水土保持拦阻泥沙，下游进行河道整治防止淤积，在适当地点修筑调节洪峰及水量所需的水库。从下游防洪情况看，下游河道淤积严重，并且还将逐年淤高，所以黄河改道的威胁与日俱增，而在这三个环节中，上游水土保持、下游河道治理都需要较长时间才能生效，所以急需先用水库调节洪水，并牺牲一部分库容拦蓄泥沙，换取时间、减少洪水威胁是迫切需要的。并且从开发水利及各个国民经济部门发展需要来看，灌溉、发电和航运都有要求，通过修建水库来利用黄河水利资源也是十分需要的。参加讨论会的绝大多数人都认为三门峡工程具有位置恰当、库容大、地质优良等优点，是能满足上述要求的最合适的地点，应该被选为第一期工程。

---

① 中国水利编辑部.三门峡水利枢纽讨论会.中国水利，1957(7)：16.

② 三门峡水利枢纽讨论会办公室.三门峡水利枢纽讨论会综合意见.中国水利,1957(7)：1-10.

会议也指出修建三门峡工程不利的一面：① 淹没面积大，迁移人口多，尤其是在我国耕地缺少的情况下，淹没耕地迁移人口更为困难；② 泥沙在水库回水区发生淤积，致使渭河洪水水位抬高，可能造成回水地带淹没及浸湿，这需要做进一步的详细研究；③ 水库下泄水流较清，中水流量延续时间拖长，在黄河下游河道会发生淘刷，在水库完成后的放水初期，河床未稳定时，对防汛会产生新的变化与要求，尚需严密注意，采取措施。

会议指出一些技术性的问题还没有得到很好的解决，例如：上游水土保持减少泥沙来量和生效期限尚难于计算，水库异重流排沙效果、淤泥容重等还在研究，因此对三门峡工程的寿命尚难准确估计，同时对下游河道整治所做的研究工作还很少。这样，从技术观点来看，似乎应该等待科学研究工作获得较明确的结果后，再修三门峡工程更好。但下游防洪和综合利用又迫切需要，因此建议在工程能解决下游防洪、不过于缩短工程寿命又能满足综合利用的要求下，应该尽量减小淹没面积，减少迁移人口数量；在工程运用的初期，应逐步缓慢地抬高蓄水位，以延长迁移人口的时间，减少移民困难；工程移民动员迁移工作应早做准备，尽量照顾当地居民的需求，予以适当安排；关于上游水土保持、水库淤积及下游河道治理等问题，请求国务院责成有关部门组织力量，及早解决。

会议上也有人对建设三门峡工程提出反对意见。持反对意见的主要是黄万里和张寿荫两个人。黄万里认为泥沙下流是一个自然规律，违反这个规律的就不是合理的技术措施。张寿荫认为三门峡水库淹没巨大，“这不单是经济问题，而且是政治问题。何况迁移人口又是一件极为复杂艰巨的工作，若拿七八十万迁移人口的代价换来一个寿命只有 50～70 年的泥沙库，而且还有再抬高、再淹没、再迁移的可能，群众可能不会同意”，因此建议三门峡工程的正常高水位不应超过 350 米高程，而且要分期抬高蓄水位，并适当延长分期时间；否则应考虑缓修，等水土保持生效后再修。[①]

此外，会议上还有一些其他观点。例如，有人认为三门峡坝址地形优良，是黄河下游罕有的坝址，很适合修建上述多年调节综合利用的高坝；若是修筑类似温善章等提出的小库容拦洪排沙的水库，将影响三门峡以下各

① 中国水利编辑部.三门峡水利枢纽讨论会.中国水利，1957(7)：25.

梯级的开发，最好不占用三门峡坝址，而在其他地点如八里胡同以下适当地点修建。

（二）关于三门峡工程的拦沙与排沙问题

拦沙和排沙，是对于不能由异重流排出的泥沙而言。讨论会对于三门峡工程排出异重流的意见基本上是一致的，认为只要能将泥沙排出水库，同时对黄河下游防洪、灌溉也无影响，就应该尽量利用异重流排沙，以延长水库的寿命。

对于排沙的可能性，专家们大都认为水库排沙是一个目前技术上尚未很好解决的问题，希望通过试验研究进一步解决。争论主要集中在能排出泥沙的数量和程度上：认为能大量排出的人主张，把三门峡水库的泄水孔降低，汛期不蓄水只拦洪排沙，非汛期蓄水满足部分综合利用，这就可以保证潼关到陕县 115 千米的河谷中经常保持天然径流状态，除非在回水超过潼关以上时，才会有部分泥沙淤在水库里冲不下来；认为不能大量排出的人觉得，水库只要拦洪就会淤积，从实际观测的潼关和陕县资料中可以看出汛期正是淤积的时候，而非汛期才冲刷，若采用汛期排沙、非汛期蓄水，就会造成水库淤多冲少的情况，另外苏联专家的计算结果也说明难以排泄大量泥沙出库。

关于汛期排沙对各方面的影响。讨论中，专家们一致认为，汛期排沙对综合利用满足各项要求是有影响的，但对各个方面的影响程度有不同看法。

对于泄水排沙底孔问题，绝大多数人建议，三门峡工程应设置较低的泄水排沙底孔，也着重建议预留底孔的泄水能力要尽量大一些，这不但有利于异重流的排出、增加操纵的灵活性，而且下游河道经若干年刷深后，也有可能增加下泄流量。很多人主张，工程运用初期必须有一个过渡阶段，这样可以使下游河道逐渐适应，同时摸索河道治理的经验。

与会者绝大多数支持三门峡工程充分发挥综合利用的方案，多数意见认为拦洪排沙的方案是不宜采用的。

排沙方案的优点：工程投资可以减少，工期可以缩短，耕地淹没和移民的困难都得以减轻。尤其重要的是，就拦洪效用而言，在一定库容的条件下，水库的有效寿命得以延长。至于大量排沙是否可能，会议未能得到一致的结论。但从理论上推断和参考国内外若干水库的实际情况，如泄水口布置得当，结合适宜的运用方法，从库内排出相当一部分泥沙，估计还是可能的。

排沙方案的缺点：不能满足下游消除水害的要求。三门峡工程如果按照拦洪排沙来运用，为了使泥沙尽量排出，除特大洪水外，对一般洪水必须尽可能不加拦蓄。由于泥沙下泄，下游河道势必继续抬高，若干年后决口改道势必仍为不可避免的结果。这样运用的水库仅仅能削减特大洪水的洪峰，并没有消除黄河水患的根本原因，而且排斥了工程充分综合利用的可能。

与会专家认识到，与三门峡工程建设有关的问题中，还存在一些目前及近期内难以确定的因素，其中比较重要的，有水土保持的效用、建库后水流含沙减少对下游河道的影响和如何整治等。由于这些情况的存在，多数意见认为，除了现在要尽可能周详地考虑定出水库的设计条件外，将来水库的实际运用还是有必要采用在实践中摸索前进的办法，这就要求筑坝时设置高程适当的泄水排沙设备以便灵活操纵。

有人预言，在工程综合利用有效寿命的终期或运用若干年后，库内淤积势必达到一定的极限平衡，那时除保全必要的防洪库容外，三门峡水电站可改为径流电站运用，径流调节的任务改由水量大而泥沙少的其他黄河干流水库承担。预设泄水排沙设备也可为将来这种可能的运用准备条件。正常高水位（以及相应的移民线）应当采用在实践中摸索前进的办法，视实际的水库淤积和水量调节要求的发展逐渐上提，移民工作也应当相应地、精打细算地分期分批进行。

会议中也有人提出，依据国内外某些著名河工专家的见解，可以用河道整治措施输沙入海，不使其停留淤积于河道。但多数人认为，证实这种见解是否适用于黄河需要经过长期的试验研究，即使可能，整治工程也一定非常浩大，技术上也不一定有把握。

会议一致强调，三门峡工程的建设不能孤立地仅仅抓住筑坝工程一环。水土保持是保障三门峡工程有效寿命的根本措施，必须大力推动。下游河道的整治是配合三门峡工程根治黄河水患的必要措施，也必须尽早进行试验研究并实施一部分必要的工程。总之，水土保持、水库建设、河道整治三个环节必须并重，而且必须平行进行。

（三）关于工程综合利用的要求和运用的意见

会议主要讨论了3个方面的问题。

1.第一期工程应该解决的基本问题。

在讨论中，专家们认为第一期工程应该解决的基本问题是合理的，除防洪问题迫切需要解决外，其他各项要求均系逐步提高，其要求增长的速度根据国民经济发展的速度而决定。

主张以拦洪排沙为主兼顾综合利用的意见。有的专家认为以蓄水为主的综合利用势必导致水库淤积很快、寿命很短，即使水土保持效果很好，也不可能使河水完全变清，将来河水含沙量仍会不小，在水库淤满失效后，下游严重的洪水灾害将无法解决。而且水库淹没大，造成的损失是不可抵偿的。作为拦洪水库时，大坝泄水底孔尽量放低加大，绝大部分泥沙是可以排泄至下游的，这些排至下游的泥沙大部分可以排泄入海，不致过多淤高河床而加重洪水对下游的威胁。在拦洪排沙前提下，主要利用汛后蓄水，利用汛期自然径流灌溉发电及维持下游航运。

主张三门峡工程综合利用的意见。根据第一期工程的任务，大多数人认为，以三门峡工程综合利用完成这些任务是合理的，其理由是库容大、地理位置优越，能最大限度地满足各用水部门的要求，经济价值高，三门峡工程的技术问题经过研究是可以解决的。讨论中有专家指出三门峡工程存在库容与移民、泥沙淤积与水库寿命、下泄清水与下游河床稳定等矛盾。但大部分人认为既然要充分利用黄河水利资源、发挥最大综合利用的效能，有些矛盾是不可避免的，而且只要适当处理，这些矛盾是可以解决的。讨论中，专家们认为工程蓄水后地下水浸湿及回水对西安工业区及水库周围影响可能很大，应该在工程水位逐步上升期间，根据实际情况决定工程水位的抬高量。

2.综合利用正常高水位选择及筑坝高程问题。

大多数意见认为，三门峡工程在选择正常高水位时对一些因素应加以考虑，如黄河中游水土保持开展的速度和水土保持的效果、水库淹没对水库上游河道的防洪及对邻近水库边缘地区地下水浸湿的影响、在满足用水量要求的情况下尽量缩小有效库容的问题。有人认为必须在这些因素都得出结果后才能定出工程的正常高水位；但大部分人认为，若必须如此，则工程的兴建势必要等待数年之久，这是客观形势所不能允许的，何况有些问题不经实际观测分析是难以获得成果的。大多数意见认为，在现有的研究基础上，仍然是可以选择正常高水位的，并且提出了几种具体意见，例如：大多数人认为，正常高水位360米高程是比较妥当的；部分人认为，正常高水位350米高程时既能满足需要，还可减少投资和淹没损失，比较妥当。讨论中，专家们一致同意为了减少移民困难，工程应分期运用，水位逐渐抬高。工程正常高水位定为360米高程时，对筑坝高程也有不同意见，部分意见认为大坝应按正常高水位一次建成，部分意见认为大坝可按360米高程正常高水位设计、350米高程建成，在修建时预先考虑未来加高的必需措施。

3. 关于初期运用水位问题。

讨论中，专家们一致认为初期运用水位应尽量降低，以后按国民经济的发展情况逐步抬高水位，并拟定出以下3种意见：第一种意见，初期运用水位345米，发电保证出力30万千瓦，装机50万～60万千瓦，灌溉和航运满足设计要求，移民41万人，淹没土地163万亩；第二种意见，初期运用水位340米高程，发电保证出力15万～20万千瓦，装机40万～50万千瓦，灌溉满足约1000万亩，移民30多万人，淹没土地120万亩；第三种意见，初期运用水位335米高程，移民20多万人，淹没土地86万亩。此外，还有个别意见认为，水库的后期运用固然可以是综合利用，在初期还应以拦洪排沙为主，死水位定为310米高程，最高蓄洪水位亦在335米高程上下。关于初期运用水位问题，在大会中没有作充分讨论，大多数意见认为在340米高程上下，希望在今后的技术设计中再作详尽研究。

（四）对于以水土保持作为修筑三门峡工程基础的评价

绝大部分意见认为，水土保持工作是很重要的，它是延长三门峡工程运用年限的关键工作，同时也是改进山区农业生产、提高人民生活水平的主要措施，必须争取时间积极推进；指出水土保持工作需要大量的劳动力和一定数量的投资，必须在国民经济建设安排上予以重视。

会议上，专家们对于水土保持效果的意见是不一致的。部分意见对水土保持减少泥沙的作用比较乐观，认为水土保持可以控制较多的泥沙，估计到1967年减少40%，50年后减少78%是可以争取的；部分意见认为，到1967年减少20%，50年后减少50%，这些数字并不保守，据此设计水库可以说比较安全；个别意见对于水土保持的作用持怀疑态度，认为即使将片蚀减少了，但干支流河床和河岸的淘刷，仍将使一定数量的泥沙被挟带下来；还有一部分意见认为水土保持作用对于径流减少问题，过去研究得不够，有待进一步研究论证。

关于水土保持对于三门峡工程影响的评价意见：水土保持作用对于三门峡工程运用年限有巨大的影响，三门峡工程综合利用的价值在很大程度上是以水土保持为基础的。

讨论中，专家们认为：水土保持工作是很复杂的，而且是有困难的，需要党政各级领导的重视、积极支持和推动，同时必须结合群众利益，教育农民深入认识水土保持对于提高生产的重要性，在群众的大力支援下，克服困难、总结经验，争取在较短的时间内获得水土保持的高效益。

（五）四个专题范围以外的意见

除四个专题讨论小结外，专家们还提出了许多建设性的意见。

为了根治黄河，在修建三门峡工程的同时，必须对上游水土保持工作，水库淹没、浸湿问题的处理措施及对下游河道的整治予以同样的重视，并须密切配合进行。《技经报告》对水库上下游所产生的影响考虑得不够是一个缺点。

讨论中绝大多数意见认为，三门峡工程应当按综合利用考虑，但为了解决移民困难，尽量减少土地淹没，应当分期抬高水位。为了移民工作的顺利进行，解除陕西人民的顾虑，满足各国民经济部门的要求，建议国务院组织并领导各有关部门具体研究并制订近期的实施计划。

移民问题关系陕西、河南、山西三省几十万人民的切身利益，存在很多困难，会议上未能深入研究，建议国务院组织并领导地方有关部门统一考虑、妥善安排，并制订移民具体计划作为最后确定逐期抬高水库运用水位的参考。

为了正确地确定工程的正常高水位，应全面研究有利与不利的各种因素。考虑防洪库容与兴利库容的重复使用、水土保持对泥沙来量及削减洪峰洪量的影响、下游安全泄量提高的可能性，并考虑利用水文和气象短期预报来压缩防洪库容；研究灌溉定额、地下水资源的利用、渠道输水损失及其他减少灌溉用水的可能措施；工程的抵偿年限采用 15 年，应对中国目前情况定为 10 年的数字重新加以研究；研究库区周围塌岸的影响，水库周围浸湿的影响，对居民点、土地、工业基地等的威胁如何，尤其是对西安地区的影响；研究回水末端淤积范围及抬高水位的影响，对上游排涝防洪的威胁；等等。对这些问题都应予以重视。

泥沙问题是三门峡工程的关键问题，应作为科学研究的重点抓紧研究。例如：水土保持工作对泥沙量减少的影响，尽早地提出比较准确的数字；泥沙含量的多少及其颗粒组成对下游的影响（包括灌溉及下游防洪）；在保证下游防洪的前提下，研究不同水库运用中的排沙效果，如何提高排沙能力，采用哪些有效的措施；考虑黄河推移质，重新确定全年输沙量，计算出库及淤积泥沙的数量、泥沙粒径组合及各种情况下的容重；等等。

讨论会上，专家们还建议黄规会组织和配备相当力量继续进行全流域的规划工作，统一考虑问题。

表 4–6　三门峡问题讨论会与会人员主要观点简表[①]

姓名	主要观点	理由	认为未搞清楚的问题
温善章	防洪为主适当兼顾兴利，拦洪排沙，水位 335 米高程	基本满足需要，投资少、淹没少	排沙数量
叶永毅	防洪为主兼顾兴利，拦洪排沙，水位 345 米高程，底孔高程 280 米高程，水位 305 米高程时泄量 8000 立方米每秒，逐步抬高水位	基本满足需要，水库能够多排沙，花钱少、淹没少	排沙数量

① 中国水利编辑部.三门峡水利枢纽讨论会.中国水利，1957（7）：16—29；中国水利编辑部.三门峡水利枢纽讨论会（续）.中国水利，1957（8）：30–38.

续表 1

姓名	主要观点	理由	认为未搞清楚的问题
李鹗鼎	综合利用，蓄水拦沙，放低底孔和进水口，多排无害细沙，逐步抬高水位，初期340米高程、最终360米高程，重视水土保持	排沙没能解决下游的泥沙问题，坝址难得，效益全面又巨大	水土保持效果、径流的减少、水库淤积情况、下游河道冲刷、下泄流量
沈崇刚	综合利用，蓄水拦沙，水位360米高程，设计要灵活，留部分底孔，重视水土保持	防洪和综合利用必须结合拦沙	水库冲沙效果，未知数多
李赋都	综合利用，蓄水拦沙，水位360米高程，增加泄水量多排无害细沙，尽量减少淤积，逐步抬高水位	—	水土保持效果、水土保持对径流的影响
黄万里	反对筑坝；建议加大底孔冲沙，刷沙出库	筑坝违反河流规律，水库上游将淤积，清水危害下游河道	—
林镜瀛	防洪为主兼顾兴利，蓄水拦沙，水位360米高程，留一定排沙措施	下游灾害严重，排沙不利于灌溉，土地有限	泥沙计算、水库指标
汪胡桢	防洪拦沙，逐步提高水位（十年提高一次水位），水位338～360米高程	延长移民时间，有利于下游防洪	异重流对下游的影响、排沙数量、水土保持效果
陶光允	综合利用，蓄水拦沙，运用要有过渡期，放低底孔，加大下泄量，逐步提高水位，水位350米高程	冲沙不利于综合利用	下泄清水对河道的影响、运用方式
张昌龄	综合利用，蓄水拦沙，注意清水对下游的影响和移民问题，留底孔排异重流	—	水土保持、塌岸、推移质、下游冲刷、需求、移民
吴康宁	服从目前、不妨碍远景，支持温善章、叶永毅方案，一次建成蓄水位逐步抬高，汛期排沙	投资少，淹没少，减少水库淤积	水土保持
俞淑芳	综合利用，蓄水拦沙，水位340米高程，逐步抬高，加大泄水孔，不影响综合利用，尽量多排沙	延长投资和移民时间	泥沙运行和冲刷
徐乾清	综合利用，蓄水拦沙，主要讨论灌溉问题	有利于灌溉	—
王潜光	尽量加大泄量，尽量降低坝高多排沙，水位350米高程	延长水库寿命	—
王�武	防洪为主，水位345米高程，汛期排沙	—	—

续表 2

姓名	主要观点	理由	认为未搞清楚的问题
石元正	蓄水拦沙，留几个底孔，水位360米高程、初期340米高程逐步抬高，不影响下游就多冲沙，多考虑不利因素	排沙不利于综合利用，冲沙水库库容小、寿命短	清水对下游河道的影响
马静庭	综合利用，蓄水拦沙，水位360米高程、初期340米高程逐步抬高，同意初步设计	排沙不能解决下游防洪问题	清水对下游河道的影响
王宝基	综合利用，蓄水拦沙，水位360米高程、初期340米高程逐步抬高，同意初步设计	—	—
王钟岳	综合利用，蓄水拦沙，逐步提高水位，同意初步设计	排沙对灌溉和防洪有影响	冲沙对灌溉的影响
杜镇福	综合利用，蓄水拦沙，逐步提高水位，拦排结合，降低泄水孔高程	—	—
曹太身	—	—	水土保持效果
方宗岱	防洪为主兼顾兴利，拦洪排沙，加大泄量，水位330～350米高程，底孔285米高程，少排粗沙，结构上考虑排沙	只调节洪水淤积更严重	水土保持，水库、河道治理
张寿荫	逐步提高水位，水位350米高程，或缓修，可能影响西安	淹没大，移民有困难	—
陈望祥	综合利用，蓄水拦沙，逐步提高水位	排沙不经济	排沙、拦沙、留底孔
谢鉴衡	综合利用，蓄水拦沙，初期多排沙	—	水土保持效果
何家廉	综合利用，蓄水拦沙，拦沙为主，多排细沙，水位350米高程，分期抬高	—	资料缺少、异重流排沙、水土保持、径流
刘导溥	综合利用，蓄水拦沙，逐步提高水位	坝址优良	清水对下游河道的影响、水土保持
戚葵生	综合利用，蓄水拦沙，逐步提高水位，底孔不大可以不保留	排沙方案不符合经济政策	—
朱鹏程	综合利用，蓄水拦沙	排沙方案不能充分利用坝址优点	清水对下游河道的影响
杨洪润	综合利用，拦粗沙排细沙，水位330～360米高程，逐步提高水位	排细沙不会有多大影响	—

续表 3

姓名	主要观点	理由	认为未搞清楚的问题
王文骐	综合利用，蓄水拦沙，放低底孔，保留施工孔，增加排沙量，水位345～360米高程，逐步提高水位	延长寿命	—
顾文书	综合利用，蓄水拦沙，异重流多排沙	排沙限制效益	—
王福元	综合利用，蓄水拦沙，增加排沙量，多排细沙	—	—
沈坩卿	综合利用，蓄水拦沙	—	—
李蕴之	综合利用，蓄水拦沙，降低死水位，分期抬高水位	水土保持可以做出成效	—
张光斗	适当综合利用，蓄水拦沙，多排无害沙，逐渐抬高水位，设计要灵活，留底孔	—	泥沙问题未知数太多
黄育贤	综合利用，蓄水拦沙，排异重流	—	底孔排沙能力
须恺	综合利用，蓄水拦沙，考虑淹没，适当减小库容，水位350米高程，逐步加高	—	—
周鸿石	综合利用，蓄水拦沙	—	—
梅昌华	综合利用，蓄水拦沙，实事求是地分析利弊	—	水库建成后的问题，淤积范围等
高镜莹	综合利用，蓄水拦沙，水位350米高程，逐步抬高	—	—
王村	水位350米高程，综合利用，逐步抬高水位，多排沙	—	—
王伊复	综合利用，蓄水拦沙，水位360米高程偏高	—	—

三、对讨论会情况的总结

1957年7月，水利部将讨论会的情况向周恩来总理和李富春副总理作了汇报。李富春指示，应同时重视相关的三个环节，即大力开展黄河上中游的水土保持、兴建三门峡工程、整治下游河道，对这三个环节和三门峡工程的各种规划方案应进一步研究。周恩来指示，要根据李富春副总理所提的问题做进一步的分析研究。在这期间，根据周恩来的指示，黄规会致电苏联电站部，说明由于某些问题尚需进一步研究确定，因此请暂缓技术设计。[①]

(一)《关于三门峡水利枢纽问题的报告》

水利部遵照周恩来总理和李富春副总理的指示，进一步对工程各种规划方案、水库上游浸润影响、下游河道治理等问题进行了研究。水利部党组于1957年9月7日向国务院上报《关于三门峡水利枢纽问题的报告》。报告的主要内容如下[②]：

1. 三门峡水库是否能用干流其他水库或支流水库代替的问题。

为了解决黄河的洪水问题，需要大约100亿立方米的库容，为了同时解决黄河的泥沙问题，还需要增加大约250亿立方米的库容。三门峡水库的优点：在地理位置上，控制全流域93%的面积，控制了包括黄河的最大支流渭河在内的绝大多数支流；在地形上可以得到巨大的库容；就地质而言，适宜修建高坝。三门峡水库和干流上曾计划过的龙门、八里胡同、邙山水库以及支流上的水库比较：龙门位于渭河口以上，控制面积小且不能控制汾河和渭河，在坝高120米时，库容只有16亿立方米，地质条件不易建高坝；八里胡同位于三门峡以下，在坝高158米时，库容只有50亿立方米，地质条件不易建高坝；邙山水库由于地质条件太差已被否定；在支流上修建水库，控制面积小、库容小、工程量大且寿命短，不能解决黄河的洪水问题。所以，干流其他水库或支流水库不能代替三门峡水库解决黄河问题。

2. 三门峡水库主要功能能否改为拦洪排沙的问题。

水库如按照拦洪排沙运用，在拦洪时会有一部分泥沙永久淤积，按照最乐观的估计，如果仅仅按照拦洪需要，为了保持50年寿命，水库的设计水位也至少需要340米高程。这样的水库淹没不小，不能兴利，并且不能解除下游洪水的威胁，所以不能修建这样的水库。

3. 泥沙处理问题。

在水土保持完全生效之前，处理三门峡水库泥沙的原则是：在服从下游河道整治的前提下，合理地减少淤积；在适当拦沙的情况下，争取合理排

---

① 王化云.我的治河实践.郑州：河南科学技术出版社，1989：180.

② 水利部党组.关于三门峡水利枢纽问题的报告,1957年9月.黄河档案馆档案，规-1-14.

沙；水土保持逐步实现后，再根据情况调整水库的运用方式。

4. 三门峡水库的综合利用问题。

三门峡水库的任何方案都必须充分考虑华北的灌溉问题，在损失增加不大的情况下能够同时发电的方案，是应当考虑的。

在满足防洪拦沙的要求下，水利专家研究了各种比较方案（从水位 340 米到 360 米高程每隔 5 米做一个方案），认为要使水库寿命不低于 30 年，设计水位不应低于 350 米高程。

在技术设计中，设计人员应当进一步研究水库对上游的影响，并提出防治的措施。水利部已组织专门力量实地考察官厅水库的情况，并已布置研究三门峡工程的相关情况。根据一般经验，水库浸润的影响范围在水位以上 2 米左右，局部会有更大的影响范围。应该积极防止回水对渭河可能造成的影响，措施包括控制渭河支流的洪水和泥沙、导治渭河河道、水库上游放淤、在排水困难和受浸润影响的地区改种水稻等。按照当前的设计，30 年内水位不会超过 350 米高程，肯定不会影响西安和咸阳。

通过这次研究，进一步认识了黄河问题的复杂性。黄河泥沙问题在世界上还没有成熟的治理经验，利用现代技术经验，这些问题的基本规律虽然可以掌握，但具体的数量、过程却不能精确计算。因此，在计算水土保持效益、水库寿命、淹没影响时，要尽量偏重安全。

最后，对三门峡工程的方案提出如下意见：按照 360 米高程设计、按照 350 米高程建成；水库运用中逐步抬高水位；水电站厂房定为坝后式。设计方案确定后，希望大坝建设工程合理地加快进度。在当前情况下，如果黄河发生较大洪水，山东东平湖滞洪区就要开放，这需要迁移赔偿费 4800 多万元。如果洪水流量超过 15000 立方米每秒，就需要开放河南石头庄滞洪区，这需要迁移赔偿费 1 亿元左右。仅仅从这一方面看，尽早完成三门峡工程也是有利的。

（二）《关于三门峡水利枢纽问题向国务院的报告》

1957 年 11 月 3 日，水利部向国务院上报了《关于三门峡水利枢纽问题向国务院的报告》，该报告和水利部党组提出的报告内容大体一致，并着重强调了如下问题[①]：

1. 修建三门峡工程，实属刻不容缓。

“关于三门峡工程的各种争论实质上是对于治理黄河的方向和步骤的争论”，“经过长时期的斗争实践和大量的勘察、调查、研究工作，在今天的技术和政治条件下，人们一致认为，治理黄河的正确方向应该是：上游推行水土保持、中游建筑水库、下游整治河道，三者相辅相成，不可偏废。”在这三个环节中，上游水土保持和下游河道治理，都需要比较长的时间才能生效。而且下游河道逐年淤积，下游洪水威胁的严重程度有增无减，一旦发生百年一遇的洪水，下游的损失将会很大。因此，修建水库调节洪水，减少下游洪水威胁，实属刻不容缓。三门峡工程除了基本上解决了黄河的水灾问题以外，还可利用蓄水发展灌溉和发电，效益是非常巨大的。

2. 三门峡坝址是综合来看最好的坝址。

三门峡坝址具有很多优势，综合来看，干流其他水库和支流水库都不能代替三门峡水库解决黄河下游洪水问题。

3. 三门峡水库的综合利用问题。

在编制《技经报告》时，经过具体研究得出结论：三门峡工程除满足防洪要求外，应当充分发挥综合利用的效能。黄河在三门峡年平均流量为 422 亿立方米，这项水利资源对于黄河下游两岸农业增产将起到巨大作用，要想根本改变华北平原的干旱面貌、保证华北农业生产的根本翻身，以解决粮食问题，都必须利用黄河水资源发展灌溉，所以三门峡水库的任何利用方案，都必须充分考虑华北的灌溉问题。鉴于黄河中游地区工业的急速发展，需要获得廉价的电力，三门峡工程地位适中，是黄河中下游最便宜和最容易开发的水电站。黄河经过三门峡工程的调节后，将使下游几个水电站得到很高的保证出力，因此利用三门峡工程发电是有充分价值的。

4. 三种方案。

通过分析研究提出三门峡水库的三种方案：一是正常高水位 350 米高程，二是正常高水位 355 米高程，三是初期正常高水位 350 米高程，25 年后根据需要正常高水位提高到 360 米高程。每种方案又考虑两种不同的运

---

① 水利部. 关于三门峡水利枢纽问题向国务院的报告，1957：黄河档案馆档案，B16-13-13.

用情况：第一种情况，1967 年以前汛期不蓄水，1967 年以后汛期蓄水；第二种情况，整个水库运用期间汛期不蓄水。关于水库回水对西安和咸阳的影响问题，初步分析认为：当水库水位不超过 350 米高程时，肯定不会影响西安和咸阳，当水库水位达到 360 米高程时，西安的部分郊区可能受到局部影响，目前还不能得出确定的结论，有待以后勘探研究。

5. 综合意见。

大坝按正常高水位 360 米高程设计、按正常高水位 350 米高程建成；水库运用的基本方案是逐步抬高设计水位；水电站的厂房定为坝后式；大坝应增设泄水底孔，底孔位置应该尽可能降低，以适当增大下泄流量和排沙量；在三门峡工程设计方案确定后，希望建设工程合理地加速进行；在技术设计中，进一步研究水库蓄水后水库尾端回水淹没（包括淤积引起的影响）和地下水浸润对上游的影响；加快进行水土保持和支流拦沙库建设。

（三）相关省区对三门峡水利枢纽问题报告的意见

国务院于 1957 年 11 月 23 日将水利部的《关于三门峡水利枢纽问题向国务院的报告》批转给陕西、河南、山西、河北、山东、甘肃等省。国务院在批示中指出：希望组织讨论，提出意见，争取早日定案。批示中还特别提到了几个重要问题：三门峡水库的正常高水位关系到防洪、灌溉、发电、淹没土地和移民问题，究竟多高为宜？水利部的方案（按照 360 米高程设计、按照 350 米高程建成，1967 年前除拦洪外汛期不蓄水或少蓄水，死水位 325～330 米高程，移民水位 338.75～341.5 米高程）是否妥当？水库蓄水后的浸润和回水问题，是否会使土地沼泽化、盐碱化，影响工厂建筑等？水库泥沙淤积速度、三门峡上游水土保持速度、三门峡下游河道泥沙淤积和泥沙入海等问题。[①]

陕西省回文：①水土保持的速度定将会大大加快，规划到 1962 年拦蓄泥沙 2.1 亿吨，到 1964 年控制全部水土流失面积，到 1967 年拦蓄泥沙 4.1 亿吨，占全省输沙量的 75%。应按新情况加快水土保持速度，以减小三门峡水库淤积库容，防洪库容也会比 100 亿立方米小。②水库蓄水后，库区

① 国务院．批转水利部关于三门峡水利枢纽问题向国务院的报告，1957：黄河档案馆档案，B16-13-13.

周围地下水位必将发生剧烈变化，关中平原地带影响范围可能很广。水库回水尾端将发生淤积，并且将逐步向上游延长，还可能受黄河干流洪水顶冲的影响，更将加速泥沙淤积。回水影响尾端淤积的变化，将影响附近各支流河口的淤积，也将会使这些支流影响所及范围的地下水位升高。正常高水位 350 米高程时，渭河两岸浸没影响可达 15～30 千米，西安市北郊 375 米高程地带的工业区很可能受到影响，建议加速这一方面的调查研究工作。③建议正常高水位按 350 米高程设计、340 米高程建成，这样既可满足要求，又可减少淹没耕地 46%，减少移民 50%，缩小水库周围的浸没淤积影响。[①]

河南省回文：同意报告中所提出的方案，并要求三门峡工程提前完成，使黄河早日为人民造福。[②]

河北省回文：要求三门峡工程能修建高坝，这样不但可以根本解决黄河洪水对华北平原的威胁，还可提高调蓄库容，扩大灌溉面积，延长使用寿命。间歇发电不够妥当。正常高水位先设定为 350 米高程，以后再根据需要增高。[③]

山东省回文：同意水利部方案，在水库运用上，最好在 1967 年以前汛期适当蓄水兴利，发电死水位定为 325 米高程，要求 1962 年正常高水位能达到 343 米高程，适当降低水电保证出力，发展下游灌溉面积扩大为 4000 万亩。加速完成水土保持。[④]

甘肃省回文：计划到 1967 年全部控制全省的水土流失面积。[⑤]

四、初步设计获批

1957 年 11 月，国务院认为三门峡工程初步设计符合原《初设任务书》

---

① 陕西省人民委员会.关于三门峡水利枢纽问题报告的意见,1958：黄河档案馆档案,B16-13-16.

② 河南省人民委员会.关于三门峡大坝设计问题的意见,1958：黄河档案馆档案,B16-13-16.

③ 河北省人民委员会.报送对三门峡水利枢纽的意见,1958：黄河档案馆档案,B16-13-16.

④ 山东省人民委员会.关于三门峡水利枢纽工程意见的报告,1958：黄河档案馆档案,B16-13-16.

⑤ 甘肃省人民委员会.对三门峡水利枢纽的意见，1958：黄河档案馆档案，B16-13-16.

的要求，批准了初步设计，并在吸收多方面专家意见的基础上，对技术设计的编制提出了以下意见：

1. 拦河坝和电站坝体按正常高水位 360 公尺设计，拦河坝和电站坝体应按照最高拦水位 350 公尺施工；水利枢纽将在相当长的时间内以正常高水位 350 公尺作为运转水位。

2. 水电站采用坝后式，但须留出 360 公尺时的水力机组的位置。

3. 根据技术上的可能性，必须规定降低拦河坝的深孔低坝，以便增加下泄流量和排泄泥沙量。低坝高程和孔的尺寸应在技术设计内研究后确定。①

根据以上意见，黄规会正式编制了《黄河三门峡水利枢纽技术设计任务书》，要求：拦河坝和电站坝体按正常高水位 360 米设计，建成后工程将长期在正常高水位 350 米高程运转。拦河坝的施工应符合正常高水位 360 米的设计，目前结构物修建到正常高水位 350 米高程；为减少库区移民困难，并保证工程的运转，应逐步提高正常高水位。按初步意见，水库的正常高水位从 1962 年到 1967 年约在 340 米高程，从 1967 年到 1972 年约在 345 米高程，1972 年以后水库的正常高水位将长时间保持在 350 米高程。②

中共中央书记处于 1958 年 3 月 2 日召开会议，讨论通过了《黄河三门峡水利枢纽技术设计任务书》，其中关于泄水孔底槛高程，提出降至 300 米。③1958 年 3 月，以黄河三门峡工程局局长刘子厚为团长、副局长王化云为副团长的访苏代表团，将《黄河三门峡水利枢纽技术设计任务书》交给了苏联列院。双方就三门峡工程的加速施工方案进行了讨论，取得了一致意见，要求加快工程施工进度，较初步设计编制的工期缩短一年。

---

① 黄河规划委员会.编制三门峡水利枢纽技术设计的技术任务书,1957：三门峡水利枢纽管理局档案，T-0-1.

② 黄河规划委员会.编制三门峡水利枢纽技术设计的技术任务书,1957：三门峡水利枢纽管理局档案，T-0-1.

③ 黄河三门峡水利枢纽志编纂委员会.黄河三门峡水利枢纽志[M].北京：中国大百科全书出版社，1993：41.

第三节　三门峡工程现场会

1958年4月，周恩来总理在三门峡工地主持召开了现场会，听取各方面的意见，陕西、河南、山西三省的领导和水电部、黄委会、黄河三门峡工程局的负责人及有关专家都在会上发了言，彭德怀副总理、习仲勋秘书长也参加了会议并发言。这次会议讨论了三门峡工程的规划、防洪、发电、水库寿命、水土保持及工程设计与施工等问题，但都是围绕“泥沙”这个中心问题展开讨论的。

会议首先由三门峡工程局副局长王化云、总工程师汪胡桢分别介绍了三门峡工程的情况，接着由水电部副部长李葆华、河南省省长吴芝圃、陕西省委书记赵伯平、山西省代省长卫恒、黄委会副主任赵明甫、黄河三门峡工程局及有关方面的代表先后发言，然后彭德怀副总理、习仲勋秘书长讲话，最后由周恩来总理作总结发言。

会上主要有两种针锋相对的意见：一种意见是主张在三门峡修建高坝大库。持此观点的人员中，一部分是遵循水能利用的理论，认为坝高库容大，水头也高，电能效益就好；另一部分人员是着眼下游的防洪需要，认为只有大水库才可能拦住上、中游下来的泥沙和洪水，才可能一劳永逸地解决黄河下游的水害。这两部分人虽然出发点不同，但要修建高坝大库的愿望却是一致的。因此，在讨论泥沙会不会很快把水库淤死这个问题上，他们的观点是相近的，即把水土保持工作做好，就可以减少泥沙流入黄河，水库也就不会发生严重的淤积。另一种意见是主张在三门峡只修建一座低坝或者水闸，他们认为黄河的水沙特点是80%以上的雨水和泥沙在汛期，如果把汛期的大量泥沙拦在水库里，水库会很快淤满，防洪作用也随之丧失；他们还认为在43万平方千米的黄土流失区域分期分批进行水土保持是必要的，但不可能短期见效。因此，他们主张在汛期利用大水送沙入海，修建一座低坝，起调节水量的作用。[①]

---

① 张恒国.周恩来与三门峡//中共三门峡市委党史地方史志办公室.党和国家领导人视察三门峡纪实.郑州：河南人民出版社，1996：34—35.

以下是会议主要发言提要[①]：

三门峡工程局副局长王化云：同意水库按照360米高程设计、按350米高程施工，因为这样能够比较充分地发挥综合利用的效益。水土保持的效果十年后最少可减少泥沙30%，争取达到80%。水库下泄流量为6000立方米每秒是合适的。水库排20%～30%的泥沙是可以的，太多不好。如果现在改变设计的话，损失太大。

三门峡工程局总工程师汪胡桢：正常高水位问题的关键是移民问题，这可以从两个方面来想办法，一是缩小库容、减少移民数量，二是延长移民时间。三门峡工程在设计时有许多未定因素，例如：水文资料只有三十几年，用数学方法来推算稀有洪水不准确，可能太大，也可能太小；对于水土保持的效果，所有的估计都带有一定的主观性质；灌溉亩数已经与事实不符，动力需要也未见得与以前一样。所以，水库的设计要留有余地，按照360米高程设计、按350米高程施工是正确的。设计条件不能变动，否则会影响施工，损失很大，停工一年将损失2000多万。

陕西省委书记赵伯平：陕西省认识到治黄是一个刻不容缓的问题，对建设三门峡工程和中央的治黄方针是拥护的，也完全同意快速建成三门峡工程。对几个具体问题的意见如下：第一，治黄问题的本质问题是泥沙问题，泥沙问题解决了，治黄问题也就解决了。泥沙问题的处理影响到三门峡水库的寿命，也影响到工程效益，应该再加强调查研究。在治黄规划上，要尽量以不使泥沙入库为中心，集中力量在库外拦沙，水库只是蓄水。拦泥沙的根本办法是搞水土保持和在支流采取节节筑坝、节节拦蓄。第二，移民问题，有困难，但有信心克服。具体办法是改外迁为内迁，原则是少数服从多数，局部服从整体，目前服从长远。第三，请有关部门及专家再研究一下，水库水位340米、350米高程时西安地下水的情况，渭河回水末端会不会导致泥沙的更多淤积。第四，建议黄河上游水库应提前修建，泾河、洛河、渭河的支流水库也要尽早修建。另外，为了支援三门峡工程，陕西省将用一切力量搞好水土保持。

---

① 黄河三门峡工程局.黄河三门峡水利枢纽水库会议发言汇编,1958年6月.黄河档案馆档案,B16-13-18.

山西省代省长卫恒：完全同意中央提出的治理黄河的方向，并同意水库按照 360 米高程设计、按 350 米高程施工。按照 350 米高程施工，山西省需要移民 7.5 万人、淹没耕地 30 万亩，对山西省来说是有困难的，也是有损失的，但是水库建成后可获得的效益更大。必须高度重视水土保持工作。三门峡工程要尽快修建。

水电部西北水工试验所副所长韩瀛观：支持修建三门峡工程，三门峡工程的综合效益很大，但另一方面损失也很大，有些损失不易弥补或者不能仅仅从经济数字能够说明，如移民、粮食生产等。三门峡工程初期运用应该在保证防洪任务的前提下多灌溉、适当发电，多排沙，减少淤积。建议水库按照 350 米高程设计、按 340 米高程施工。

陕西省民政厅副厅长梁介宾：陕西省的移民人口和淹没数字都很大，水库水位每抬高 1 米就要多移民 2 万余人、多淹没耕地 7 万余亩。移民前有几个主要问题必须研究解决：关于移民迁出后的生产、生活问题，黄规会要求移民迁出后的生活不低于原来的生活水平，但安置区的生活条件比库区差，移民迁出后的生活水平可能降低；关于移民和物资运输问题，存在运输力量不够的情况；关于移民公共财产的划分问题；移民经费不足问题。

水电部副部长李葆华：同意水库按 360 米高程设计、按 350 米高程施工、按 340 米高程蓄水。按 360 米高程设计有两个原因：一是在有特殊情况或新的要求时，可以留有余地；二是因为初步设计是按照 360 米高程设计的，如果要改，三门峡工程的技术设计要推迟大约一年时间，这样解决洪水问题就要推迟一年，是不利的。

李葆华还总结了在规划工作中存在的问题：一是设计问题时考虑不完善，如一般性洪水和特殊性洪水的区别，移民线的问题——原来考虑千年一遇洪水，现在是否可以考虑 20 年一遇，这样有些土地就有 19 年可以耕种，老百姓只需迁至稍微远一点的地方，从而减少移民的数量；二是对支流的治理，特别是陕西结合移民发展灌溉、进行支流治理等抓得不够，到目前没有拿出一个支流水库的设计方案；三是移民问题，1957 年移民经费缩减，给移民工作造成了很多困难；四是对大面积水土保持效果、地下水、浸没、回水等问题的研究都不够。另外，对一些问题的看法也还有不够的地方，比如下泄流量，设计时提出不超过 6000 立方米每秒，将来根据河道情况的变化可能会增大。

李葆华还对两个问题作了说明：一是准备和西北各省一起搞一个具体计划，来观测水土保持的效果究竟有多大；二是由黄委会西北工程局等几个单位合作，对水库周边的地下水、泾河和渭河的回水等问题进行深入研究，以期把这些问题彻底搞清楚。

河南省省长吴芝圃：同意三门峡工程按 360 米高程设计、按 350 米高程施工。得出这一结论的原因是：第一，与黄河争时间，假设黄河发生 36000 立方米每秒的洪水，对水利设施的破坏将会很严重，必须提前做准备；第二，适应经济发展的需要，早搞一年，仅用电一项就有很大好处，对上、下游都有利；第三，满足交通运输的需要。

黄委会副主任赵明甫：同意工程按照 360 米高程设计、按 350 米高程施工。水土保持在 5 年内可以达到一般性控制（50％以下）。

国务院副总理彭德怀："根治黄河水害，开发黄河水利"是全国 6 亿人民共同的大事，特别是黄河流域 1.2 亿人民的大事，一切要从 6 亿人口出发，对 6 亿人民有利的事就做，不利的事就不做。

国务院秘书长习仲勋：同意按 360 米高程设计、按 350 米高程施工，蓄水位先控制在 340 米高程的意见。修三门峡工程不只是为防洪，而是还要综合利用。

会议最后由国务院总理周恩来作了总结发言。他说："因为三门峡水库的淤积问题，引发了一系列争论，主要是因为在制定规划的时候，对一条最难治的河，各方面的研究不够造成的，这次会议只是对这些问题讨论的开始，今后还要继续讨论。黄河洪水总有特殊性，注意防洪是对的。三门峡工程的政治问题解决了，技术问题还没有解决。但'根治水害，发展水利'这个问题是不宜再晚了。"

周恩来总理主要讲了 12 个问题：

（1）明确目标。

就是要明确修建三门峡工程的目标，主要就是防洪，特别是特大洪水，因为别的地方选不到这么合适的。修建三门峡工程不能仅仅解决防洪问题，要分清主从、先后、缓急。三门峡工程也不能孤立地解决防洪问题，一定要配合其他方面的措施。水土保持是建设三门峡工程的基础，水土保持和水利利用问题是最重要的问题。

三门峡工程的设计应该首先解决防洪，而后综合利用，在战略上要宽打宽用，限度是不能危害西安。为了达到三门峡工程的最大利用，在修建三门峡工程的同时，必须积极进行水土保持、整治河道、修建干支流水库。三门峡水库的下泄流量控制在6000立方米每秒之内，对下游是正常的。防洪库容的大小会根据情况的发展发生变化。三门峡水库的死水位至少要减到300米高程，因为降低一点能使泥沙多冲出去一点。

（2）配合三门峡工程的三个规划[①]。

水土保持是治黄工作的中心基础，三门峡工程是主体，没有三个规划，治黄工作就不能全面进行。

（3）控制泥沙问题。

控制泥沙应该多数是拦沙，排沙是少数。拦沙就是做好水土保持工作，把泥沙尽量留在原地；排沙就是水库尽量地排。即使这两项都做好了，水库里一定还有很多泥沙。会议对水土保持的减沙效果有3种估计：一种是激进的，到1960年减少40%、1962年减少60%、1967年减少80%；一种是保守的，到1967年减少20%、50年后减少50%；一种是中间的，10年减少30%、20年减少50%、30年减少70%。要树立对立面作比较，要争取340米高程以下的库容在20世纪不被淤掉。泥沙问题还没有解决，便无法将许多材料说清楚，还需要继续研究。

（4）浸没回水问题。

这个问题技术上还没有能够全面回答，要求黄委会、水电部、西北水利科学研究所进行观察研究。要求3年准备，水库拦水后大力进行，5年内做出初步结论。在观察研究期，要保证不影响西安。

（5）迁移问题。

应首先确定移民线，初步定在338.5米高程，共需迁移30多万人。移民尽量内迁，县城迁移要迁到350米高程以上。保证一切合理要求，中央负责解决。

（6）水库坝高问题。

---

① 三个规划：水土保持规划、整治河道规划和干支流水库规划。

现在的问题是有论据、无数据，所以指标要现实也要注意意外，要争取留有余地，应采取乐观估计、慎重考虑的态度。水库按照 360 米高程设计、按照 350 米高程施工，10 年内水位不超过 340 米高程。

（7）综合利用全面规划问题。

（8）技术问题。

坝体的修建，根据 360 米高程的设计只把高度降下来，其他不变。泄水底孔高程争取降低些。

（9）工程进展问题。

三门峡工程如果提前一年完成，将推动治黄工作的进展。在施工过程中，要求政治与技术结合，政治干部与技术干部都要红透专深。在工地上，领导与群众结合，把生命力燃烧起来，树立模范。

（10）协作问题。

有许多事情要协作，黄委会要做全面研究，提出规划，报告中央。对治水要做典型及全面研究，以无定河为重点进行全面观测研究，全面研究不能排斥重点研究。

（11）多提方案，多讨论。

水电部、黄河三门峡工程局、黄委会对治黄工作都有贡献，各省也都是认真负责的。对治黄要多提方案，一个方案被更好的方案所替代是件好事，个人意见不成熟，大家通过讨论能使治黄治得更好。

（12）依靠群众。

建议中央动员全河流域人民，开展群众性的治河运动。群众力量是一个基本问题，要依靠群众，这样来解决三门峡问题才是不孤立的。

1958 年召开的三门峡工程现场会实际上是一个宏观决策会，对于工程目标、综合利用、下泄流量、深孔高程等都作了宏观性的决定。[①]这次现场会确定了“确保西安，确保下游”的原则，突出了整体利益，适当照顾了局部利益；进一步明确了修建三门峡工程对治理黄河，特别是对下游五省防洪的重要作用；回答了陕西省关于三门峡工程有没有必要修建的疑问。同时，这次现场会还采纳了大坝泄水孔底槛高程降低 20 米的意见，对水库兴建和

① 谢家泽.谢家泽文集.北京：中国科学技术出版社，1995：137.

改建后长期减少库区淤积和淹没损失起到了关键性的作用；进一步统一了大家的思想，周恩来总理提出的“确保西安，确保下游”这两个“确保”的指导思想，成了后来三门峡工程改建所遵循的一条重要原则。[①]

1958 年 5 月，黄规会提出了《对“黄河三门峡水利枢纽工程技术设计的技术任务书”的补充建议》。建议指出，考虑到上游水土保持和支流治理工作正在加速进行，入库泥沙数量可能比预计减少得更快，同时又考虑到水库的淹没损失很大，浸没影响还不能估计，同意技术任务书中提出的方案——按 360 米高程设计、按 350 米高程建成，1967 年正常蓄水位不超过 340 米高程，并希望为了在枢纽建成初期尽量减缓水库的淤积速度，在技术设计中将泄水底孔的最低位置放在 300 米高程；还提出为了充分利用库容，并使泥沙尽量淤积在底部或排除，考虑将死水位降至 325 米高程。[②]

1958 年 6 月，中共水电部党组提出了《关于三门峡泄水底孔降低的补充意见》，认为“将泄水底孔从 320 公尺降到 310 公尺对增加排沙量有显著好处，将底孔从 310 公尺降到 300 公尺，可以进一步改善排沙条件，但究竟有多大好处，还缺乏足够论证。考虑到设计施工的现实条件，如果改变设计，将使拦洪时间推迟一年，工地的窝工浪费也很大，拟同意泄水底孔高程为 310 公尺，不再降低。”[③]

1958 年 6 月，中共水电部党组对这一阶段研究的意见进行了综合，向中央上报了《关于黄河规划和三门峡工程问题的报告》，中共中央将这份报告作为中共八大二次会议的参考文件印发。报告的主要内容如下[④]：

自从中央在 1955 年通过黄河规划和修建三门峡工程的决定以后，治黄问题引起全国人民的关心，并且引发了争论。根据黄河规划的总目标和总方法，修建三门峡工程是在水土保持实现的过渡期间，利用水库的巨大库容拦蓄泥沙。

---

① 王化云.我的治河实践.郑州：河南科学技术出版社，1989：182.

② 黄河规划委员会.对“黄河三门峡水利枢纽工程技术设计的技术任务书”的补充建议,1958 年.黄河档案馆档案，规-1-166.

③ 水电部党组.关于三门峡泄水底孔降低的补充意见,1954 年.黄河档案馆档案，规-1-166.

④ 水电部党组.关于黄河规划和三门峡工程问题的报告//中国水利学会主编.黄河三门峡工程泥沙问题.北京：中国水利水电出版社，2006：5-13.

但是，从1955年到现在，这个规划不断引起疑问，例如，水土保持的效益是否可靠？三门峡水库是否会很快淤死？三门峡工程的淹没这样大，是否必要？是否合理？三门峡水库的淤积是否会引起渭河的严重淤积？渭河的淤积是否会造成严重的回水影响？泾河、渭河、洛河等流域较平坦的黄土区域是否会因三门峡水库蓄水而引起严重的浸没损失？三门峡工程是否可以放弃“蓄水拦沙”而采取“滞洪排沙”的方针？下游河道能否利用清水冲刷进行整治？在整治过程中是否会引起新的危险？根治黄河需要做大量的工作，我国现在是否有这样的经济力量？

虽然规划的主导思想是正确的，但是在过去两年中，实现规划的一系列前提还没有完全实现。要在不太长的时间内，完成像治黄这样伟大的社会主义规划，仍然缺乏足够的保证。由于整个规划的实现缺乏足够的保证，三门峡工程的设计也受到影响。也必须承认，当时的规划和三门峡工程的设计在技术上还有不够完善的地方。通过四年来的实践和研究工作，并且经过多次讨论，对原来的规划和设计都有所修改与完善。其中有些问题，还需要在今后实践中继续研究和解决。

对水土保持的效益，应当进一步组织观测和研究工作。三门峡工程设计方案假定到1967年减少入库泥沙20%，到1977年减少50%，一般认为这样估计显然偏低了。陕西省估计到1962年减少39%，到1967年减少75%，这样的估计也可能偏高，也可能实现。由于实际资料不够，这个问题可以不再争论下去。

在各次讨论中，专家们几乎都一致肯定了修建三门峡工程的必要性。大家认为，在上游水土保持和下游整治兴利的基础上，为了充分地控制洪水和泥沙，把威胁下游的洪水调节为利水，把有害下游的粗沙拦存，将细泥送下；为了合理利用黄河的水利和水力资源，支持下游五省的灌溉和有关地区的工业，都必须在中游干流上兴建大型水库。三门峡工程正是这样一个承上启下的中心枢纽工程。

在治黄初期，水土保持还没有显著见效、干支流水库还没有建成的时候，三门峡工程将起到控制下游洪水和泥沙的决定作用。随着水土保持的逐步见效、干支流水库的逐步建成，三门峡工程的作用将有所变化。

在任何时期，三门峡工程都必须不危及西安和咸阳两市的工业基地，这是修建三门峡工程的前提。目前，三门峡工程的任务应以防洪为主、综合利用为辅。根据以上原则，最后讨论中大家一致同意：三门峡大坝按最高洪水位360米高程设计，使大坝的基础有最大的安全；大坝按350米高程建成，使大坝的运用留有余地；三门峡河底高程为275米，坝顶高程初步定为353米，坝体高78米；在1967年前，三门峡工程的最高洪水位应控制在340米高程以下，以减少近期的淹没损失。水库的死水位降为325米高程，水库的泄水底孔降为300米高程，这样就可以为水库排沙准备更多的条件。目前，防洪库容可以考虑降为80亿立方米，发电的保证出力大约是20万千瓦，装机容量约75万千瓦，年发电量36亿千瓦时。工程在灌溉方面的任务和原来规划不同，工程应当拦蓄黄河过量的洪水，以便在枯水年和枯水季对下游两岸广泛的中小型引水、蓄水工程起总的支持作用。

从现在起到1967年，移民线定在338.5米高程。初步统计，在340米高程以下的移民数：陕西省23.6万人，河南省4.8万人，山西省3.8万人，共计32.2万人。在338.5米高程以下的移民数应当略低于此数。三门峡水库的淹没区是陕西、山西、河南三省的粮棉高产区，移民的任务是繁重的，其中陕西省的任务最重。在讨论中，这三个省认为，移民远迁困难很大，就目前条件，应当确定就近迁移的原则。山西和河南两省移民较少，本省都可以安置。陕西移民较多，在积极发展水利的条件下，本省也可就近安置大部分，如果本省安置还有困难，山西省表示可以安置一部分。具体计划各省自行研究确定。

水库回水和浸没影响的问题，关系到库区周围和水库上游广大人民的生产和安全，我们过去研究得不够，现已加强这方面的勘测研究。今后结合工程蓄水后的实际观察，争取在第二个五年计划时期搞清这个问题。

工程蓄水对西安和咸阳两个城市有无影响？西安市城区的高程是400～410米，整个市区从东南（420米以上）向西北（380米）及北（草滩镇372米）倾斜。咸阳市的高程是385～390米。影响这两城市浸没的因素有3个：第一是水库的水位，第二是渭河的淤积情况，第三是当地的水文地质条件。现在看来，可以达成的一致认识是：当三门峡水库水位不超过340米高程时，两个城市绝不可能受到影响；当水库水位达到350米高程时，西安市城区和咸阳市也不可能受到影响。目前的问题是：当水库水位达350

米高程时，距西安市城区10多千米的北郊草滩镇一带，是否会受到影响。按照最严重的估计，如果水库尾端淤积比较严重，影响渭河口的淤积向上发展，在这种情况下，可能使渭河在西安附近的水位较建库前抬高，因而也将在不同程度上影响到西安市区的地下水位。目前，西安市大部分地区的地下水位在地面下很深，即使稍有抬高，也不致发生问题；但是个别地区，如草滩镇一带的地下水位较浅，现在排水就有一定困难，将来是否会进一步恶化，这是值得研究的。应当说明，影响西安市地下水位的关键是渭河口的淤积程度。如果按照上述措施，渭河和黄河干流的含沙量能够逐渐减少，水库和渭河口的淤积不严重，渭河在西安处的水位就不至于受到回水影响，因水库而引起的浸没问题也将不会发生。

经反复研究和权衡利害后，我们认为：大坝按360米高程设计、按350米高程建成，1967年前蓄水位不超过340米高程的方案，更能照顾整体与局部、长远与目前的利益。三门峡工程的寿命，如果采取一个中间的估计，假定1967年减少进库泥沙50%、1977年减少80%，三门峡工程的最高水位在1967年前可以维持不超过340米高程，在进入21世纪的时候，水库的最高水位仍可维持不超过350米高程。按照这样的安排，三门峡工程有足够的保证来担负它的历史任务。

1959年10月13日，周恩来总理在三门峡工地再次主持召开了有中央有关部门和河南、陕西、山西等省负责人参加的现场会。会议讨论了三门峡工程1960年汛期的拦洪蓄水高程，根据计算分析，当出现千年一遇洪水时，水库拦洪水位为335米高程左右，出现两百年一遇洪水时，拦洪水位为332.5米高程，确定三门峡工程1960年汛前移民高程线为335米，近期最高拦洪水位不超过333米高程。按335米高程线，全库区实际需要移民40.37万人、淹没耕地90万亩。库水位335米高程时，相应库容为96.4亿立方米，水库面积为1076平方千米。[①]

① 黄河三门峡水利枢纽志编纂委员会.黄河三门峡水利枢纽志.北京：中国大百科全书出版社，1993：43.

第四节 技术设计

按照中国方面所提出的要求，苏联列院于1959年底全部完成所承担的技术设计任务。

一、工程布置[①]

三门峡工程主坝为混凝土重力坝，选定位于鬼门岛下游的Ⅲa坝轴线，坝轴线横穿狮子头和神门岛尖及左岸半岛上游。设计的正常高水位为360米高程，主坝顶长739米（不含插入右岸的副坝——斜丁坝224米，下同）。第一期工程大坝坝顶先修筑至353米高程，相应的主坝坝顶长713.2米，最大坝高106米。设计确定在第二期工程时可将主、副坝顶部再加高10米。

主坝自右岸至左岸分别为右岸非溢流坝段、安装场坝段、电站坝段、隔墩坝段、溢流坝段、左岸非溢流坝段。

右岸非溢流坝段：长223米，位于安装场坝段的右首，坝轴线为曲线形。

安装场坝段：位于电站坝段的右首，长48米，分三段，每段长16米。

电站坝段：坝顶宽20.2米，坝顶高程为353米，分八段，每段长23米，总长184米，在第五段处的坝高为106米。在300米高程处，每段都设有宽7.5米、高15米的进水口，进水口外设拦污栅，内设检修闸门和主闸门各一道。主闸门用起重量550吨的液压提升机担任启闭设备。主闸门以内为钢质压力水管，开始为长方形管，接着是方变圆的渐变段，再进为直径7.5米的圆管，末端和电站厂房的水轮机蜗壳相连接。钢管管壁厚度自22毫米到40毫米。

隔墩坝段：位于电站坝段的左首，只有一段，长23米。隔墩向上游延伸为混凝土纵向围堰，向下游延伸为隔墙，直达张公岛。张公岛的下游

---

① 黄河三门峡水利枢纽志编纂委员会.黄河三门峡水利枢纽志.北京：中国大百科全书出版社，1993：43-44.

有混凝土挑水坝一座。在左右岸上、下游横围堰存在的时期，隔墩及其延长部分成为基坑的纵向围堰，工程完成后隔墙即成为溢流和电站尾水的分界墙。

溢流坝段：长 124 米、高 75 米，分为八段。在高程 280 米和 300 米处各设有施工导流底孔和深水孔 12 个，每孔的断面尺寸均宽 3 米、高 8 米。在第一、二段的 338 米高程处设有两个表面溢流孔，每孔断面尺寸宽 9 米、高 15 米。这些泄流孔里都装设平板闸门。坝顶上设起重量 350 吨的门式起重机，往来行走于溢流坝和电站坝体间，供启闭溢流孔闸门、电站坝体检修闸门和清理拦污栅使用。

左岸非溢流坝段：长 137.28 米，位于溢流坝段的左首，坝轴线为曲线形。

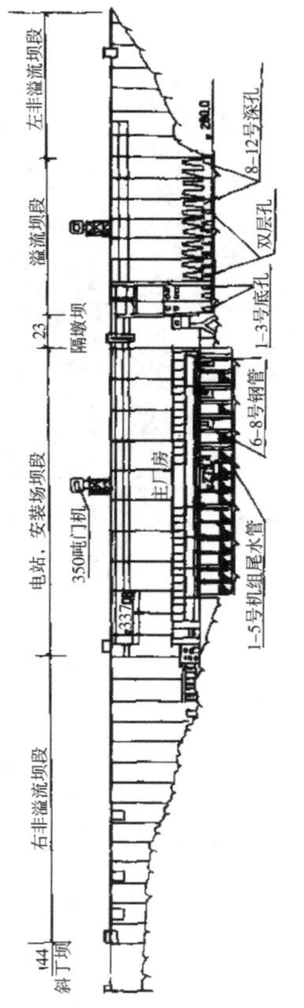

图 4–2　三门峡大坝下游立视图[①]

① 杨庆安等.黄河三门峡水利枢纽运用与研究.郑州：河南人民出版社，1995：插图.

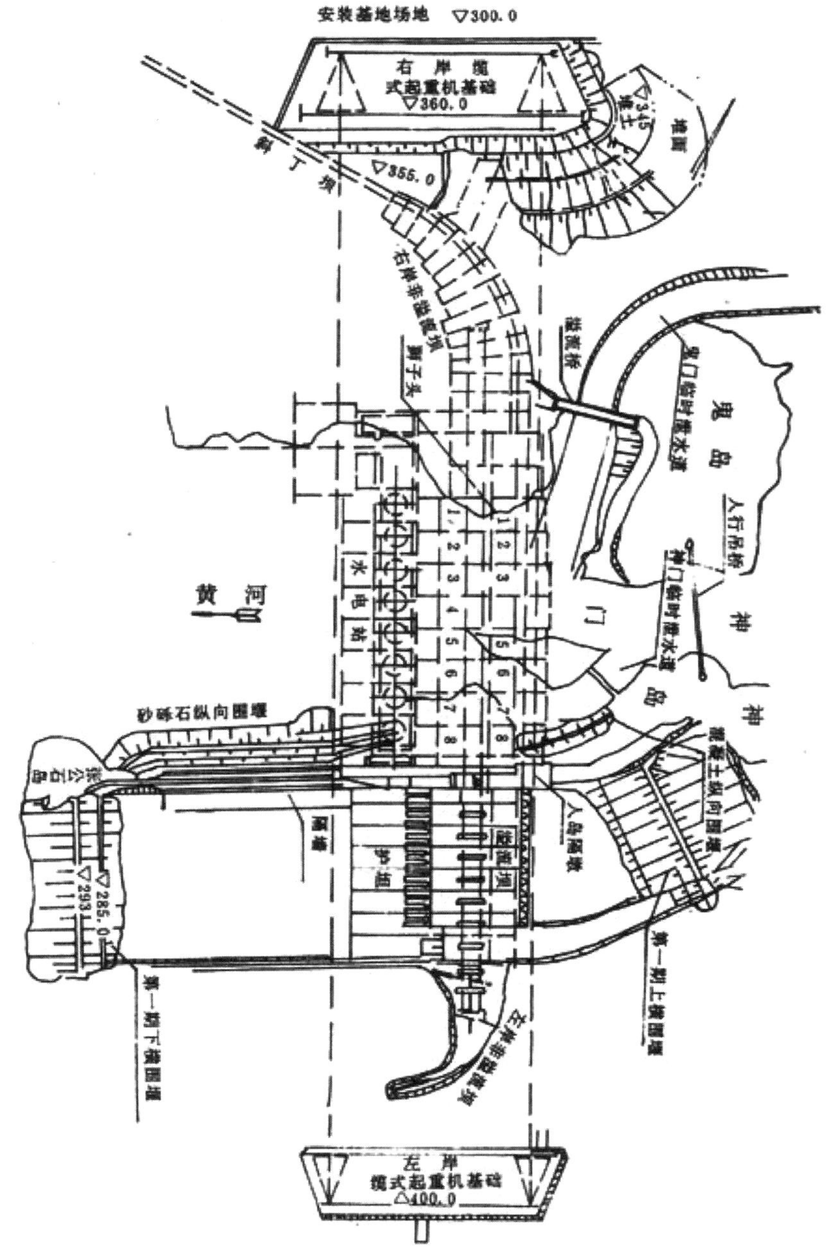

图 4-3　三门峡工程平面布置图[①]

---

① 黄河三门峡水利枢纽志编纂委员会.黄河三门峡水利枢纽志.北京：中国大百科全书出版社，1993：45.

副坝亦称斜丁坝：为混凝土心墙土坝，长 224 米，顶部高程为 350 米，最大坝高 24 米。该坝位于右岸非溢流坝段的右侧，插入黄土层内，与右岸闪长玢岩岩层相连接。

水电站主厂房位于电站坝段和安装场坝段的下游，厂房全长 220 米、宽 26.2 米、高 22.5 米，分为九段，右首一段为安装间，左首八段为发电机间。厂房上方设起重量为 350 吨的桥式起重机两台。设计装水轮发电机组 8 台（第一期工程只装 7 台），水输机型号为PO720－BM－550，发电机型号为CB1260/20－060，每台容量为 14.5 万千瓦。

11 万伏开关站布置在右岸非溢流坝第二、三、四坝段的下游，22 万伏开关站布置在斜丁坝下游。

坝顶设起重量为 350 吨的门式起重机两台，用以启闭溢流坝深水孔闸门和电站进水口检修闸门。电站进水口的快速工作闸门则由专门的 550 吨 /300 吨（支持力 / 起重量）的液压启闭机操作。

表 4-7　三门峡工程第一期主体工程设计工程量[①]

工程项目	单位	数量
土方开挖	万立方米	27.1
石方开挖	万立方米	86
混凝土浇筑	万立方米	213
基础表面灌浆	米	11000
深孔灌浆	米	8300
金属结构安装	吨	14700
水力机械设备安装	吨	2600
水力动力设备安装	吨	5000
电力设备安装	吨	15000

二、工程主要设计指标[②]

关于水库淤积及正常高水位。根据中方提供的水土保持减沙效果，列

① 黄河三门峡水利枢纽志编纂委员会．黄河三门峡水利枢纽志．北京：中国大百科全书出版社，1993：43.

② 杨庆安等．黄河三门峡水利枢纽运用与研究．郑州：河南人民出版社，1995：19.

院在设计中采用水库运用5年后，即到1967年的入库泥沙量比原有的年平均沙量13.8亿吨减少20%，水库运用到50年后泥沙减少50%。按此计算，工程运用5年库区淤积泥沙65亿立方米，运用50年淤积泥沙336亿立方米。关于工程正常高水位的选择，是从345米起至370米高程，每隔5米作一方案进行比较。从库区的淹没补偿、水能利用和工程投资等多方面进行分析研究和比较后认为，正常高水位不应低于355米高程，若50年后尚需满足相当数量的灌溉、发电要求，则比较合理的正常高水位应为360米高程，而360米高程的正常高水位是保证工程正常运用40～50年所必需的最低高程。

水库正常高水位360米高程，死水位325米高程，相应水库容积为647亿立方米，淹没面积3500平方千米，可将千年一遇洪水（推算洪峰流量37000立方米每秒）的下泄流量减至黄河下游堤防的安全泄量6000立方米每秒。

水电站安装发电机组8台，每台机组容量为14.5万千瓦，总容量116万千瓦，年发电量60亿千瓦时。厂房定为坝后式。

上、下游灌溉面积6500万亩，调节下游河道水深常年不小于1米，从邙山到入海口通航500吨拖轮，通过坝体的航道轴线位置选择在左岸。

第一期工程按正常高水位350米高程施工，相应库容354亿立方米，淹没面积2300平方千米，死水位330米高程，相应死库容59亿立方米，装机7台，总容量101.5万千瓦。

第五节 设计阶段的科学研究

一、初步设计中的科学研究

由于黄河的自然条件很独特，同时在三门峡工程中需要采用一些新型结构，因此，在初步设计阶段，列院就提出了不少问题，要求苏联各科学研究机构和高等学校协助解决。承担研究任务的科学研究机构主要有列宁格勒全苏水工科学研究院、列宁格勒加里宁工学院和国立水文研究院等。

根据问题的性质大体可分成3类：第一类是黄河流域特别突出的问题，例如，三门峡工程的淤积和排沙等；第二类问题是工程设计时必须研究的一般问题，主要是水工试验、混凝土骨料的选择、水质的分析、配合比的设计、混凝土标号分区等；第三类问题是在设计单位提出方案后，根据具体要求提出的一些问题，如坝内式厂房的应力分析、空心坝体的胶体模型试验等。这里主要介绍一下水库淤积和异重流试验等情况。

（一）水库淤积

水库泥沙问题由苏联泥沙专家列维在苏联进行试验研究，他曾来华实地考察过一次。他结合当时各国研究异重流的最新情况，对黄河泥沙进行了综合分析，根据这些资料提出黄河泥沙很细，因此有发生异重流的条件。他还在实验室观察异重流泥沙的运行规律，得出了初步的关系式。

苏联方面的专家做了三门峡工程的模型试验。通过试验，他们初步认为：由于黄河的泥沙量较渭河要大很多，因此在黄河河谷内的淤积较渭河河谷要快很多，于是，黄河泥沙可能侵入渭河区域而形成一个淤积高台，这一高台在水库水位降落时是可以被冲开的。在水库淤高时，由大坝底部泄水孔来冲刷淤积是没有效果的，仅是在泄水孔附近形成不大的漏斗，只有在水库排空时，采用专门设施或在水流速度超过每秒1米时，才有可能冲刷沉积的泥沙。[①]

苏联专家在1956年5月提出的《黄河水库淤积计算方法》报告中，将水库淤积的全部过程概化为3个主要阶段：第一阶段，在黄河至渭河汇流处河床范围内的库区淤积，在这个时期内，渭河范围内的水库库底也同样发生部分淤积，最细的泥沙将沉积在水库下段；第二阶段，在渭河范围内的库区被黄河和渭河泥沙所淤积，最细的悬移质将继续淤积在水库下段；第三阶段，黄河的泥沙在下段淤积。库区淤积是逐年向前推进的，第一阶段干流的泥沙淤积很快（渭河较小），第二阶段是黄河和渭河的冲积物在下移后相汇合，第三阶段是汇合后同时向下移动。部分细沙随异重流冲到下游，粗的泥沙在上面淤积，渭河部分淤积的比干流慢。试验报告认为第二阶段的

① 列宁格勒设计院.黄河三门峡水电站水库淤积试验，1956：黄河档案馆档案，B16-9-17.

水库淤积计算最困难，因为黄河、渭河的悬移质泥沙沿程能被挟带的长度还未完全弄清楚，这个问题只有在水库蓄水的情况下才能解决。对于三门峡水库的淤积形态，苏联专家认为：当黄河三角洲与渭河三角洲相遇并转向水库下游发展后，发生在渭河的溯源淤积将逐步停止发展。①

列维还分析了其他一些国家的水库资料，如阿尔及尔一条河流的水库，泥沙淤积形成的纵向坡度小于原来河底的坡度，而且淤积越厚，水库纵向坡度也就越小，因此水库淤积坡度是极小的。由此，列维认定泥沙淤积不会超过库区范围。②从入库泥沙量的多少和正常高水位高低的关系考虑，他认为如果按预估的入库泥沙减少速度，水库可有百年的寿命。

最后，苏联专家认为：关于泥沙淤积的问题是相当复杂的，对这个过程的研究还不够深入。③

（二）异重流

苏联专家所做的试验表明，当含沙量大于每立方米10千克时，无论入口的淤积三角洲发展多大，均将发生异重流，同时扩散几乎立刻布满全槽，然后缓慢移向出口，一部分排出，一部分在槽尾发生反浪后折回。当含沙量为每立方米5～10千克时，发生不稳定流；当含沙量为每立方米2～5千克时，只能发生表面流。实验表明，只利用深孔而不用辅助的排沙措施，冲沙是不会有效果的，冲开的小坑宽仅为底孔宽的2～3倍。

根据试验资料，苏联方面的专家认为：黄河泥沙中粒径小于0.01厘米的占40%，在洪水期内含沙量远大于每立方米10千克，这种细颗粒泥沙将形成比重为1.01～1.15的异重流，并将沿河槽向坝身推进，其中一部分可能被排到下游，较粗的泥沙则全部留在水库回水曲线的首端。在非洪水期内含沙量不大于每立方米10千克，所以无异重流发生，泥沙将全部留在水库内。在水库蓄水时，自然将会有更多泥沙沉积在水库内；可是只要有异重

---

① 列宁格勒工业大学工程水文学教研室.黄河水库淤积计算方法的初步意见,1956：黄河档案馆档案，规-3-13(1).

② 汪胡桢.我和祖国的山山水水.中国水力发电史料，1992(2)：50.

③ 国家建设委员会黄河三门峡水电站初步设计审核办公室.黄河三门峡水电站初步设计苏联专家报告汇编.1957：6.

流发生，当异重流行进到坝前时，除一部分倒退升高外，另一部分则可以从深孔排出，排沙约20%。[①]

（三）推移质和黄土塌岸问题[②]

由于黄河推移质泥沙的资料不足，因此，在初步设计时没有考虑进去。根据苏联一般山区河流的资料可知，这些河流的推移质泥沙约占总沙量的5%～10%。黄河的坡度要比山区河流平缓些，因此，黄河的推移质泥沙可能小于5%。另外，黄河泥沙观测的精确度很差，其误差可能大于5%。因此，苏联专家认为推移质泥沙对水库淤积影响不大。

黄土塌岸问题同样没有资料，因此初步设计也没有考虑。为了研究这个问题，需要水库区的黄土区及水库区以外黄土区的地质、地形等资料。

二、对于底孔高程的研究[③]

初步设计将底孔高程定为320米，其理由是：在水库蓄水后，由于进库水流减缓，黄河所含的较粗泥沙将在水库的上游逐段停积，根本不能带到坝前。只有在汛期含沙量超过每立方米8千克时，一部分较细泥沙才能在水库底部形成异重流，并被带到坝前。根据苏联所做的模型试验，异重流由于惯性作用能爬过泄水底孔的高槛泄出。因此，苏联专家认为，底孔高程定为320米可以起到同样的排沙效果。

后来，在中国所做的模型试验说明，异重流在爬过泄水底孔的高槛时，排沙效果很差。因此，在审查初步设计时，中方专家建议将泄水底孔高程降低。

在技术设计期间，苏方专家对降低泄水孔高程做了进一步的试验研究后认为，异重流爬高时，由于和清水混合，将减少排出沙量，加快坝前淤积。但当底孔高程以下部分淤平以后，异重流就不需要爬高，排沙能力就与底孔高程无关了。将泄水底孔高程放在320米时，底孔以下部分需要14

---

① 沈崇刚.三门峡水利枢纽初步设计中的科学研究工作.中国水利，1957(3)：9-11.

② 国家建设委员会黄河三门峡水电站初步设计审核办公室.黄河三门峡水电站初步设计苏联专家报告汇编.1957：专家解答的问题第4页.

③ 水电部党组.关于三门峡泄水底孔降低的补充意见，1954：黄河档案馆档案，规-1-166.

年半才能淤平，在这一期间由于异重流受到爬高的影响，只能排出 27 亿立方米泥沙；将泄水底孔高程放在 310 米时，底孔以下部分只需 6 年多即可淤平，以后异重流就不需要再爬高，这样，在 14 年半内排沙总量为 38.5 亿立方米；将泄水底孔高程放在 300 米时，底孔以下部分只需 1 年即可淤平，这样，在 14 年半内排沙总量为 44 亿立方米，比底孔高程 310 米多排 5.5 亿立方米泥沙。但是，泄水底孔高程越低，造价和工程费用越高。根据泄水底孔在不同高程时的排沙效益和造价的比较，他们认为将泄水底孔降至 310 米高程比较经济合理；如果再降到 300 米高程，增加排沙量不多，造价却增加，将来检修也不方便。

北京水利科学研究院泥沙研究所专家的意见是：第一，如果将泄水底孔高程由 310 米降到 300 米，在 14 年半的时间内增加的排沙量可能不止 5.5 亿立方米；第二，泄水底孔抬高，不仅加速底孔以下的坝前淤积，而且将影响到库区其他部分的淤积；第三，泄水底孔以下部分淤平后，将使通到大坝的河底变得平缓，底孔越高，河底越平，这是否将影响异重流的下泄，还有一定的疑问。

三、三门峡水库淤积模型试验[①]

关于三门峡水库淤积问题的试验研究工作，遵照周恩来总理和水电部的指示，黄委会于 1958 年 9 月提出了三门峡水库野外大模型设计要点。该项工程由黄委会主持，参加的单位有黄委会水利科学研究所、水利水电科学研究院河渠研究所、西北水利科学研究所及西安交通大学。模型试验场地设在陕西武功，占地面积共 10 万平方米。模型净面积 4 万平方米，共有整体变态大模型、整体变态小模型和渭河局部变态模型 3 个模型。整体变态大模型根据设计指标及异重流运动相似条件设计，水平比例 1:300、垂直比例 1:50；整体变态小模型，水平比例 1:500、垂直比例 1:150。上述两个模型的试验范围为上自黄河安昌段及渭河咸阳段，下至三门峡坝址。渭河局部变态模型，水平比例为 1:220、垂直比例为 1:40，试验范围包括北

---

① 黄河水利委员会三门峡水库模型试验场.三门峡水库淤积问题模型试验研究报告,1960 年 5 月.黄河档案馆档案，B16-9-13.

洛河库区部分河段。模型试验研究的时间过程为20年，相当于从1961年到1980年。按1963年后黄河的水沙量，考虑水土保持措施、支流拦沙水库及灌溉引水的影响，20年的年平均入库水量为219.2亿立方米，年平均入库沙量为5.2亿吨，水库运用采取逐步提高正常高水位的原则，1961—1978年按340米高程运用，1979年按345米高程运用，1980年按350米高程运用。模型试验于1958年冬筹建，1959年5月1日试水，同年8月开始正式试验，至1960年8月完成了试验。

在整体大模型中，异重流除了个别一次曾出库以外，其余均在黄河灵宝段以上扩散消失，异重流所携带的泥沙极大部分都淤积在黄河和渭河的交汇区。水库库容迅速降低，到1972年，在340米高程以下的库容减少44%，而且极大部分泥沙都淤积在有效库容内。根据水利水电科学研究院河渠研究所的分析成果，到1961年以后通过异重流下泄的泥沙不会超过总沙量的7%。三门峡水库潼关以上库区淤积量占库区淤积量的80%～90%以上，试验期的20年内，在所给定的来水来沙及库区水位的条件下，不考虑推移质泥沙，回水并未影响西安。至于地下水受渭河的影响及其变化问题，需要另外进行调查研究。

表4-8　三门峡工程设计过程中主要指标的演变

	正常高水位高程/米	下泄流量/立方米每秒	泄水孔底槛高程/米	死水位高程/米	运用方式
技经报告	350	8000	—	—	蓄水拦沙
初步设计	1967年以前为350，1967年以后为360	6000	320	335	蓄水拦沙
技术设计	按360设计、350建成，1967年前不超过340	6000	300	325	蓄水拦沙

第五章

三门峡工程的建设

1957年4月13日，三门峡工程正式开工，1958年11月实现截流。1959年7月，大坝按经济断面全线浇筑到310米高程，同年，汛期实现了部分拦洪。1960年6月，大坝按设计断面全线浇筑到340米高程，达到全部拦洪的标高，工程具备了拦洪蓄水条件。1960年9月，主体工程基本完成，三门峡工程提前蓄水运用。1961年4月，大坝全断面全线浇筑到353米高程第一期工程的坝顶设计标高，工程基本完工，较原设计的工期提前了一年多。

第一节　施工机构

一、机构组建

1955年7月，全国人大一届二次会议批准了国务院提交的《关于根治黄河水害和开发黄河水利的综合规划的报告》，决定兴建三门峡工程。1955年12月6日，国务院常务会议决定组建黄河三门峡工程局，由该局承担三门峡工程的施工任务。任命刘子厚（当时为湖北省省长）为黄河三门峡工程局局长，王化云、张铁铮、齐文川为副局长。当时刘子厚正在中央党校学习，所以1956年1月，黄河三门峡工程局先在北京成立筹备机构，随即开展工程的筹建工作。由水利部和电力工业部分别提名汪胡桢、李鹗鼎为黄河三门峡工程局的总工程师。1956年7月27日，黄河三门峡工程局从北京迁到三门峡工地的大安村办公，同时在北京成立了黄河三门峡工程局驻京办事处。黄河三门峡工程局业务上受黄规会领导，政治上受中共河南省委领导。

当时，遵照国务院关于精简机构的精神，并根据三门峡工程的规模和主要工程项目采用全盘机械化施工的情况，同时参照我国的丰满、佛子岭、梅山和狮子滩等水利水电工程的施工经验，还参考苏联卡霍夫卡水电站建设局的机构和人员组成，黄规会向中央呈送了《黄河三门峡工程局的组织机构和干部调配意见》的报告。1956 年 3 月 9 日，邓小平批复了上述报告。1956 年 6 月 22 日，黄规会又提出了调配干部的具体方案。同年 7 月 5 日，中共中央通知国家计划委员会、国家经济委员会、水利部、电力工业部、铁道部、交通部、卫生部、公安部、高等教育部等部委的党组和中共河南省委、山东省委、湖北省委、上海市委，要求各有关部门和地区的党委、党组，按照黄规会给黄河三门峡工程局调配干部的名额、条件和调集日期立即进行人员抽调。

1956 年 8 月 15 日，中共河南省委作出《关于调整三门峡工地工作领导组织形式的决定》，决定成立中共黄河三门峡工程局委员会，其任务是统一领导工地的各项工作，领导各工程建设单位的党组织。中共黄河三门峡工程局委员会受中共河南省委领导，刘子厚为黄河三门峡工程局党委第一书记、张海峰为第二书记、王化云为第三书记。

国务院批准组建黄河三门峡工程局以后，黄河三门峡工程局立即开始调集施工队伍的工作。在水利部和电力工业部的支持下，调来水电总局的第一机械工程总队（包括官厅水库、陡河水库的一部分）、四川狮子滩水电建筑工程队、淮河水利委员会建筑工程局第一和第五工程队；在交通部的支持下，从山东、河南、山西调来公路部门的施工力量；在中央军委的支持下，从成都军区、南京军区调来一批汽车驾驶员和修理工；从北京、上海、辽宁等 5 个省（市）的许多工厂调来优秀技术工人组成规模较大、设备完善的中心机械修配厂的工人队伍；河南、山东、河北三省还从农业部门抽调了 6000 多名青壮劳力支持三门峡工程建设。[①]

---

① 中国水利水电第十一工程局志编纂委员会.水电十一局志.1995：154.

1956年8月，从福建省抽调了当年随军南下的84名地级和县级干部及其有工作的配偶，先后从湖北、河南、山东三省调集165名行政干部，从黄委会调集93名行政干部和214名技术干部，接收了197名大专院校毕业生，还有成建制调入的施工队伍（包括干部）。从1956年下半年起，陆续从各有关部门和省（市）调来干部2968人，其中行政干部1745人、党团工会干部241人，有省级干部6人、地级48人、县级225人、科员280人和其他管理人员及办事员等；技术干部975人，其中总工程师2人、副总工程师2人、主任工程师8人、工程师43人、助理工程师12人、技术员183人、助理技术员100人和其他技术人员及大专毕业的实习生等。①

1956年8月，黄河三门峡工程局劳动工资处成立，立即担负起组织施工队伍的任务。上述这些成建制的施工队伍，从1956年2月开始陆续进入工地，当年年底职工总数达到9328人。1957年，本着“以主体工程为主，同时保证辅助企业劳动力供应”的方针，劳动工资处进行了繁重的劳动力调配工作。1958年，工程进展加快，年底要实现截流，因而对劳动力需求猛增，到当年年底职工总数达24929人。②

1958年底至1959年初，先后从三门峡工程局抽调374名干部支持刘家峡、青铜峡、丹江口等8个水利水电工程，其中党政干部241人（处级23人、科级44人、一般干部174人）、技术干部123人（主任工程师以上4人、工程师及助理工程师9人、技术员110人）。1960年至1961年初，先后精简下放干部248人，其中技术干部17人。1961年陆续抽调350名干部支援列车电业管理局等单位。1962年抽调531名干部支持河南地方建设。1965年10月至1966年4月，先后抽调各类干部511人支援四川龚嘴水电站。1968年11月至12月，陆续安置北京水科院、勘测设计院等单位“疏散”到三门峡的干部及家属143户，计516人（其中大多数是技术干部）。③

在1957年至1964年的三门峡工程原建工程施工阶段，全局年平均职

① 中国水利水电第十一工程局志编纂委员会.水电十一局志.1995：150.

② 中国水利水电第十一工程局志编纂委员会.水电十一局志.1995：154.

③ 中国水利水电第十一工程局志编纂委员会.水电十一局志.1995：150.

工人数为13017人，其中工人为9897人。1959年是施工高峰期，该年全局职工人数为22848人。①

二、机构设置

三门峡工程施工初期，黄河三门峡工程局设置职能和生产(业务)两个部门，职能部门共设置13个处(室)；生产(业务)部门共有11个分局(厂)。1958年设计分局改为设计处，1959年设计处又合并到生产技术处，同年房屋建筑分局合并到筑坝一分局，变为9个分局(厂)。1959年11月为适应安装任务需要，由机电分局抽调出部分力量成立了安装分局。

三门峡工程局的主要生产部门情况如下②：

筑坝一分局：承担土石方开挖、基坑围堰填筑、电站厂房建筑及专用铁路改建的路基工程等工作。

筑坝二分局：承担大坝混凝土浇筑工程、大坝基础及接缝灌浆工程、大坝冷却等工作。

砂石厂：设在灵宝县的梨园庄，承担砂石料开采、筛洗和装车等工作。

混凝土拌和厂，承担砂石骨料和水泥等混凝土原材料的接收与贮存、混凝土拌和、制冷厂运行等工作。

机电分局：承担施工机械运行、电力电讯线路的布设与维修、供水供风系统的运行及维修、金属结构件和大型设备安装等工作。

辅助企业分局：承担机械和汽车大修、金属构件制造等工作，在湖滨企业区设有中心机械修配厂。

铁路分局：承担从灵宝到坝址区的砂石骨料运输、铁路专用线营运等工作。

交通运输分局：承担汽车运输和公路维修等工作。

物资供应分局：承担设备和材料的采购、储运和供应等工作。

各分局(厂)下设科室、中队和班组，组成施工体系。

---

① 黄河三门峡水利枢纽志编纂委员会.黄河三门峡水利枢纽志.北京：中国大百科全书出版社，1993：54.

② 黄河三门峡水利枢纽志编纂委员会.黄河三门峡水利枢纽志.北京：中国大百科全书出版社，1993：54.。

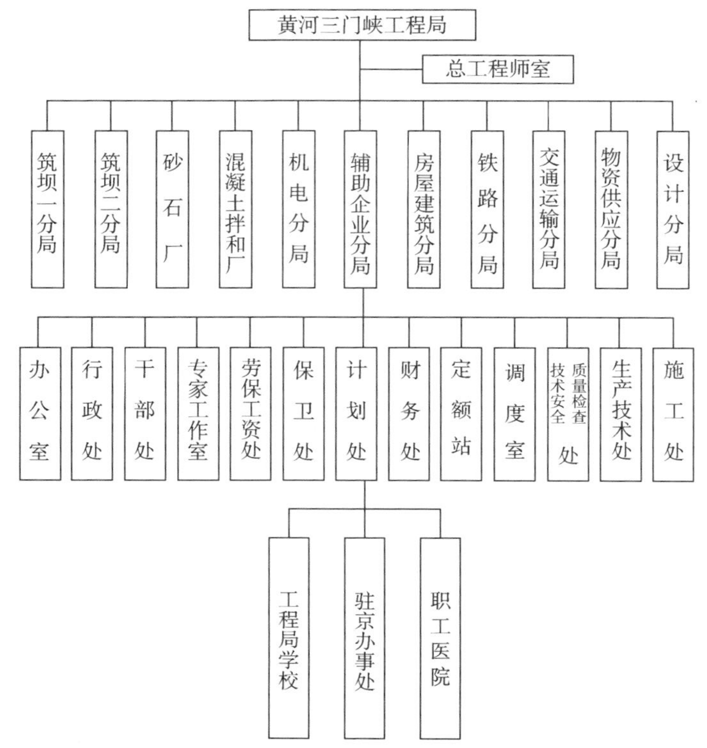

图 5-1　1957 年黄河三门峡工程局机构设置图[1]

三、施工设备

三门峡工程的施工机械设备是按照列院的设计配置的，主要工程项目采用全盘机械化施工。工程施工用的主要大型设备有：苏制 4×2400 升（大拌和楼）和捷克产 2×1500 升（小拌和楼）自动化混凝土拌和楼各两座，生产能力为每小时 120 立方米的链斗式采砂船 6 艘，民主德国制造的跨度 870 米起重量 20 吨的缆索起重机 1 台，苏制斗容量为 3 立方米的电铲（乌拉尔巨人）4 台等。这些大型设备多数是国内第一次使用。此外，还配置了 25 吨塔式起重机、内燃机车和蒸汽机车及各种水工建筑设备与机具等。各类大中型施工机械设备共计 1624 台（套），包括小型机械和机具等总

① 黄河三门峡水利枢纽志编纂委员会.黄河三门峡水利枢纽志.北京：中国大百科全书出版社，1993：55.

计 12800 多台（套）。[①]1958 年，全局有各种车型的汽车 376 辆，交通运输分局拥有 282 辆（进口车占 96.8%），其中载重 25 吨的玛斯车 4 辆、载重 10～12 吨的自卸车 151 辆，总载重 2317.5 吨（进口车载重吨位占 98.5%）。后来，部分车辆陆续调拨给其他水电建设单位。1964 年，交通运输分局有汽车 145 辆，总载重 1092.5 吨。[②]

三门峡工程施工高峰期，主要大型施工机械有：单斗挖掘机 24 台；单机最大斗容为 3 立方米的推土机 44 台，总动力为 3561 千瓦；各式起重机 73 台，单机最大起重量为 30 吨；采砂船 6 艘，生产能力为每小时 720 立方米；筛分机 16 台，生产能力为每小时 720 立方米；大、小拌和楼 3 座，生产能力为每小时 330 立方米；大、小机车 39 台，总动力为 3858 千瓦；大、小车厢 435 个，总载重 11808 吨；自卸汽车 267 辆，总载重 2266 吨；载重汽车 109 辆，总载重 617.5 吨。其中 25 吨塔式起重机、20 吨缆式起重机、25 吨自卸汽车、3 立方米电铲、昼夜生产混凝土 6000 立方米的自动化双组巢式大拌和楼等为新型机械设备。[③]

黄河三门峡工程局对三门峡工程所需施工机械设备，从 1956 年 6 月开始订货，各种设备于当年 9 月起陆续到达工地。1956—1964 年，累计完成购置机械设备投资 12997.3 万元，其中包括需要安装的永久设备费 3547.7 万元，施工机械设备费 9449.6 万元。1958 年底，全局拥有设备 8978 台套，其中用于主体工程的大中型施工机械 2900 台套，基本可以满足施工高峰期的需要。据 1960 年统计，全局机械设备（包括工器具）总计为 12864 台套，总重量约 38926 吨，总动力为 129624 千瓦，生产工人的人均技术装备为 5700 元，人均动力装备 7.9 千瓦。1961 年后，黄河三门峡工程局有部分机械设备支持陆浑、刘家峡、丹江口等水电工程，后来大多由支持变为借调又转为调拨。在国民经济困难时期，有 250 台设备无偿支持地方的农业生产。据统计，至 1964 年底，黄河三门峡工程局拥有主要施工机械设备

---

① 三门峡市委党史方志办公室. 万里黄河第一坝——黄河三门峡水利枢纽工程建设纪实//中共河南省委党史研究室. 回忆•思考•研究. 郑州：河南人民出版社，2003：602.

② 中国水利水电第十一工程局志编纂委员会. 水电十一局志. 1995：81.

③ 中国水利水电第十一工程局志编纂委员会. 水电十一局志. 1995：187.

2589台(套),其中大型设备1318台(套)。[①]

三门峡工程是我国最早实施高度机械化施工的大型水电工程之一,把传统的人力劳动改变为综合机械化作业,大幅减轻了工人的体力劳动强度,并且工程施工进度快、质量好。三门峡工程原建期间,机械化施工所完成的工作量(产值)占工程总工作量的比例是:土石方工程为86%,混凝土浇筑工程为90.5%,金属结构及机电设备安装为82.4%,砂石开采、混凝土拌和与运输都在98%以上。[②]

图5-2 小拌和楼与水泥罐[③]

四、苏联专家

三门峡工程的设计主要是由苏联列院承担的。为了能够使施工符合设计要求,并随时在工地按照具体情况修正及补充设计图纸,黄河三门峡工

① 中国水利水电第十一工程局志编纂委员会.水电十一局志.1995:186-187.

② 中国水利水电第十一工程局志编纂委员会.水电十一局志.1995:192.

③ 黄河三门峡工程局生产技术处技术资料编辑室.黄河三门峡水利枢纽工程.上海:上海人民美术出版社,1958:37.

程局向列院聘请了设计代表若干人，驻在工地，完成上述任务。列院根据施工各阶段的性质，先后派遣过地质专家、水工结构设计专家等多人来到三门峡工地。

此外，三门峡工程为我国当时规模最大的工程之一，不仅性质重要，而且质量要求也比较严格。当时我国还缺少施工经验，所以在施工过程中曾经先后聘请苏联辅助企业、混凝土拌和楼安装、自动化、混凝土施工机械、金属结构安装、起重机安装等方面的专家多人，来工地指导和培训技术职工。

苏联专家在三门峡工地主要进行了以下技术援助活动：

一是针对施工中出现的问题提出了大量口头或书面建议，经专家工作室会同施工技术处等有关单位前后三次系统检查，90％以上的专家建议均被采纳实施，这对促进工程建设起到了积极作用。

二是采用口头或书面报告的形式向工地技术干部和工人群众系统介绍设计情况，讲解设计意图。有些比较重要的报告则刊登在内部刊物《三门峡工程》上，如柯洛略夫的《关于三门峡水利枢纽主体工程技术设计的报告》等。

图 5-3　苏联专家和中国技术人员[①]

① 黄河水利委员会.世纪黄河.郑州：黄河水利出版社，2001：121.

三是以讲课的方式帮助培训技术工人，如拌和楼专家给混凝土制造厂的职工系统讲解拌和楼的安装和运行，汽车专家给汽车分局的职工讲授自卸汽车的维修与保养的方法和经验。①苏联专家的上述活动，对协助领导决策、提高职工施工技术水平、保证工程质量、加快施工进度，都起到了积极作用。到1959年8月底，苏联专家有601条书面建议和340条口头建议被印发，并发到48个单位，汇编成19册书面文字。②

第二节　施工经过

三门峡工程分两期施工，并分两期进行施工导流。第一期工程修建左侧溢流坝工程，1957年汛后堆筑围堰。1958年12月，完成截流后，开始堆筑第二期围堰。1959年初，人工开挖神门河深槽，提前开始浇筑二期基坑混凝土。1961年4月，大坝全面浇筑至353米设计高程，6月全部封堵施工导流底孔。1962年3月，第一台15万千瓦水轮发电机组和11万伏开关站安装完成。

一、前期准备

三门峡工程工地西起灵宝，东抵坝址，长50余千米，这一范围内布置了灵宝砂石厂、湖滨中心机械厂、坝头汽车基地、安装基地、混凝土系统，以及湖滨、大安村、赵家坡、侯家坡、史家滩、角胡同等居住区。铁路和公路的联络使整个工场联成一体。1956年4月，施工现场开始进行各项准备工作，主要准备工作的情况如下③：

---

① 张培基.三门峡建设中的苏联专家//中国人民政治协商会议三门峡市委员会，中国水利水电第十一工程局.万里黄河第一坝.郑州：河南人民出版社，1992：307-308.

② 汪胡桢.三门峡施工三年//黄河三门峡水利枢纽志编纂委员会.黄河三门峡水利枢纽志.北京：中国大百科全书出版社，1993：414.

③ 汪胡桢.三门峡施工三年//黄河三门峡水利枢纽志编纂委员会.黄河三门峡水利枢纽志.北京：中国大百科全书出版社，1993：403-406.

1. 铁路

在施工开始时，坝址和外界的交通是首先需要解决的问题。由于估计到施工期间需要运入工地的器材数量很大，决定修筑铁路专用线，使坝址和陇海铁路相连接。1956 年，铁道部第六工程局开始修建从会兴镇到三门峡的铁路专用线，专用线在会兴站与陇海铁路接轨。铁路线有两条支线，一支向东经大兴村直达坝址区，1957 年 12 月通车至坝址区的史家滩车站，第二年往东续修，经混凝土拌和系统直达水电站主厂房的安装间；另一支向西进入湖滨辅助企业区各厂，于 1958 年 6 月通车。上述铁路专用线全长 50 多千米。

2. 公路

当时在坝址和湖滨区间虽有简易公路，但路况太差，不能满足汽车运输的需要，而且在水库淹没范围以内。为兼顾施工时期及将来电站运转时期的汽车交通，1956 年初，由交通部第二公路局开始修筑自会兴镇通往坝址区的公路，全长约 33 千米。公路中间由安口村又分一条支路通到大安村，这条公路于 1957 年春季通车。坝址区兴建了一座横跨黄河，连接河南、山西两省的永久性公路桥，桥分为四孔，长 196 米，于 1958 年 5 月通车。在三门峡工区内部共计修筑公路 56 千米。

3. 房屋

在坝址区、湖滨辅助企业区和大安生活区等处，初期兴建各种临时性与永久性用房 23 万多平方米，到后期共达 52 万多平方米。

4. 供电

三门峡工地初期供电是依靠分散的大、小柴油发电机。1957 年 6 月在坝址上游的马家河设置 2500 千瓦列车发电站，1957 年 10 月郑（州）洛（阳）三（门峡）110 千伏输电线路建成，即由电网供电。在各工区共架设 35 千伏输电线路 47 千米、6 千伏电线 11 路。

5. 供水

初期供水主要由老鸦沟出口处的 74 号钻井及 373 号钻井供给，所有混凝土的养护、冲洗、冷冻，汽车冲洗和史家滩的生活用水都由此供给，并设水管接至大安村。此外还有 213 号钻井，位于寨后沟，供应左岸工段用水。施工后期在七里沟建设自来水厂，以黄河水为水源，设有取水浮船一艘、21000 立方米沉沙池两座、二次澄清和过滤消毒的水厂一座。坝头到大安的供水系统，除由高向低自流外，还设有大、小水泵房等。湖滨工区供水，初期以上村与会兴镇间黄河两岸泉水为源，后期在黄河与南涧河间增加深井5口。灵宝砂石厂冲洗砂砾石需水400升/秒，由渠道分引涧河水作水源。

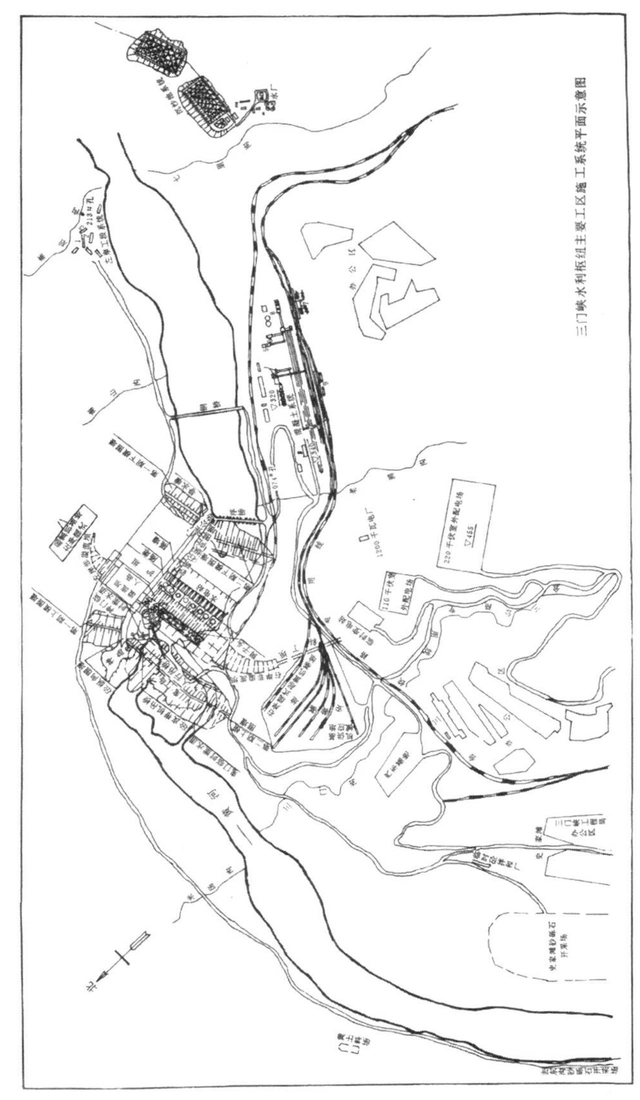

图5-4　三门峡水利枢纽主要工区施工系统平面示意图[①]

---

① 黄河三门峡水利枢纽志编纂委员会.黄河三门峡水利枢纽志.北京：中国大百科全书出版社，1993：插图.

6. 供风

1957 年上半年，现场供风全部由左岸临时空压机房供给，送风量达 78 立方米/分。1957 年 7 月初，寨后沟左岸工段的空压机厂房开始送风，送风量达 120 立方米/分，开挖基坑的供风需求基本上得到解决。后来，由于风钻任务逐月增大，并且寨后沟送风管路过长，继而在神门岛和鬼门岛增设空压机，至 1957 年底，供风设备容量达到 190 立方米/分。

图 5-5　三门峡工程开工典礼[①]

7. 通信

坝头至史家滩设有自动电话和调度电话，湖滨区设有自动电话和磁石电话，大安和灵宝各设有磁石电话，坝头与滨湖间有 16 回路架空线，湖滨与灵宝间有双回路架空线。

---

① 水利部黄河水利委员会.人民治理黄河六十年.郑州：黄河水利出版社，2006：164.

1957年初，工场开始兴建配合主体工程施工的各项辅助设施，主要有在坝址上游54千米处的灵宝县宏农涧河河口的砂砾石开采筛洗系统、坝址下游右岸的混凝土拌和系统、坝址上游右岸汽车基地和机械基地、湖滨辅助企业区中心机械修配厂、钢筋和木材加工厂、混凝土预制构件厂等。

在各项辅助工作做好充分准备的条件下，1957年4月13日上午，隆重的三门峡工程开工典礼在坝址区施工现场举行。参加开工典礼的有黄河三门峡工程局职工、坝址附近的农民、中央有关部门和甘肃、陕西、山西、河南等省的负责人及帮助工程设计和施工的苏联专家等，共5000多人，主席台两旁悬挂着“根治水害，开发水利”的条幅。12时55分，刘子厚局长发布开工命令，三门峡工程正式开工。

二、坝基开挖

三门峡工程主体工程的施工巧妙地利用了三门峡峡谷中的鬼门、神门和人门3个石岛，将大坝分为两期施工。左岸为第一期工程，包括溢流坝、隔墩坝及向下游延伸与张公岛相接的隔墙。人门岛和梳妆台在第一期基坑内被控除，鬼门岛和神门岛在截流后被淹没在水库中，只有张公岛和砥柱石被保留了下来。

拦河大坝坝基开挖分两期进行，第一期主要开挖左岸基坑，第二期主要开挖右岸基坑，左右两岸上的工程提前或者穿插于第一期与第二期工程之间进行。坝基开挖从1957年初开始至1959年3月全部完成，共开挖石方85.53万立方米、土方56.02万立方米。[①]

1957年初，第一期开挖左岸基坑的溢流坝、隔墩、隔墙和护坦等部位的基础，开挖地段宽124米、长约300米，深度从278米高程至301米高程，构成施工导流明渠。左岸基坑围堰于1957年汛后修筑，根据河水涨落规律，采取汛前集中开挖284米高程以上部分，汛期开挖山坡291米高程以上部分，汛后修成围堰全面开挖河床下部。1958年6月，第一期左岸基

---

① 黄河三门峡水利枢纽志编纂委员会.黄河三门峡水利枢纽志.北京：中国大百科全书出版社，1993：61.

坑基础开挖完成，共计开挖石方 47.5 万立方米、土方 5.77 万立方米。[①]

图 5-6　坝基开挖[②]

1958 年 12 月截流完成后，河水由左岸溢流坝的施工导流底孔下泄，即转向第二期右岸基坑的电站坝体、安装场坝体、尾水渠、电站厂房等部位的基础开挖。主要工程有深坑两侧的石方开挖和深坑淤泥清理，而清淤是控制进度的关键。右岸基坑原系鬼门河、神门河和人门河三股激流汇合后的河床，其间有一深槽（深坑）贯穿工程建筑物的基础，深槽长约 250 米、宽 50～60 米、深 30 米，深槽两侧石壁陡立，槽底起伏不平，槽内淤泥最厚处为 13 米，淤泥量约 10 万多立方米。深坑内的淤泥由于受到地下水浸透，无法承载机械，修路也极不容易，所以黄河三门峡工程局不得不每天组织 1500 名干部以及工人进行清淤。初期清淤全靠肩挑背扛，其后公路修好，才以机械为主。经过多个昼夜的奋战，清淤工作于 1959 年 2 月 22 日完成。河底深坑清淤完成后，为了防止飞石掉入深坑而造成清理困难，在

① 黄河三门峡水利枢纽志编纂委员会.黄河三门峡水利枢纽志.北京：中国大百科全书出版社，1993：61.

② 黄河三门峡水利枢纽志编纂委员会.黄河三门峡水利枢纽志.北京：中国大百科全书出版社，1993：62.

深坑底部先回填了一到两层混凝土，之后才大量进行石方开挖。基岩开挖于1959年3月全部完成，坝基处理亦于同年4月结束。到1959年3月，二期坝基开挖全部完成，共计开挖石方38万立方米、土方50余万立方米。[①]

左、右岸非溢流坝及斜丁坝位于河岸上，无须围堰保护即可进行基础开挖，开挖是穿插在第一、二期的坝基开挖中实施的。左岸非溢流坝顶部的山坡，在高程340～347米以上覆盖着石炭二叠纪煤系，为了使坝端坐落在闪长玢岩的地基上，此坝段为弯曲形。右岸非溢流坝段顶部的岸坡在高程329～330米以上，有黄土覆盖，为使这一坝段完全坐落在闪长玢岩的地基上，此坝段的轴线亦为曲线形。

图5-7 深坑清淤[②]

坝基处理。大坝左、右岸两期工程的坝基处理面积合计10.46万平方米，处理断层3条、构造破碎带48条，处理深坑5处、斜面11处，处理高度为10～30米的陡壁811米。溢流坝的下游护坦和护脚板处有部分断层和破碎带，为防止淘刷大坝和隔墙基础，设置了钢筋混凝土护坦和护脚板，并都设有锚筋伸入基岩内与岩石地基锚定。坝基处理完成后，验收委员会和列院地质专家进行了检查，他们一致认为：坝基天然岩石很好，处理也符合设计要求，作为建筑物地基是稳妥可靠的。[③]

坝基灌浆。自1958年3月从隔墩坝开始至1961年7月，左岸非溢流坝段全部完成，共钻灌浆孔21779米，而实际灌浆仅为6668米。为封闭基

① 中国水利水电第十一工程局志编纂委员会.水电十一局志.1995：15.

② 中国水利水电第十一工程局志编纂委员会.水电十一局志.1995：插图.

③ 黄河三门峡水利枢纽志编纂委员会.黄河三门峡水利枢纽志.北京：中国大百科全书出版社，1993：63.

岩面与大坝底部混凝土面之间的接缝，堵塞和固结基岩因受开挖爆破影响可能发生的裂隙，而进行的浅孔接触灌浆共4898米。配合浅孔接触灌浆，用以提高泥沙淤积达不到的部位无法形成泥沙天然防渗铺盖的基岩抗渗性，而进行的固结灌浆共计1696.2米。帷幕灌浆实际仅进行了73.8米。坝基实际的灌浆量比设计的灌浆量减少了许多，表明总的基岩较好。

1959年6月，水电部全国大型水电工程质量检查组在三门峡工程的质量检查报告中写道："从工程质量来看，我们认为三门峡工地对基岩开挖和基础处理工作是重视的，也是认真的。"他们还认为，溢流坝、护坦及隔墙等部分的断层和破碎带，均能按照设计要求进行慎重的处理，溢流坝梳齿及隔墩、电站坝体、安装场坝体、右岸非溢流部等处的基础开挖后，根据基岩取样试验的结果，均超过了设计上提出的要求。"现场检查所见基岩大部达到新鲜岩石，很少看到松动部分。在坝基的防渗处理上也是比较慎重仔细的。"①

三、截流工程

三门峡工程的主体工程施工分两期进行导流，第一期围堰围住左岸基坑，河水从神门河和鬼门河下泄，在围堰的防护下，进行左岸基坑内的坝基开挖和混凝土浇筑。1958年10月，左岸基坑的溢流坝底部施工导流底孔全部完成并具备了过水条件。同年，汛后拆除左岸围堰，为截断右岸黄河干流创造了条件。右岸截流的施工导流，是在左岸采用明渠与底孔导流相结合的分期导流方式，河水从左岸明渠通过溢流坝底部的施工导流底孔下泄。

苏联全苏水力发电科学研究院对三门峡工程的截流做了模型试验，列院根据模型试验成果作出三门峡工程截流方案。列院选定1958年11月15日至12月15日为三门峡工程截流时间，并按流量1000立方米每秒的标准做抛投物的准备。为取得各项数据并试验截流进程中各个环节可能遇到的问题，三门峡工程局又委托西安交通大学做了1∶50的水工模型进行了多次截流试验，取得了各项数据，并试验了截流进程中各个环节的问题。参

---

① 朱国华.三门峡工程质量检查总结.水利水电技术，1959(1):3.

加截流的人员分批赴西安交通大学参观了模型试验。

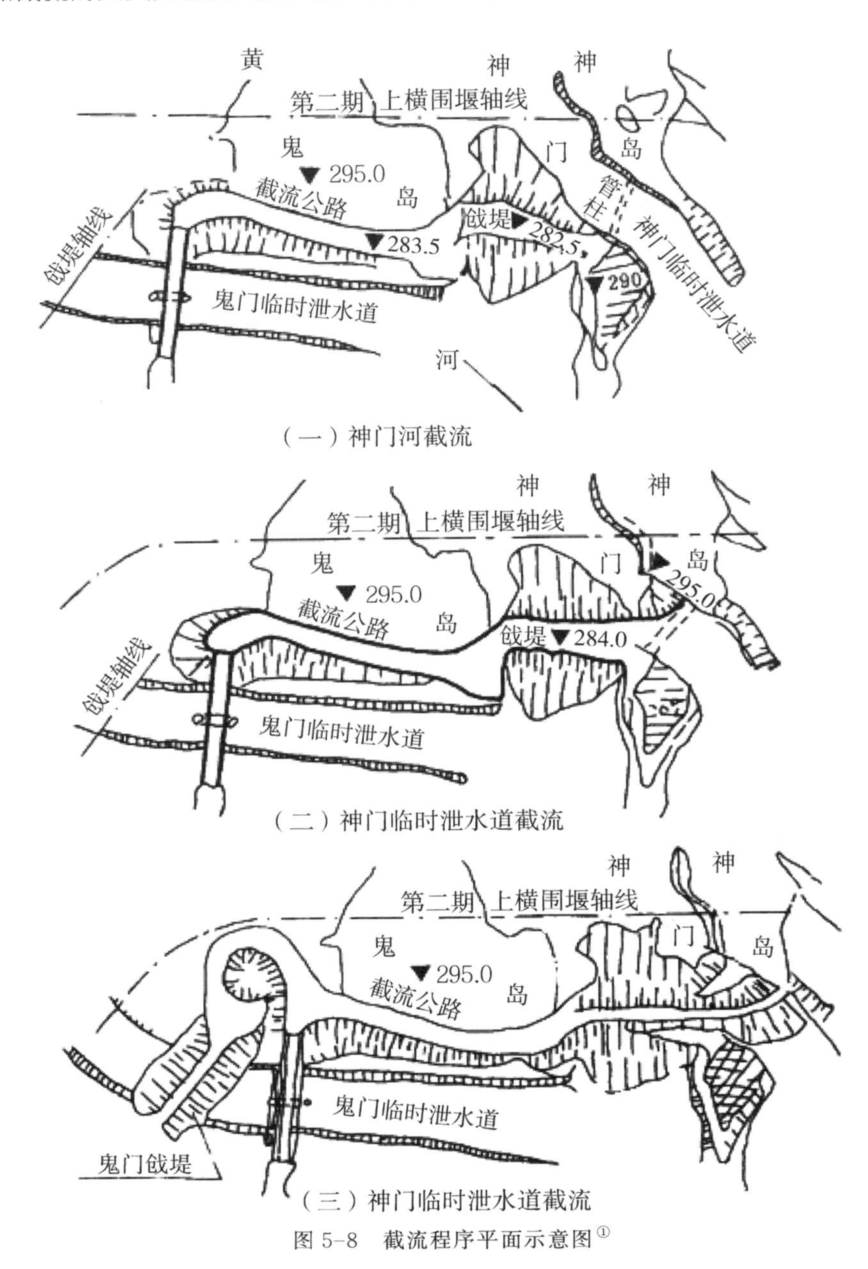

（一）神门河截流

（二）神门临时泄水道截流

（三）神门临时泄水道截流

图 5-8 截流程序平面示意图[①]

① 黄河三门峡水利枢纽志编纂委员会.黄河三门峡水利枢纽志.北京：中国大百科全书出版社，1993：66.

截流设计利用鬼门岛、神门岛的有利地形，将河水分成神门河、神门临时泄水道和鬼门临时泄水道三股，然后分别截流，使河水由溢流坝梳齿底孔下泄。神门河宽 60 米，水深流急，是截流的关键；神门临时泄水道原设计安装两孔（12.5 米 ×10 米）泄水闸，截流时用闸门封堵，但 1958 年汛期水大，中间闸墩被洪水冲倒，后改为管柱桩拦石栅，立堵进占截流；鬼门临时泄水道最后用两孔（12.5 米 ×10 米）闸门断流。

1958 年 7 月开始做截流准备。在三门料场备有 8 万立方米石渣，在史家滩沿公路两侧备有重量为 3～5 吨的块石 800 块，在鬼门岛上浇制有 15 吨重的混凝土四面体 140 个，还备有柳捆 200 个。全面检查和维修了供截流使用的主要机械——10～25 吨汽车 35 辆、挖掘机 6 台、吊车 4 台、推土机 4 台。选配和训练了一批司机，并在截流前进行装载、运输和抛投等各项实地试验。同时，修筑了截流交通道路，平整了工作场地，架设了动力及照明线路，完成了水文监测、安全设施等准备工作。[①]

1958 年 10 月，三门峡工程局编制出截流施工组织设计和具体实施计划：分三个步骤进行截流，第一步截断神门河主流，第二步截断神门临时泄水道，第三步截断鬼门临时泄水道。同时，在下游右岸公路与砥柱石间修筑一段下游围堰，以减小神门河的落差。

按照截流设计，需要在黄河流量降到 1000 立方米每秒以下才能进行截流。1958 年遇黄河丰水年，原定 11 月 16 日开始截流，但至 11 月 15 日流量仍达 2300 立方米每秒。如果推迟截流，损失会很大，并导致工程推迟一年。在集中广大职工讨论意见的基础上，中共黄河三门峡工程局委员会作出决定：从 1958 年 11 月 17 日起进行截流演习三昼夜，根据实际情况取得截流经验。

11 月 17 日 9 时在神门河口门处开始截流演习，至 19 日午夜时戗堤向河心进占了 12 米，前沿宽度 17.5 米，堤顶高程 284.8 米。演习 3 天共计投入块石 16366 立方米，演习完毕时，黄河流量为 1860 立方米每秒。

---

① 中国水利水电第十一工程局志编纂委员会. 水电十一局志. 1995: 16.

图 5-9　截流施工

由于截流演习的成功，截流指挥部决定于 1958 年 11 月 20 日正式开始截流，11 月 22 日晚 22 时戗堤连接对岸、成功合龙。此时黄河的流量为 1820 立方米每秒，进占时最大落差曾达到 2.97 米。神门河主流的截流历时 5 天零 14 小时，较原计划提前了 6 天零 10 小时，共计投入一般块石 32116 立方米、大块石 694 块、铁丝笼填石 88 个、预制混凝土四面体 73 块。[①]

图 5-10　三门峡工程局领导和苏联专家观看截流[③]

11 月 23 日，开始实施截流的第二阶段任务，转向神门临时泄水道口门进占，至 25 日 6 时，神门临时泄水道戗堤合龙，历时 1 天零 10 小时，共

① 黄河三门峡水利枢纽志编纂委员会.黄河三门峡水利枢纽志.北京：中国大百科全书出版社，1993：67.

② 黄河三门峡水利枢纽志编纂委员会.黄河三门峡水利枢纽志.北京：中国大百科全书出版社，1993：插图.

抛投一般块石 2263 立方米、大块石 326 块、预制混凝土四面体 110 块、铁丝笼填石 148 个、块石串 44 串、柳捆 62 个。①

鬼门临时泄水道设有闸门，1958 年 12 月 10 日，黄河流量降至 960 立方米每秒时，放下预设闸门，并从鬼门河两岸同时抛投块石向河心进占，填筑鬼门河截流戗堤，13 日戗堤合龙，共计抛投一般块石 12910 立方米、大块石 300 块、预制混凝土四面体 2 块。至此，三门峡工程截流工程全部结束，原计划工期为 30 天，实际仅用 13 天。②

由于黄河泥沙含量大，截流戗堤进占完成后，没有堆多少细料，就很快闭了气。截流合龙后，仅一天上游堤面就淤积泥沙 13.5 万立方米，完成了戗堤上的泥沙铺盖。截流后右岸基坑内的积水很快就被抽干，据观测，从戗堤围堰渗透的水量很小。

为总结经验，水电部于 1959 年 1 月 5 日至 9 日在三门峡工地召开了多泥沙河流上快速筑坝的现场会。会议一致认为："三门峡截流和围堰的成功经验，提供了如何利用河流中泥沙的有利方面，变消极因素为积极因素，使它为快速筑坝服务。"由于三门峡大坝坝前形成天然防渗铺盖，从而大幅度降低了坝基的渗透压力，经过修改设计，节省工程混凝土用量 13 万立方米。③

四、围堰修筑

三门峡工程的围堰分两期修筑。第一期围堰建在左岸，截断人门河，使黄河水从右岸神门河及鬼门河流出；第二期围堰建于神门河与鬼门河截流之后，使黄河水从左岸溢流坝段的底孔流出。

第一期围堰从 1957 年 11 月动工，到 1958 年 6 月上旬全部完成。整个工程可分为四个部分，即截断人门河的上游纵向围堰、连接人门岛与张公岛的下游纵向围堰、位于神门岛与左岸山体间的上游横向围堰、位于张

① 黄河三门峡水利枢纽志编纂委员会.黄河三门峡水利枢纽志.北京：中国大百科全书出版社，1993：67.

② 黄河三门峡水利枢纽志编纂委员会.黄河三门峡水利枢纽志.北京：中国大百科全书出版社，1993：67—68.

③ 中国水利水电第十一工程局志编纂委员会.水电十一局志.1995：17.

公岛与左岸山体间的下游横向围堰。全部工程完成后，左岸基坑即被三面围堰围住，河水从鬼门河及神门河下泄。上、下游纵向围堰都是低水围堰，堰顶高程为285米，上、下游横向围堰为高水围堰，上游横向围堰堰顶高程为298.7米，下游横向围堰堰顶高程为291.3米。第一期围堰的工程总量为257600立方米。[①]

图5-11 纵向围堰浇筑[②]

1958年9月，左岸基坑里的梳齿护坦等混凝土浇筑工程基本上已经完成，而黄河汛期又将过去，所以从16日起即开始拆除上、下游横向围堰的顶部。上游横向围堰首先拆除到295米高程，下游横向围堰首先拆除至288.5米高程。10月，随着河水水位的降落，上游横向围堰拆除至284米高程，下游横向围堰拆除至281米高程，11月15日，上、下游横向围堰全部拆除。

继截流工程完成之后，紧接着开始右岸上、下游横向围堰的修筑。上

① 汪胡桢.三门峡施工三年//黄河三门峡水利枢纽志编纂委员会.黄河三门峡水利枢纽志.北京：中国大百科全书出版社，1993：421.

② 黄河三门峡工程局生产技术处技术资料编辑室.黄河三门峡水利枢纽工程.上海：上海人民美术出版社，1958：21.

游横向围堰是从混凝土围堰背后开始，穿过神门临时泄水道、神门、鬼门桥到右岸非溢流坝第四块止，长319米，堰底最宽处160米，顶宽3米，堰顶高程为306.5米。下游横向围堰起自张公岛，穿砥柱石到右岸老鸦沟的下面，长235米，堰底最宽处85米，顶宽3米，堰顶高程为289米。1959年6月中旬，右岸围堰修筑完成。①

图5-12 右岸围堰②

五、大坝浇筑

1958年3月17日下午，水利部副部长李葆华和中共黄河三门峡工程局委员会书记张海峰，将第一罐混凝土浇入隔墙的模仓内，揭开了三门峡拦河大坝主体工程混凝土浇筑的序幕。

大坝浇筑，首先从左岸的隔墙、隔墩、溢流坝底板、底孔梳齿和护坦等部位开始，这些部位的混凝土特点是钢筋多、形式复杂、隔墙和护坦的混凝土表面都需要进行真空作业。1958年8月以前浇筑的混凝土，分别由设于坝址上游约2千米处的史家滩和设于坝址下游约900米的右岸临时拌和厂供应，两座临时拌和厂的生产能力均为每小时生产流态混凝土120立方米。8月，混凝土拌和系统的第一期工程建成投产，遂改由拌和系统拌制

① 汪胡桢.三门峡施工三年.黄河三门峡水利枢纽志编纂委员会.黄河三门峡水利枢纽志[M].北京：中国大百科全书出版社，1993：422.

② 水利部黄河水利委员会.人民治理黄河六十年.郑州：黄河水利出版社，2006：165.

混凝土。1958 年全年共浇筑混凝土 21.35 万立方米，月最大浇筑量为 3.21 万立方米，日最大浇筑量为 2282 立方米。[①]

图 5-13　大坝施工

1959 年 3 月，自动化的混凝土拌和系统全面建成投产；4 月，右岸坝基开挖和基础处理全面完成，为大坝全线浇筑混凝土创造了条件。同年，贯通大坝左、右两端的混凝土浇筑栈桥建成，窄轨内燃机车牵引 3 立方米混凝土立罐的列车运输系统通车，浇筑栈桥上 25 吨塔式起重机安装投产等，使大坝浇筑的各道工序配套成龙，从砂、石料开采，水泥等原材料的储运，混凝土拌和、运输，直至入仓振捣等全部实现了机械化，浇筑速度大幅提高。1959 年全年共浇筑混凝土 103.8 万立方米，月最大浇筑量为 12.24 万立方米，日最大浇筑量为 7913 立方米。大坝浇筑采用柱状体分块法，垂直于坝轴线的为温度缝，缝之间的分段尺寸为 11.5～23 米；平行于坝轴线的为施工缝，缝之间的分块尺寸为 9～22 米，共分成 163 个浇筑体，浇筑层的分层高度为 2～8 米。1959 年 7 月 27 日，大坝按经济断面全线浇筑至 310 米高程，实现了该年汛期部分拦洪。1960 年 6 月 22 日，大坝按设计断

① 黄河三门峡水利枢纽志编纂委员会.黄河三门峡水利枢纽志.北京：中国大百科全书出版社，1993：69.

面全线浇筑至340米的拦洪高程，该年汛期工程实现了全部拦洪。1961年4月，大坝按设计断面全线浇筑至353米的第一期工程坝顶设计标高。大坝主体共浇筑混凝土163.061万立方米。[①]

图5-14　大坝浇筑[②]

坝体内混凝土的散热和冷却。大坝左岸第一期工程浇筑的混凝土建筑物体积都较小，具有较好的自然散热条件。所以，仅在夏季施工拌制混凝土时，在拌和用水中加入部分冰屑，以降低流态混凝土的入仓温度，从而降低浇筑体的内部温度。在隔墩坝、电站坝体的第三至五排、右岸非溢流坝第二至八段高程330米以上等部位的混凝土浇筑柱体之间，现场施工留出散热井，这些部位的混凝土有条件且有足够的时间自然散热。右岸第二期工程浇筑的大体积混凝土，除夏季施工时采用工地制冷厂供应的2℃的冷冻水拌制混凝土并控制流态混凝土的入仓温度保持在20℃左右外，降低大坝内部混凝土温度的方法主要是坝内人工冷却。在坝体内预埋金属蛇形管并通入冷却水进行循环冷却。蛇形管的管径一般为25毫米，自1959年

① 黄河三门峡水利枢纽志编纂委员会.黄河三门峡水利枢纽志.北京：中国大百科全书出版社，1993：69-70.

② 水利部黄河水利委员会.人民治理黄河六十年.郑州：黄河水利出版社，2006：166.

3 月开始埋设，管子之间在垂直方向的距离为 5～6 米，水平方向的距离为 2.6～3.0 米。同年 5 月以后，管子的垂直距离改为 3 米，水平距离不变。同年 7 月以后，安装在高程 315～340 米的坝内蛇形管的垂直和水平两个方向的距离都是 1.5 米。大坝 340 米高程以上按规定不需要埋设蛇形管进行人工冷却。大坝在冬季也浇筑了大量混凝土，而在冬季是采用低温的河水作为大坝内部的循环冷却用水。

大坝接缝灌浆。大坝由温度缝（横缝）分成 41 段，每段又由施工缝（纵缝）分成数块。为使大坝在运用时能整体受力和符合抗震要求，对高程 340 米以下的纵缝和大部分横缝，在坝体内部达到稳定温度后和坝体承受水压前，都进行了灌浆。浇筑坝体混凝土时，在纵、横缝内预先埋设了灌浆管、出浆盒和排气管等。灌浆设计采用的是原陕县气象站测的三门峡地区气温资料，设计规定灌浆时坝内部混凝土的稳定温度为 15℃，方法是用预埋蛇形管道通入冷水冷却坝体至稳定温度。大坝接缝灌浆共完成 1075 个灌浆区，共 14 万多平方米。

图 5-15　三门峡大坝主体工程竣工[①]

1960 年 7 月，国家组织的三门峡水利枢纽拦洪验收委员会在验收报告中指出：“坝体的混凝土质量，在去年的检查中亦作过鉴定，认为基本上是

① 水利部黄河水利委员会.人民治理黄河六十年.郑州：黄河水利出版社，2006：166.

良好的。今年浇筑的混凝土质量较去年又有所提高，经检查，试样与实地钻取的混凝土岩芯的试验资料，在抗压、抗冻、抗渗方面都合乎设计要求，并在抗压强度方面有所超过。施工中个别部位出现的蜂窝、麻面、模板走样、灌浆堵塞等事故，都已处理，工程质量是好的。”①

六、浇筑的配套设施②

砂石生产系统。在灵宝修建了设计年产量为 140 万立方米的砂石厂，砂石厂位于坝址上游 54 千米。该厂在 1957 年动工建设，1958 年 2 月部分投入生产，8 月建成。砂石厂采用了 6 台键斗式采砂船，沿黄河支流灵宝涧河河滩挖掘砂砾石料，采区面积达 122 公顷。厂内铺设窄轨铁路运料至三组筛分冲洗系统，筛选好的骨料经由陇海铁路转到三门峡专用线送至坝址区混凝土生产系统，砂石的生产和运输全部实现机械化。因为在采砂及冲洗过程中细砂流失，致使砂粒较粗，所以 1958 年砂石厂又在附近的砂坡村开辟了细砂开采场。整个砂石开采系统，实际月最高产量达到 20 万立方米。自 1958 年 2 月至 1960 年 4 月，砂砾石及黄砂产量总计为 352 万立方米。由于灵宝砂石厂高程较低，在水库形成前必须采完足够的料物，因此，三门峡市上村另设了占地 11 万多平方米的储料场，并设有相应的装卸转运设备，各种砂砾石储量总计达 75 万立方米。

混凝土拌和系统。混凝土拌和系统设置在大坝下游约 1 千米处的右岸，布置在高程 354 米、340 米、320 米的 3 个台地上，1958 年 8 月第一期工程投产，1959 年 3 月全部建成。系统内部包括水泥、砂石骨料、拌和、制冷和加热等车间，铁路专用线直达该系统的 354 米高程的卸料场，在高程 320 米和 354 米两个台地分别设置 4 × 1500 吨的水泥储存罐各一组，设有存储可供本系统连续生产 7 天所用砂石的储料场和相应的廊道与管道输送设施。在高程 320 米台地上安装了苏联制造的 4 × 2400 升和捷克制造的 2 × 1500 升的混凝土拌和楼各两座，有公路和窄轨铁路通往大坝浇筑栈桥。

---

① 中国水利水电第十一工程局志编纂委员会.水电十一局志.1995：18–19.

② 黄河三门峡水利枢纽志编纂委员会.黄河三门峡水利枢纽志.北京：中国大百科全书出版社，1993：73–74.

系统的设计能力为年产流态混凝土 120 万立方米，实际月最高产量为 12.27 万立方米。

制冷与供热设施。在坝址区设制冷厂两座，制冷能力总计为 526 万大卡，提供坝体内部冷却用的低温水和夏季拌制混凝土用的 2℃冷水。在混凝土拌和系统内，设有冬季拌制混凝土的供热锅炉房，设备容量为 700 马力。

其他辅助设施。在湖滨辅助企业区设置了木材加工厂，日产大坝浇筑用的标准木模板 1500 平方米。设置钢筋加工厂，每天两班可加工各种钢筋 100 吨。

七、设备安装[①]

由黄河三门峡工程局机电分局抽调力量，于 1959 年 11 月成立安装分局，承担主体工程的金属结构件和机电设备的安装工作。至 1964 年共完成了各种闸门、闸门槽埋设件、电站坝体的水压钢管和大坝浇筑栈桥等金属结构件安装共 12391 吨，完成坝顶 350 吨门式起重机等机械设备安装 5400 吨。

1960 年 12 月，开始第一台 15 万千瓦水轮发电机组的安装。该机组是苏联制造供货的，由于运输原因，水轮机转子是分瓣制造的，需要在安装现场焊接成整体。因为制造厂家没有按照原来商定的流程提供必要的焊接技术资料，所以在安装时遇到了焊接难关而受阻。在周恩来总理的关心下，工程局邀集了全国焊接专家和有经验的人员进行攻关，才解决了这一难题。1962 年 2 月，经水电部组织的三门峡水电站第一台发电机组启动委员会验收合格后，水轮发电机组投入试运行。11 万伏开关站也同时安装完成并投产。

---

① 黄河三门峡水利枢纽志编纂委员会.黄河三门峡水利枢纽志.北京：中国大百科全书出版社，1993：74-75.

图 5-16　安装第一台发电机组[①]

八、建成后的工程规模[②]

三门峡大坝的主坝为混凝土重力坝，第一期工程大坝坝顶高程为 353 米，相应主坝长 713.2 米，主坝加副坝的总长为 857.2 米，最大坝高 106 米。

大坝自右岸至左岸分别是右岸非溢流坝段、安装场坝段、电站坝段、隔墩坝段、溢流坝段、左岸非溢流坝段。

右岸非溢流坝段，长 223 米。

---

① 黄河水利委员会.世纪黄河.郑州：黄河水利出版社，2001：123.

② 水利电力部第十一工程局.三门峡水利枢纽原建工程质量竣工报告,1983 年 12 月.三门峡水利枢纽管理局档案，84-0182.

安装场坝段，长 48 米，安装间已有的坝轴线为弧线型。

电站坝段，长 184 米，分 8 段，每段 23 米，坝顶宽 20 米。在 300 米高程处，每段都设有一个宽 7.5 米、高 15 米的进水口，进水口外设拦污栅，内设有检修闸门及主闸门各一道。进水口接直径 7.5 米的发电引水钢管通向厂房，末端与水轮机蜗壳连接。

隔墩坝段，长 23 米，隔墩向上游延伸为混凝土纵向围堰，向下游延伸为隔墙，直达张公岛。张公岛下游有挑水坝，隔墙将溢流坝和电站尾水分开。

溢流坝段，长 124 米，在 280 米高程处设有 12 个施工导流底孔，每孔断面尺寸为宽 3 米、高 8 米。在 300 米高程处设有 12 个深水孔，每孔断面尺寸为宽 3 米、高 8 米，在第一、二段的 338 米高程处设有两个表面溢流孔，每孔断面尺寸为宽 9 米、高 14 米。

左岸非溢流坝段，长 111.2 米，坝轴线为弧线型。副坝为混凝土心墙土坝，全长 144 米，顶部高程为 350 米。副坝最大坝高 24 米，位于右岸非溢流坝的右侧，插入黄土层内与右岸闪长玢岩岩层相连接。

坝顶设置两台 350 吨门式起重机，用以启闭溢流坝深水孔闸门和电站坝进水口事故检修闸门。电站进水口快速工作闸门由专门的 300～550 吨液压启闭机操作。水电站主厂房位于电站坝段和安装坝段的下游，全长 223.9 米、宽 26.2 米、高 22.5 米，厂房内设有起重量为 350 吨的桥式起重机 2 台。原设计安装水轮机 8 台（第一期工程装 7 台），水轮机型号为PD720－BM－550，发电机型号为CBl260/20－060，每台容量为 14.5 万千瓦。11 万千伏开关站布置在右岸非溢流坝第二至四坝段的下游，22 万千伏开关站布置在斜丁坝下游。

1960 年 9 月 14 日，工程基本完成，溢流坝 12 个施工导流底孔的闸门全部关闭，三门峡工程提前蓄水运用，坝前水位在一天之内升高了 3.5 米，出现了一个碧波荡漾的人工湖。同年 11 月，按原设计的要求，封堵了溢流坝全部施工导流底孔。

图 5-17　350 吨门式起重机[①]

图 5-18　建成后的三门峡工程

① 黄河三门峡水利枢纽志编纂委员会.黄河三门峡水利枢纽志.北京：中国大百科全书出版社，1993：插图.

表 5-1 三门峡水利枢纽原建工程（1957—1964 年）主要指标完成情况[①]

项目	单位	数量
三门峡工程局完成的投资额 其中：建筑安装 设备购置和其他基本建设	万元 万元 万元	55286.8[1] 28225.7 27061.1
职工年平均人数 其中工人	人 人	13017 9897
全员劳动生产率	元	2178
石方开挖和填坑	万立方米	323.27
土方开挖和填筑	万立方米	1365.15
混凝土浇筑	万立方米	191.25
钢筋工程	吨	14363
金属结构安装	吨	12391
机械设备安装	吨	5400[2]
砂石开采	万立方米	355.5
大坝基础灌浆	米	6668
大坝接缝灌浆	平方米	140257
钢材	吨	62468
木材	立方米	105801
水泥	吨	390219

注：[1]不包括国家下达给其他单位完成的投资 20272.8 万元。
[2]含 1965 年安装的坝顶第二台 350 吨门吊。

第三节 施工中的科技创新

一、新材料

（一）混凝土掺用粉煤灰

列院确定大坝内部混凝土的抗压标号为 100，用黄土膏浆作为掺合料。

① 黄河三门峡水利枢纽志编纂委员会.黄河三门峡水利枢纽志.北京：中国大百科全书出版社，1993：60.

设计要求混凝土要低发热量，因而混凝土的水泥用量不宜多，以防止产生温度裂缝，但如果水泥用量过少又会使流态混凝土粗糙，难以浇捣（即施工和易性差）。如果用黄土膏浆作为混凝土掺合料，黄土不产生强度且掺用工艺又复杂，所以这种方法的技术和经济效果都不理想。为了解决这一问题，黄河三门峡工程局技术处试验室从1958年5月开始进行试验，对三门峡周围火电厂的粉煤灰进行优选，并全面、系统地对掺用粉煤灰的混凝土进行了研究和论证。1958年12月，大坝内部混凝土现场掺用粉煤灰掺合料试验成功。混凝土掺用粉煤灰的特点是：使高标号的水泥更合理地用到低标号的混凝土中（如400号水泥掺粉煤灰30%可达到300号水泥标准），这样就能充分发挥水泥的潜力；可以大大降低水泥的水化热，最适合大体积混凝土的浇筑；可以使混凝土强度降低，特别是早期强度降低更加显著，但后期强度发展得较快，如果掺量为20%～30%，90天强度就可以赶上未掺粉煤灰的28天强度。[①]

1959年1月至1960年7月，在大坝内部的混凝土施工现场掺用了郑州火电厂的粉煤灰。根据室内的大量试验资料和现场施工长期、全面的混凝土取样检验结果，掺用粉煤灰显著改善了混凝土的施工和易性，提高了混凝土的强度，尤其是后期（28天以后）强度，降低了混凝土早期温升，并且掺用粉煤灰的混凝土一般都没有发现裂缝。三门峡大坝内部混凝土基本上都掺用了粉煤灰掺合料，混凝土的水泥用量由每立方米145千克减少到每立方米89千克。三门峡工程共掺用粉煤灰30650吨，共计节约水泥22987吨。[②]

三门峡大坝内部混凝土施工现场大规模掺用粉煤灰掺合料，在当时国内外的水利水电工程施工中都是第一次，也开辟了综合利用火电厂废料粉煤灰的新途径。粉煤灰作为混凝土的掺合料具有以下优点：一是充分利用了工业上的废料；二是降低了混凝土的成本；三是大量节约了水泥；四是和易

---

① 三门峡工程局生产技术处试验室．关于粉煤灰作为混凝土掺合料的试验报告．三门峡工程，1959（3）：27.

② 三门峡工程局．关于在混凝土拌和中掺入粉煤灰的经验介绍．水利水电技术，1960（2）：11.

性好，不增加施工中的困难。[①]

1959年7月2日，水电部全国大型水利水电工程质量检查组在《三门峡工程质量检查总结》中指出："三门峡工地在混凝土中大量掺用粉煤灰以节省水泥用量的措施是很好的，希望深入研究、试验以便在今后靠近火电厂或有条件的工程中加以推广。"[②]

（二）冷沥青玛蹄脂

三门峡大坝的伸缩缝和防水层，需要大面积涂敷沥青玛蹄脂（即在沥青中掺入适量矿物填料）。初期的方法是在沥青加热熬拌均匀后，立即进行涂敷，这种涂敷工艺不仅工效低，而且难以涂敷均匀，又易造成烧灼烫伤事故。黄河三门峡工程局技术处试验室于1959年4月试验成功了在沥青中掺入适量矿物填料的冷沥青玛蹄脂。

冷沥青玛蹄脂是由沥青、水和乳化剂三者混合搅拌，使沥青乳化成为一种乳胶体，再掺入细颗粒的矿物质填充料制成。冷沥青玛蹄脂拌制成后，无须加热就可以用水冲淡，因此，可以直接用水来调节施工所需的流动性。除在严寒天气下需采用防冻措施外，其他温度下冷沥青玛蹄脂的流动性不受气温或它本身温度变化的影响。因此，使用冷沥青玛蹄脂，不但可以改变一般加热熬煮沥青来施工时的种种不方便、不安全的情况，而且还提供了使用机械喷射来施工的高速施工方法，工效提高了40倍。冷沥青玛蹄脂涂抹后即逐渐脱水干固，沥青颗粒重新结合在一起，与混凝土表面有足够的黏结能力，具有良好的抗渗透性，并具有一定的变形能力和良好的耐热性。冷沥青玛蹄脂的韧性、黏结能力和抗渗性等多项质量指标都达到或高于设计的要求。[③]

（三）大坝水泥

大坝混凝土的工作条件，要求所用的水泥具有低发热性、良好的抗环境水侵蚀性和抗冻性等特性。为了满足上述要求，1957年建筑材料部的水

---

① 三门峡工程局.关于在混凝土拌和中掺入粉煤灰的经验介绍.水利水电技术,1960(2): 11.

② 朱国华.三门峡工程质量检查总结.水利水电技术，1959(1): 6.

③ 三门峡工程局生产技术处试验室.三门峡大坝温度缝及防水层采用冷沥青玛蹄脂材料的试验及施工.三门峡工程，1959(12): 8.

泥研究院和太原水泥厂合作，成功研制出了具有上述特性的大坝水泥，包括大坝纯熟料水泥和大坝矿渣水泥，并由太原水泥厂进行生产。前者适用于大坝外部有抗冲刷要求和抗冻要求的工程部位，后者适用于大坝内部有低发热性要求或有抗环境水侵蚀性要求的部位。

1958 年 3 月，太原水泥厂如期向开始浇筑大坝混凝土的三门峡工地供应大坝纯熟料水泥和大坝矿渣水泥。三门峡工程第一次并且大量地应用了上述两个新品种的大坝水泥，取得了显著成效，确保了大坝混凝土工程的质量。其后，河南省的洛阳水泥厂、湖北省的新华水泥厂、甘肃省的永登水泥厂等不少厂家都生产了大坝水泥，并相继在我国许多水利水电工程中广泛应用。①

二、新工艺

自 1958 年 1 月至 1960 年 2 月，黄河三门峡工程局职工提出技术革新与合理化建议约 7.2 万条，被采纳的有 3.04 万条。②这些革新多以改进工艺、提高自动化和机械化程度为主，重要的有改进手风钻自动推进器、大坝混凝土浇筑模板组装与机械化整体安装立模、脚手架整装整移、混凝土小拌和楼实现自动化、推土机的循环保养法等。

（一）水轮发电机组水涡轮分瓣的焊接

三门峡水电站的发电设备是由苏联设计和制造的。水轮发电机的水涡轮直径为 5.5 米，超过了铁路运输规定的尺寸，因此在工厂内是分瓣制造的，运到工地后再进行焊接组装。在发电机组准备安装时，由于苏联撤走了专家，机组虽然运来，但没有提供有关技术、焊接资料制造厂。由于水涡轮尺寸庞大，焊后在工地又无法整体加工，因而对焊接变形的控制要求极为严格。当时国际上这种焊接经验也不多，国内更是初次遇到。

为了焊接好水涡轮，周恩来总理指示：把全国各地具有焊接经验的老工

---

① 中国水利水电第十一工程局志编纂委员会.水电十一局志.1995：69.
② 中国水利水电第十一工程局志编纂委员会.水电十一局志.1995：64.

人和专家集中起来，攻克难关，并提出“只许成功，不许失败”的要求。[①]为此，在水电部和上级党组织领导下，成立了以水电部冯仲云副部长为组长，一机部沈鸿副部长、黄河三门峡工程局齐文川书记为副组长的水涡轮焊接领导组。由一机部的机械科学研究所和焊接研究所、哈尔滨电机厂、富拉尔基重型机器厂、冶金部钢铁研究院、北京钢厂、中国科学院的金属研究所和力学研究所、哈尔滨工业大学、江南造船厂及水电部系统等 13 个单位联合组成焊接试验小组。

焊接领导组根据以往机组安装、电弧焊接及热处理的经验，分析水涡轮焊接的特点，制订焊接试验的计划，鉴定每次试验的结果，认真研究存在的问题，提出改进措施，明确试验方向。焊接试验共进行了 6 个月，主要进行了分瓣水涡轮焊接工艺及控制变形的试验、焊接质量检验的试验、焊接局部工频热处理的试验、内应力测定试验等。

经过多次试验，技术人员取得了精确的数据，掌握了焊接技术。1961 年 10 月 13 日，经过一周的连续作业，第一台分瓣水涡轮一次焊接成功，焊接质量全部达到标准。三门峡水电站第一台 15 万千瓦水轮发电机组水涡轮分瓣的焊接，是我国的第一次实践，而且是在特殊情况下进行的，它的成功为我国分瓣水涡轮的焊接和大型水轮机的制造、安装积累了经验。[②]

（二）手风钻自动推进器

在三门峡工程前期的石方开挖过程中，所使用的钻眼工具主要是手风钻。这种钻在打立眼时，一般是两个人操作一部钻，打水平眼时需要三个人操作一部钻，工人的劳动强度很大，特别是在高坡排架上打水平眼时，很不安全。在水平眼钻进时，风钻的推力主要是人力，这有两个缺点：一是效率低；二是由于用力不均匀，容易发生卡钎、断钎的事故。

为了改进这种落后的操作方法，黄河三门峡工程局筑坝分局青年钻工王进先提出了利用自动推进器（风动）代替人力操作打水平眼的建议。1958

---

① 张恒国.周恩来与三门峡//中共三门峡市委党史地方史志办公室.党和国家领导人视察三门峡纪实.郑州：河南人民出版社，1996：44.

② 曲志德，白文英.焊好水涡轮，为国争光//中国人民政治协商会议三门峡市委员会，中国水利水电第十一工程局.万里黄河第一坝.郑州：河南人民出版社，1992：462.

年5月，王进先在上级领导和技术人员的支持协助下，前后经过6次试验改进，终于获得成功。手风钻自动推进器的改进成功，使过去需要3个人才能操作1部钻机的情况，改为3个人操作2部，只需一个人在吹风时开关风门，劳动强度大大减轻，钻进效率提高了约50%。[①]

图5-19　王进先和手风钻自动推进器[②]

（三）多台风钻自动操作

王进先改进的手风钻自动推进器，只解决了单台手风钻打水平眼的问题，未能实现自动化、多台同时操作等根本性的革新。曾帮助过王进先的老风钻修理工侯福勤受到王进先的启发，于1958年5月下旬提出了搞“多台自动化风钻”的技术革新建议。上级领导及时采纳了他的建议，指定专人帮助他绘制图纸、加工制造，并责成相关部门密切配合。侯福勤和其他人员一起，克服技术上和加工制造上的重重困难，在其他部门的配合下，多台（6～10台）自动操作的风钻在进行了30多次试验改进后，于同年6月底

① 三门峡工程局筑坝一分局.手风钻自动推进器.三门峡工程，1958(2)：14.

② 黄河三门峡工程局生产技术处技术资料编辑室.黄河三门峡水利枢纽工程.上海：上海人民美术出版社，1958：46.

获得了初步成功，8 月 5 日在左岸基坑进行了演示。8 月 26 日，中共河南省委、河南省人民委员会在三门峡工地召开推广多台风钻自动操作的现场会议。河南省水利厅、交通厅、建设厅，郑州铁路局和焦作、平顶山等煤矿，以及北京、陕西铁路系统等单位的 120 多位代表参加了会议，并到坝址右岸基坑参观了多台风钻自动操作演示。

多台风钻自动操作的特点：一是实现完全自动化，可以通过操作台（开关系统）控制风钻的自动钻进、自动拔钎和自动吹风；二是多台风钻可以同时工作，一个人可以掌握 6～10 台风钻，如果使用过程中一台风钻出现故障，只需单独修理，其他风钻可继续工作；三是提高了效率，一部风钻比过去提高功效 75%；四是多部风钻同时工作时，只需要一个人掌握开关系统，另一个人负责处理临时故障及换钎工作即可，消除了重体力劳动；五是支架轻巧，操作灵活；六是能打水平眼和任何角度的立眼；七是操作安全。多台风钻自动操作的出现，使“风钻工彻底摆脱了笨重的体力劳动，解放了劳动力”。[①]

图 5-20　多台自动化风钻[②]

① 中共黄河三门峡工程局筑坝一分局委员会.我们是如何发动职工群众实现风钻多台自动化的.三门峡工程，1958(3)：1.

② 黄河三门峡工程局生产技术处技术资料编辑室.黄河三门峡水利枢纽工程.上海：上海人民美术出版社，1958：47.

（四）模板整装机械化施工

模板工程是混凝土浇筑的第一道工序。在三门峡工程初期，使用的是散块模板组装的方法，但是这种方法耗费劳动力多、安装效率低，而且质量不高。为了改变模板安装方面的落后状况，解决手工作业不能适应高度机械化浇筑混凝土的矛盾，筑坝二分局在 1958 年 4 月提出了“要操作机械化和模板整拆整装”的号召，经过几个月的努力，7 月 31 日，模板整装机械化施工试验成功。

模板整装，是将小块模板按照一定的要求预先拼装在一起并加以固定，使用时利用吊车把拼装好的模板整体吊装到指定位置。模板整装机械化施工相对于使用散块安装，可以提高工作效率 21 倍，极大地缩短了安装时间，减轻了工人们的体力劳动强度。[①]

图 5-21　模板装配[②]

① 三门峡工程局筑坝二分局木模队.模板整装机械化施工介绍.三门峡工程，1958(3)：13.

② 黄河三门峡工程局生产技术处技术资料编辑室.黄河三门峡水利枢纽工程.上海：上海人民美术出版社，1958：48.

（五）脚手架整装整移

在水工建筑物的混凝土浇筑工程中，搭脚手架一直都是手工作业，既费时又费力，效率又很低。黄河三门峡工程局筑坝二分局为了提高搭脚手架的效率，1958年进行了脚手架整装整移试验，第一次试验就获得了成功，并且效果很好，可有效缩短工时。脚手架的整装整移是：在选择好的场地上，根据施工需要，预先拼绑成10米×15米或10米×6米等尺寸的单片架子，然后用吊车吊运到需要的地点安装，把几片拼在一起即成所需的脚手架。

图5-22　脚手架整装整移[①]

脚手架整装整移的优点：一是保证施工安全，脚手架整装是在平地进行的，既可去除人工高空作业，也消除了施工过程中发生事故的可能性。二是保证质量，脚手架因为是在平地上拼扎，比在高空作业容易且方便，所以可以保证坚固可靠。三是在人工和材料等方面都可以大大节省。四是解

① 黄河三门峡工程局生产技术处技术资料编辑室.黄河三门峡水利枢纽工程.上海：上海人民美术出版社，1958：49.

决了施工干扰，保证了施工进度。五是移动方便，“脚手架采用机械化整装、整拆施工，是施工技术上一个大的革命和创举”[①]。

（六）混凝土小拌和楼的自动化

三门峡工地拥有两台捷克产BT－640型混凝土拌和楼，这两台小拌和楼是1954年进口的，1957年在三门峡工地安装。这种拌和楼是全部机械化和自动化的，设计生产能力为每小时40立方米。由于进口前没有预装和试运转，致使小拌和楼在设计上存在问题，再加上中国的气候和砂砾石颗粒与捷克的不同，楼内的有些设施不是很合适。

黄河三门峡工程局对小拌和楼的骨料漏斗口、水泥储料仓、水泥衡量斗、混凝土出料弧形门、故事信号、滚轴、水银开关、电磁气阀、拌和机的反转时间等进行了改进。通过一系列的改装、改进，实现了小拌和楼的自动化操作，并且使这两台机器在当时的生产环境下得到充分的利用。[②]

（七）推土机的循环保养法

推土机的保养规程中规定，每运转240小时就要停止一个班进行一次大保养，这就降低了设备的使用率。1957年4月，黄河三门峡工程局推土机队的马桂荣提出了推土机循环保养的设想，经过不断地讨论、研究和实验，这种方法逐渐成熟，并得到推广。

推土机的循环保养法是把以前一个保养周期内需要用8小时保养的全部机件，分散在平时保养，即以10天为循环周期，将保养机件分项依次轮流有规律地进行保养。每次保养，除大保养规定的1～2件机件外，还须同时进行日常应该小保养的项目，保养的时间规定为30分钟左右，在交接班时进行。推土机循环保养法的使用，提高了机器的使用率，大修的时间间隔从240小时延长到4800小时，并且降低了故障率，延长了机器使用寿命。[③]

---

① 三门峡工程局筑坝二分局木模队.脚手架整装整移介绍.三门峡工程，1958(3): 15.

② 韩玉明.我们是怎样进行BT-640型混凝土拌和楼的改装和实现它的自动化的.三门峡工程，1958(4): 43-45.

③ 张耀海.推土机的循环保养法.三门峡工程，1958(4): 45.

第四节　施工中的人员培养

在三门峡工程建设初期，各方面的人才都不足，并且缺乏大型水利水电工程施工经验。为此，黄河三门峡工程局号召全局的干部和职工要努力学习，边干边学，成为本岗位的技术能手。广大职工通过实践锻炼、技术培训和互教互学，很快提高了技术业务水平，适应了工程建设的需要。

一、职业技术教育[①]

1958 年，黄河三门峡工程局创办了三门峡水利电力大学（次年改为水利电力学校），1960 年又创办了技工学校。1960 年，这两个学校的在校生达到 1664 名。1961 年，根据上级指示，两校先后放了长假，次年宣布停办。1964 年 3 月，黄河三门峡工程局决定重新创办技工学校（水电技校），并很快动工兴建校舍，当年和次年共招收 560 名学生。1966 年“文化大革命”开始，原订的招生计划、兴建实习车间的计划等全都落空。1969 年，清华大学水利系搬到技工学校；1971 年初，技工学校宣布停办。

1958 年 7 月至 1960 年 7 月，水利电力学校有教职工 188 名；1960 年 8 月至 1962 年 5 月，加上新创办的技工学校，两校的教职工达 310 人。1958 年至 1962 年，两所学校的教职工主要是从黄河三门峡工程局各单位抽调来的，主要是工程技术干部、技术工人和行政干部，此外水电部曾给水利电力学校调来少量大学教师（学校停办后调出）。学校曾规定教师专门的业务进修时间，并明确提出每位理论教师都要联系实际，到工厂和实习车间去，同时要在两年时间内通过自学基本掌握一门接近所教专业的课程，还要求实习教师要听理论教师的课，努力学好理论。

三门峡水利电力大学创建于 1958 年，次年，明确该校为中等专业学校，同时将校名改为“黄河三门峡水利电力学校”，1962 年 5 月停办。该校共招收了两届学生，1958 年 7 月从社会上和黄河三门峡工程局职工中招收了 508 名学生，1959 年 7 月又从社会上招收了 100 名学生。由于工作需要，

---

① 中国水利水电第十一工程局志编纂委员会.水电十一局志.1995：238-245.

部分学生提前毕业，被分配到工程局下属单位从事管理和教学工作。1961年7月，学校放长假，201名学生留下护校并从事生产劳动，直至停办。该校开设的专业有水工、电力、机械、财务、定额、计划和统计等。1960年以前，教学秩序良好，但学生的文化程度参差不齐，给教学工作带来一定困难。

黄河三门峡工程局技工学校创办于1960年7月。当时黄河三门峡工程局先将水电学校技工部1959年招收的299名学生划拨给该校，又招收了高小毕业生765名，两个年级共1064名学生，分为23个教学班。学校开设了车工、钳工、铆工、锻工、焊工、电动6个工种。1961年6月，学校经上级领导部门同意，放假一年，留下小部分学生护校并参加农业劳动，其余学生均返回原籍。次年5月，学校停办，223名留校生中一部分参军，另一部分被安排到二级单位当工人。

二、职工教育[①]

黄河三门峡工程局的职工教育主要分为文化教育和技术教育。

文化教育分为两个阶段。

第一个阶段是1957年至1958年第一季度。为了提高职工特别是工农干部的文化水平，培养建设三门峡工程的骨干，黄河三门峡工程局开办了5所业余学校，配有专职教师35人、兼职教师44人。教育的重点对象是文化、技术水平较低的工农干部和生产骨干。学校共设有69个教学班，其中初中班22个，学员845人；高小班22个，学员936人；扫盲班25个，学员1019人。入学职工共2800人，占应入学人数的70%左右。

第二阶段是1958年第二季度至1961年。1958年，全局办的文化学校共有198个教学班，其中扫盲班和小学班123个、初中班72个、高中班3个，共有学员10069人。1959年，全局参加文化学习的职工14456人，占青壮年的89.2%。1960年，全局办有12所业余学校，学员达16214人，占应入学人数的90%，有4500人升级或毕业，共扫除文盲2988人。1961年，除机电分局的文化学校基本上能坚持正常上课之外，其余学校大都时

① 中国水利水电第十一工程局志编纂委员会.水电十一局志.1995：246-250.

断时续，据当时统计，全局参加扫盲学习的职工有 750 人，参加初小以上文化学习的职工有 6697 人。这个阶段使用的教材，除通用课本外，黄河三门峡工程局还编写了几本教材。此外，1960 年下半年，一批文化程度较低的科级以上干部被选送到水电部干部学校文化班学习，并于 1961 年底结业。

技术教育跟文化教育紧密结合，同样也分为两个阶段。

第一阶段是 1957 年至 1958 年第一季度。这个阶段全局举办了多期短期训练班，培训各种技工 842 人；送出去培训的技术干部 110 人、技工 416 人；举办专题技术讲座 41 次，听课职工 2380 人次，“师带徒”1652 人，业余自学技术 640 人。

第二阶段是 1958 年第二季度至 1961 年。1958 年，黄河三门峡工程局党委提出“缺什么学什么，做什么学什么”的口号，提倡“能者为师、以师带徒、包教包学”。1960 年，全局特别加强了对 1958 年招收的数千名学徒工的培训，共办技术学习班 272 个，学员达 11779 人。两年制的学徒工，经过技术理论和实际操作考试，有 1044 人达到了国家要求的标准，转为技术工人。两年半制和三年制的学徒工也大有进步。1961 年，参加技术学习的人数减少到 5188 人。在各技术工种的培训中，全局组织人员先后编写十多种教材。

此外，据 1961 年初的统计，黄河三门峡工程局建局以来还为东北红石、广西昭平等 22 个水利水电单位培训工人 1100 名。

第六章

三门峡工程的改建

三门峡工程建成运用后，库区的淤积情况严重超出了预期，这暴露出工程设计中存在的问题，迫使工程不得不调整运用方式，并进行改建。三门峡工程通过两次改建，增加了泄流设施，加大了下泄流量，在一定程度上弥补了设计缺陷，淤积情况有了一定的好转。

第一节　第一次改建

1962年4月，在全国人大二届三次会议上，陕西省代表提出提案，要求改变三门峡工程的运用方式，以减少库区淤积，保护移民线以上居民的生产、生活和生命安全。全国人大会议审查后，指示国务院交水电部会同有关部门和有关地区研究办理。水电部分别于1962年8月和1963年7月组织了两次讨论会，讨论三门峡工程改建的技术问题，形成了初步意见。1964年12月，周恩来总理主持了治黄会议，最后确定了增建2条泄流隧洞和改建4条发电引水钢管为泄流排沙管道的改建方案。

一、改建缘由

三门峡工程于1960年9月开始“蓄水拦沙”运用，最高蓄水位为332.58米高程（1961年2月9日），蓄水量达72.3亿立方米。工程蓄水运用后出现了严重的问题：库区泥沙淤积严重，在一年半的时间内库区330米高程以下淤积泥沙15.3亿吨，有93%的来沙淤积在库内，淤积末端出现“翘尾巴”现象，淤积速度和部位都超出了预期；黄河潼关段在河水流量为1000立方米每秒时的水位，1962年3月比1960年3月抬高了4.4米，并在渭河口形成拦沙门，渭河下游泄洪能力迅速降低；水库淤积末端上延，1962年渭河淤积达到距河口149千米，同年洛河淤积达到距河口113千米；库区周围地下水位抬高，渭河下游两岸农田受到淹没和浸没影响，土地盐碱化面积增大。

为了减缓水库淤积和防范渭河洪涝灾害，1962年2月，水电部在郑州召开的黄河防汛工作会议上决定：三门峡工程的运用方式由“蓄水拦沙”改为“滞洪排沙”，汛期闸门全开敞泄，只保留防御特大洪水的任务（国务院于3月20日批准）。[①]三门峡工程的运用方式改变后，库区的泥沙淤积有所减缓，但潼关河床高程并未降低。由于泄水孔位置较高，三门峡工程在315米高程水位时的下泄流量只有3084立方米每秒，入库泥沙仍有60%淤在库内，特别是在丰水丰沙的1964年，问题更为突出。到1964年10月，335米高程水位以下的库容由开始运用时（1960年5月）的98.4亿立方米减小为57.4亿立方米，渭河下游的淤积继续发展。“滞洪排沙”运用方式对下游河道也造成了不利影响。由于对一般洪水滞洪，水库汛期淤积的泥沙于汛后冲刷出库，形成小水带大沙，下泄的泥沙淤到了下游河道主河槽内，以致河道宽浅游荡强度加大。

1962年3月，周恩来总理安排李富春、陶铸、刘澜涛等到三门峡听取三门峡工程运用情况和三门峡工程改建研究意见的汇报，参加汇报的人员有沈崇刚、顾文书、侯晖昌、麦乔威等数十人，沈崇刚提出了打开原施工导流底孔排沙的建议。

1962年4月，在第二届全国人大第三次会议上，陕西省代表提出了第148号提案，案由：“拟请国务院从速制定黄河三门峡水库近期运用原则及管理运用的具体方案，以减少库区淤积，并保护三三五米移民线以上的居民生产、生活、生命安全。”提案的理由是：三门峡工程建成以来，淤积、浸没及回水影响相当严重，库区周围340米高程上下的地下水位普遍上升，

① 黄河三门峡水利枢纽志编纂委员会.黄河三门峡水利枢纽志.北京：中国大百科全书出版社，1993：121.

在335米高程以上，农田浸没面积已达47万亩，农作物产量下降，部分地区的果树已开始死亡；回水淹没和浸没影响很严重，根据1961年已经取得的观测资料推算，如果发生两百年一遇的洪水，若汛前坝前水位为320米高程，回水末端将达临潼零口，将使335米高程移民线以上的362个村庄、14.8万人和53万亩耕地被洪水淹没。陕西省代表认为这些情况很严重，与水库的运用方式有直接关系，因此认为对工程当前的管理运用应从速制定方案。陕西省代表在提案中提出：为了减少淹没、淤积、浸没损失，建议当前水库的运用应以滞洪排沙为主；控制1962年拦洪水位在库区不超过325米高程移民线；汛前的库区水位降至315米高程以下（坝前水位），泄洪闸门全部开启并研究增设泄洪排沙设施；请国务院组织工作团，深入库区调查库区现在的情况、存在的问题并指示解决办法。全国人大审查该提案后要求："由国务院交水利电力部会同有关部门和有关地区研究办理。"[①]

二、改建论证

全国人大会议以后，周恩来总理亲自召集有关人员开展三门峡工程问题座谈会。会上，绝大多数人认为三门峡工程的运用方式由"蓄水拦沙"改为"滞洪排沙"是正确的，但对于是否增建泄流排沙设施及增建规模等则分歧较大。对此，水电部组织了3次讨论会。

（一）第一次讨论会

1962年8月20日至9月1日，水电部在北京召开了第一次三门峡水利枢纽问题讨论会。讨论会由水电部副部长张含英主持，参加会议的有国家计委、国家经委、黄委会、黄河三门峡工程局、北京勘测设计院、水电部有关司局和科学研究单位，以及陕西、山西、河南、山东四省水利厅等单位的领导、专家和技术人员共80余人。讨论会着重讨论了三门峡工程的任务和运用方式、三门峡工程改变运用方式对上下游的影响、增建泄流排沙设施及这些设施的水工技术问题等。争论的主要问题和主要分歧有下列几

① 第二届全国人民代表大会第三次会议.《第148号》提案//黄河水利委员会，勘测规划设计院.黄河规划志.郑州：河南人民出版社，1991：503-504.

个方面。[①]

1. 三门峡工程的运用问题。

（1）关于三门峡工程的运用方式，讨论会上存在三种意见。

绝大多数人主张近期采用拦洪排沙的运用方式，远景为综合利用。他们的理由是库区上游的水土保持不可能按规划在近期生效，大量泥沙入库，水库就有很快被淤废的危险，且移民存在着很大困难，而近期灌溉和发电的要求并不高。在这种情况下，采用拦洪排沙（亦称“滞洪排沙”）的运用方式是正确的，应当在保证下游防洪的要求下，力争多排沙，尽量减少水库淤积和淹没损失，延长水库寿命，以保证将来防洪和其他综合利用效益。

少数人认为，不论近期与远期都应采取拦洪排沙运用方式，因为水土保持很长时间才能见效，即使到远景，仍有相当数量的泥沙入库，水库淹没和移民安置将来也不易解决，灌溉和发电也不必由三门峡工程蓄水调节。

个别人认为，改变三门峡工程的运用方式论据还不充足，没有理由推翻原定的综合利用方式。近年水库来沙量大，这是不正常年份，常年平均沙量不会增加，三门峡工程的综合利用效益很大，拦洪排沙只能减少当前的小损失，而失去大利益，得不偿失。

（2）对于拦沙或排沙，讨论会上也有三种意见。

大多数人认为，近期采取拦洪排沙的方式，首先应当保证下游防洪的安全，在不引起下游严重淤积、河床抬高的条件下，可以多排沙，以减少水库淤积。

个别人认为，泥沙应尽量下排，配合下游河道整治与三门峡工程枯水期制造人造洪峰帮助冲刷，即使全部泥沙下泄，也不至于使下游河道逐年淤高。

个别人认为，在水土保持尚未显著生效之前，三门峡工程应当拦蓄泥沙下泄清水，以冲刷下游河道，这是兴建三门峡工程的根本任务和指导思想。即使近期因泥沙淤积、存在淹没风险与移民困难而暂时采用拦洪排沙方式，将来水库仍应担负拦沙任务。

---

① 张含英.三门峡水利枢纽问题座谈会讨论的综合意见//水利电力部.三门峡水利枢纽问题座谈会资料汇编，1962：3-11.

2. 黄河上下游治理和库区渭河下游整治的问题。

多数人认为，黄河最根本的问题是泥沙问题，要解决泥沙问题最根本的办法是搞好水土保持，以往对水土保持过于乐观，对减沙效果估计过高，看来必须有相当长的时间才能产生显著效果。在这种情况下，有人主张应兴建大量的大、中、小型拦泥库来拦沙；而有人认为，拦泥库耗费人力、物力和财力太大，且库容有限，而河流泥沙量巨大，拦泥库会很快被淤废，得不偿失，在技术上尚需进一步研究；有人提出，在增建泄流排沙设施前，利用下泄沙量不多的有利时机，抓紧下游的河道整治，工程量不大，且见效快；还有人提出，黄河下游应有计划地进行放淤造田，这对下游两岸的农业增产和改善盐碱地都有好处；也有人提出，对库区下游的低洼滩地有计划地放淤，把不利的泥沙淤积引向有利的地方。

3. 增建泄流排沙设施的方案。

关于增建泄流排沙设施，虽然与会者对于采用什么方案有不同意见，但绝大多数与会者是赞成的。水电部北京勘测设计院提出了多种改建措施：第一种是打开位于280米高程的施工导流底孔中的3个或12个；第二种是在左岸增建2条泄流排沙隧洞，进口底槛高程为290米；第三种是改建电站坝体4条原发电引水钢管为泄流排沙管道，进口高程为300米。利用上述措施组成了10个方案。与会者围绕上述方案进行讨论，第一种意见认为，一般洪水坝前水位320米高程时，下泄流量6000立方米每秒，回水不超过潼关，坝前水位340米高程时，下泄流量10000立方米每秒；第二种意见认为，坝前水位在310～315米高程时，下泄流量6000立方米每秒，坝前水位320米高程时，下泄流量7600立方米每秒；第三种意见认为，下泄流量还可增大，达到一百年一遇的洪水时，水库回水不超过潼关。根据绝大多数人的意见，对增设泄流设施可以归纳为3种方案，即：①打开3个施工导流底孔；②开挖2条隧洞；③打开3个底孔，加开挖一条或两条隧洞。

会议并未达成一致意见，最后会议总结指出：需要进一步加强观测试验，深入理论研究，更多地掌握黄河泥沙冲淤规律，多做工作，并召开第二次讨论会研究这些问题。

（二）第二次讨论会

由于第一次讨论会未能取得一致意见，增建泄流排沙设施的方案没有确定，1963 年 7 月 16 日至 31 日，三门峡水利枢纽问题第二次技术讨论会在北京召开，会议由张含英主持，参加会议的有各单位领导、专家和教授，共 120 人。会上，各单位提交了自第一次讨论会后的研究成果，主要有黄委会的《黄河上中下游基本情况》和《关于三门峡水利枢纽改建的初步意见》、北京勘测设计院的《黄河三门峡水利枢纽增建泄流排沙设施初步设计》和《三门峡水电站低水头发电问题研究》、陕西省水利厅的《对三门峡水库改建和运用的意见》、水科院河渠研究所的《三门峡水库淤积发展与增建泄流设施分析》。另外，还有三门峡库区管理局、黄河三门峡工程局、清华大学、陕西工业大学等单位和个人提出的有关三门峡库区淤积情况、移民情况、工程改建的水工模型试验报告及不同改建方案对水库冲淤和下游河道的影响等报告、论文共计 28 篇。这些研究成果为本次讨论会提供了良好的基础。

黄委会《关于三门峡水利枢纽改建的初步意见》提出，解决三门峡问题的途径有两条：一是增加工程低水头的下泄能力，加强排洪排沙作用，从而减少库区淤积，降低防洪库容，减轻库区迁移的困难；二是减少水库以上来水来沙，把泥沙拦截在水库以上的干支流及广大黄土高原，使洪水在水库以上干支流上得到一定程度的调节，减轻库区的困难。前一种途径就是所提及的各种不同的改建方案措施，这些措施对黄河下游河道及河口都将带来不同程度的不利影响。就河道防洪而言，有些情况达到了不能允许的程度。对于库区，改建无法彻底解决问题，并会给下游增加很大困难。应当尽量争取第二种途径，采取拦沙措施，减少泥沙进入三门峡水库，既能减缓三门峡水库的淤积，也能为广大黄土高原的农业生产及水利建设创造有利条件。建议把三门峡工程的改建与在上游兴建拦泥水库两种方案进行详细比较研究，然后再做出是采取改建还是兴建拦泥水库的结论，这样比较稳妥。目前，这些问题没有详细研究以前，最好是不改建，如果怀疑干支流水库及水土保持的近期拦泥效果，也可以适当改建，但改建规模不宜过大，并要在改建工程完成后加以控制，逐步取得经验。①

陕西省水利厅《对三门峡水库改建和运用的意见》提出，在当前情况下，三门峡工程防洪排沙的运用方式是正确的，但由于泄水能力太差，即使12孔闸门全部打开，1962年的最大下泄流量也仅有2980立方米每秒。同时由于三门峡工程孔口（深孔）高程为300米，使潼关以下形成大量淤积，这将促使潼关高程继续淤高，这些问题并非单单改变工程运用方式就能解决。因此，三门峡工程改建是一个刻不容缓的问题。如果按照水位320米高程时下泄流量7300立方米每秒改建（增建2条隧洞，打开3个施工导流底孔），到1970年，改建后排沙效果将由69%增大至96%，8年内平均排沙占来沙的84.2%，水库可以增大排沙、减少淤积。但遇较大洪水时，回水仍然超过潼关，因此，按照320米高程时下泄流量7300立方米每秒改建，对减轻库区淤积和延缓潼关高程的抬高还远远不够，三门峡工程改建的泄流标准必须达到五十年一遇洪水的回水不超过潼关。要达到这样的要求，水位320米高程时的下泄流量需加大为11000立方米每秒，同时应确定以水位320米高程时下泄流量11000立方米每秒作为改建泄流排沙设施的标准，积极进行，及早完成。在研究三门峡工程改建措施的同时，技术人员还必须结合研究三门峡上下游黄河干支流的治理规划，达到上下结合，统筹兼顾。②

水科院河渠所《三门峡水库淤积发展与增建泄流设施分析》指出，三门峡工程如不扩建，10～20年以后，潼关滩面高程将达到334米左右，主槽高程不但随流量而变动，汛前与汛后即使同一流量情况下亦相差甚大。因枯水位抬高，对渭河两岸农田影响较大，故扩建极为迫切，只要在下游防洪容许的条件下，泄量宜尽可能加大。③

---

① 黄河水利委员会.关于三门峡水利枢纽改建的初步意见，1963年7月.黄河档案馆档案，B16(2)-2(2)-32.

② 陕西省水利厅.对三门峡水库改建和运用的意见（摘要）.水利电力部.三门峡水利枢纽问题第二次技术讨论会资料汇编，1963年8月.黄河档案馆档案，B16-13-29：113-117.

③ 水利水电科学研究院河渠研究所.三门峡水库淤积发展与增建泄流设施分析（摘要）.水利电力部.三门峡水利枢纽问题第二次技术讨论会资料汇编，1963年8月.黄河档案馆档案，B16-13-29：110-112.

北京勘测设计院的《黄河三门峡水利枢纽增建泄流排沙设施初步设计》建议采用左岸增建两条隧洞的措施，在水库拦洪排沙运用期间，隧洞可作为增加的泄流排沙设施。对于钢管方案，模型试验表明，出口消能问题可以解决，可以考虑增加 4 条钢管作为辅助泄流排沙设施。[①]

这次会议是第一次讨论会的继续，根据第一次讨论会的情况，本次会议着重研究了三门峡工程上下游水文泥沙冲淤变化、是否需要增建泄流排沙设施、如何增建、非汛期发电及增建工程的工程技术问题等，并以三门峡工程为中心，联系黄河的治理方向、水土保持工作、上下游干支流水库、拦泥水库、黄河和渭河下游的河道整治等一系列问题。是否需要增建泄流排沙设施问题，是本次讨论会的焦点，主要有两种不同意见：一种是不同意增建泄流排沙设施，另一种是主张立即增建泄流排沙设施。[②]

不同意增建泄流排沙设施的意见是，增建后虽可减少三门峡水库的淤积和移民困难，但不能彻底解决问题，大量泥沙下泄将增加黄河下游及河口区的淤积，河床随之抬高，加重下游防洪困难，并指出若靠工程控制运用以调节水流来减少下游淤积，目前尚无观测、计划和运用实例，这种设想是无法落实的；增建后将增加下游洪水量，如果上游来水与三门峡至秦厂区间洪水遭遇时不能错峰，对黄河下游防洪非常不利。因此，主张兴建干支流拦泥水库并结合水土保持，以减少流入三门峡水库的水量和沙量，从而减轻库区淤积状况。意见还指出，三门峡工程的增建措施应与中游兴建拦泥库的方案进行比较，在没有详细比较研究以前，不宜确定增建，如果增建，规模不宜过大，只能适当增建一条隧洞。另外，有人提出，为了尽快兴建拦泥水库解决三门峡工程的淤积问题，应集中力量打歼灭战，把增建工程的设计施工力量转移去做拦泥库。

主张立即增建泄流排沙设施的意见是，如果维持现状，水库淤积严重、使用寿命缩短，淤积末端延伸很快，淹没损失很大，移民问题不易解决；为

---

① 北京勘测设计院．黄河三门峡水利枢纽增建泄流排沙设施初步设计（摘要）．水利电力部．三门峡水利枢纽问题第二次技术讨论会资料汇编，1963 年 8 月．黄河档案馆档案，B16-13-29：76-87.

② 张含英．我有三个生日．北京：水利电力出版社，1993：85-86.

了保证黄河下游所需的防洪库容，保证西安不受影响和减轻近期淹没、移民困难，增建泄水排沙设施是非常迫切的，应当立即进行，这不是水土保持和拦泥水库所能代替的；增建后通过控制运用，可使黄河下游不发生严重淤积。许多与会者认为，泥沙运动与水流有一定关系，通过调节径流可以调节泥沙，经过试验研究有可能找到最有利的控制运用方法，把更多的泥沙输送入海，使水库淤积和下游河道淤积分配适当；只有增建泄流排沙设施，才有可能主动地加以控制。关于增建规模，大多数人认为，可先增设 2 条隧洞；也有人主张分步进行，即先增建 2 条隧洞和打开 3 个底孔；还有人主张，增建 2 条隧洞和利用 2 个发电钢管；还有人主张，只增建 2 条隧洞；还有人主张，打开 12 个施工导流底孔。

会议还讨论了增建泄流排沙设施的工程技术问题，认为增建工程必须保证大坝的安全，按一级水工建筑物标准设计，认为左岸开挖 2 条隧洞方案，工程技术有把握，较为安全可靠；钢管方案，出口消能问题尚需试验研究才能确定；底孔方案，在承受内水压力下，混凝土拉应力存在问题，不安全、不可靠。关于非汛期发电问题，大多数与会者认为应服从泥沙处理的要求，目前不能肯定，将来可根据上下游泥沙淤积的影响，通过试验计算来确定。

这次讨论会对于是否需要增建泄流排沙设施及增建的规模，仍有很大分歧，但是鉴于三门峡水库淤积发展的严重情况，与会者都希望能尽早定案。同时，通过讨论，与会者也加深了对根治黄河的复杂性和艰巨性的认识。[①]

（三）北京治黄会议

1964 年 3 月，周恩来总理向水电部副部长钱正英详细询问了三门峡工程的情况后，认为解决问题的时机已经成熟，决定召开一次治黄会议，并指示水电部到现场进一步弄清情况，积极筹备会议。1964 年 6 月，水电部在三门峡现场继续讨论工程的改建方案。同年 8 月初，中共水电部党组召开扩大会，讨论了三门峡工程的改建和治黄方向问题。

---

① 张含英.我有三个生日.北京：水利电力出版社，1993：86.

1964年12月5日至18日，周恩来总理亲自主持召开治黄会议，讨论关于三门峡工程改建与运用方式的问题。参加会议的有国务院办公厅、国家计委、建委、经委、水电部水电总局、规划局、水科院、北京院、中原电管局、黄河三门峡工程局、黄河中游水土保持委员会、陕西省三门峡库区管理局、清华大学、武汉水电学院、北京水利水电学院、长江流域规划办公室、黄委会和陕西、甘肃、山西、河南、山东五省的水电厅等22个单位的相关人员，以及张含英、汪胡桢、黄万里、张光斗等水利界知名专家、学者和长期从事黄河研究的代表，共100余人，与会代表共提出发言报告55篇。会议筹备期间，水电部和黄委会还收到许多从全国各地寄来的意见和文章，阐述各自对三门峡工程改建和治理黄河的主张，会议印发了80余篇。

会上绝大多数与会者同意立即增建两洞四管，并提出了各自的治黄主张。发言中，分歧最大的有4种意见①。

1. 北京水利水电学院院长汪胡桢（原黄河三门峡工程局总工程师）不同意改建三门峡工程，主张维持现状。他认为，1955年人大通过的治黄规划，采取“节节蓄水，分段拦泥”的办法是正确的，三门峡工程修建后，停止了向下游输送泥沙，下游河床从淤高转向刷深，这是黄河上的革命性变化；改建必然使黄河泥沙大量下泄，下游河道仍将淤积，危如累卵的黄河下游河道势必酿成大改道的惨剧；近期应继续维持三门峡工程原规划设计的340米高程正常高水位，同时在中游修建拦泥库蓄水拦泥，争取时间，积极开展中游地区的水土保持工作，这样可使下游河道逐步刷深；至于以后拦泥水库淤成平地，失去作用，则毫不足惜，拦泥水库淤满之后，将出现一片肥沃的平原，两侧是崇山峻岭，中间为河流一道，耕地相接，黄河之害即可化为黄河之利。

2. 黄委会主任王化云主张拦泥。他代表黄委会作了《关于近期治黄意见》的报告，提出了几点意见：第一，加快水土保持工作。以发展中游地区的农、林、牧业生产和减少黄河泥沙为出发点，初步规划把水土流失严重的河口镇到龙门的42个县和泾、渭、北洛河流域的58个县作为治理重点，

① 黄河水利委员会，勘测规划设计院.黄河规划志.郑州：河南人民出版社，1991：162-164.

加快治理速度。第二，同意在三门峡工程增建2条隧洞。近期可以减轻库区淤积，减缓渭河、洛河下游不利影响的发展。但是，由于黄河水少沙多，增建后仍不能根本解决三门峡库区和渭河、洛河下游的问题，而且使黄河下游河道状况恶化，如果没有拦沙措施，单纯依靠排，最终不免重蹈历史上治河的覆辙。第三，在中游干支流兴建拦泥水库及拦泥坝工程。首先在北干流河口镇至潼关、泾河、北洛河修建3座大型拦泥水库，估计可减少一半的三门峡入库泥沙。利用三门峡工程现有的12个深孔和增建的2条隧洞排洪排沙，库区淤积和渭河、洛河下游的淹没影响将大为缓解，同时配合下游的河道整治，可以初步达到稳定下游河道的目的。鉴于拦泥水库工程的许多问题尚未解决，急需按照拦泥坝的设想做出样板，因此建议把甘肃省巴家嘴水库改建为拦泥试验坝。①

3. 长江流域规划办公室主任林一山主张大放淤。他认为，在根治黄河方针无法确定时，用巨额投资修建大型拦泥库或者把水和泥沙送往渤海都是不合道理的；黄河规划必须是水沙统一考虑，立足于“用”。鉴于水土保持需要很长时间，而且又不可能完全拦住泥沙，下游河床却在不断淤高，加剧水患，所以，他主张从河源到河口，干支流沿程都应该引洪放淤、灌溉农田，把泥沙送到需要的地方；当前，应积极试办下游灌溉放淤工程，为群众性地引洪淤灌创造条件，逐步发展，以积极的态度“吃掉”黄河的水和沙。他设想，河口镇到龙门区间及泾、洛、渭河按每人淤灌1～2亩地计算，就不会有多少剩余浑水下泄，再加上下游放淤，那时华北平原将是一派江南景象。

4. 河南省科委副主任杜省吾主张炸掉大坝。他认为，黄河的径流始终不停地把黄土携带下泄，造就孟津以下的广大平原，这是黄河的必然趋势，绝非修建水工建筑物和水土保持等人为力量所能改变的；治理黄河必须根据黄河自然发展规律，在接近平原的边沿，有广大地区任秋水泛滥、停蓄，然后落水归槽，减少冲淤，达到不冲不淤的中和状态，由宽浅的河槽变为地下河，这样才能河定民安。“黄河本无事，庸人自扰之”，所以他力主炸掉三门峡大坝，最终进行人工改道。

① 黄河水利委员会.王化云治河文集.郑州：黄河水利出版社，1997：276-302.

会议期间，周恩来总理四次听取代表的发言。12 月 18 日，周恩来总理在广泛听取各种意见的基础上，作了总结讲话。[①]

关于治理黄河总的战略方针，他说："总的战略是要把黄河治理好，把水土结合起来解决，使水土资源在黄河上、中、下游都发挥作用，让黄河成为一条有利于生产的河。"

对于存在的问题，他指出："治理黄河规划和三门峡枢纽工程，做得全对还是全不对，是对的多还是对的少，这个问题有争论，还得经过一段时间的试验、观察才能看清楚，不宜过早下结论。只要有利于社会主义建设，能使黄河水土为民兴利除弊，各种不同的意见都是允许发表的"，"黄河自然情况这样复杂，哪能说治理黄河规划就那么好，三门峡水利枢纽工程一点问题都没有，这不可能"，"我们总要逐步摸索规律，认识规律，掌握规律，不断地解决矛盾，总有一天可以把黄河治理好"，"黄河治理从一九五〇年开始到现在将近十五年了。但是我们的认识还有限，经验也不足，因此，不能说对黄河的规律已经都认识和掌握了。我们承认现在的经验比十五年前是多了，比修建三门峡枢纽工程时也多了，但将来还会有更多的未知数要我们去解答"，"当时决定三门峡工程就急了点。头脑热的时候，总容易只看到一面，忽略或不太重视另一面，不能辩证地看问题"，"我们对治理黄河规划和三门峡水利枢纽工程既没有全面肯定，也没有全面否定。至于设想，可以大胆些。我曾经说过，可以设想万一没有办法，只好把三门峡大坝炸掉，因为水库淤满泥沙后遇上大水就要淹没关中平原，使工业区受到危害"。

周恩来总理要求各种意见都要克服片面性，要从全局看问题。他说："不管持哪种意见的同志，都不要自满，要谦虚一些，多想想，多研究资料，多到现场去看看，不要急于下结论"，"不要自己看到一点就要别人一定同意。个人的看法总有不完全的地方，别人就有理由也有必要批评补充"。他指出："泥沙究竟是留在上中游，还是留在下游，或是上中下游都留些？全河究竟如何分担，如何部署？现在大家所说的大多是发挥自己所着重的部分，不能综合全局来看问题。"对于炸坝派听其自然的治黄思想，周

① 中共中央文献编辑委员会编.周恩来选集(下).北京：人民出版社，1984：433-438.

恩来总理是不赞成的，但对其提出炸坝这种大胆设想的精神是赞赏的，认为这样有利于发现矛盾、解决矛盾。对于反对改建的不动派，周恩来总理说："改建有利于解决问题，不动就没法解决问题"，"五年已淤成这个样子，如不改建，再过五年，水库淤满后遇上洪水，毫无疑问对关中平原会有很大影响"，"反对改建的同志为什么只看到下游河道发生冲刷的好现象，而不看中游发生了坏现象呢？如果影响西安工业基地，损失就绝不是几千万元的事，对西安和库区同志的担心又怎样回答呢？"对于拦泥派，周恩来总理说："我看光靠上游建拦泥库来不及，而且拦泥库工程还要勘测试点，所以这个意见不能解决问题。""实施水土保持和拦泥库的方案还遥远得很，五年之内国家哪有那么多投资来搞水土保持和拦泥库，哪能完成那么多的工程。那样，上游动不了，下游又不动，还有什么出路！"

关于三门峡工程改建问题，周恩来总理说："三百三十五米以下库容原为九十六亿立方米，现在已经淤了五十亿吨泥沙，只经过五年，已经淤了一半"，所以"三门峡枢纽改建问题，要下决心，要开始动工。不然，泥沙问题更不好解决。当然，有了改建工程也不能解决全部问题，改建也是临时性的，但改建后情况总会好些"，"改建规模不要太大，因为现在还没有考虑成熟。总的战略是要把黄河治理好，把水土结合起来解决，使水土资源在黄河上、中、下游都发挥作用，让黄河成为一条有利于生产的河。这个总设想和方针是不会错的"，"我也承认三门峡二洞四管的改建工程不能根本解决问题，而是在想不出好办法的情况下的救急办法。改建有利于解决问题，不动就没法解决问题"，"三门峡工程二洞四管的改建方案可以批准，时机不能再等，必须下决心"。

周恩来总理最后说："今天，我只能解决第一步增建问题，其他问题我还要负责继续解决，不是光注意了中游，不注意上游，更不是不注意下游。绝无此意。现在成熟的方案只有这一个，其他的事情还要继续做。"

治黄会议召开之后，中共水电部党组于 1965 年 1 月 18 日，向中共中央呈报了《水利电力部党组关于黄河治理和三门峡问题的报告》，总结了中华人民共和国成立以来治理黄河的经验教训，并对围绕三门峡工程展开的治黄大论战的情况作了比较系统的总结。

《水利电力部党组关于黄河治理和三门峡问题的报告》的主要内容

如下[1]：

“一九五四年，我们请苏联专家来帮助做治黄规划。苏联没有像黄河这样多泥沙的河流，他们只有在一般河流上‘梯级开发’（就是一级一级地修坝发电）的实践经验。在历史上，中国人希望黄河清，但是实现不了。苏联专家说，水土保持加拦泥库，可以叫黄河清。这样，黄河和一般河流就没有什么不同了，也可以‘梯级开发’了。于是，历史上定不了案的问题，一下都定案了。”

“一九五五年，我国人民代表大会通过了这个规划。在这以后，虽然有人提出不同意见，也组织了全国专家展开鸣放讨论，但是，我们急于想把三门峡定案，听不进不同意见，鸣放讨论只是走过场。对苏联提出的三门峡设计虽然作了一些修改，还是基本上通过了。”

从1962年起，围绕着三门峡工程引起的问题，展开了治黄的大论战。论战第一个阶段的中心问题是黄河规划和三门峡工程的设计有没有错误。起初，一部分人认为，规划和设计都没有错，只是因为没有按照原来的规划做好水土保持、修建支流的拦泥库，三门峡工程陷于“孤军作战”，才造成现在的局面。经过讨论，绝大部分人认为，黄河规划和三门峡工程的设计都有错误，黄河规划中对于水土保持的效果估计得过于乐观；建议修建的10座拦泥库，控制面积小，工程分散，离三门峡远，不能有效地解决问题。在三门峡工程的设计中，没有摸清水库淤积的规律，当时认为西安市区海拔400米、草滩镇375米，只要设计水位不超过360米高程（施工时降低为350米高程，实际最高蓄水位为332.58米高程），就不致影响西安，实际上只要水位超过320米高程，回水就超过潼关，渭河、洛河就要发生淤积，渭河的淤积向上游延伸，就将威胁西安。

论战第二个阶段的中心问题是三门峡工程出现问题是规划思想的错误，还是技术性的错误。一部分人认为，规划思想没有错，要解决黄河问题，必须“正本清源”，根本办法是水土保持，过渡办法是修建拦泥库；另一部分人认为，规划思想错了，在近期，黄河不可能清，也可以不清，黄河的

---

① 水利电力部党组.水利电力部党组关于黄河治理和三门峡问题的报告[A].中共中央文献研究室编.建国以来重要文献选编（第20册）.北京：中央文献出版社，1998：34-40.

特点是黄土搬家，认识了这个规律，就可以利用黄河的泥沙有计划地淤高洼地，改良土壤，并且填海成陆。上述两派各持己见，简称为“拦泥”与“放淤”之争，他们的分歧点是：近期的治黄工作究竟放在黄河变清的基础上，还是黄河不清的基础上？近期治黄的主攻方向主要是在三门峡以上修建拦泥库，还是主要在下游分洪放淤？在战术问题上，两派都还没有落实。按照“拦泥”规划，三门峡水库就是最大的拦泥库，原来拟订修建的10座拦泥库，大家都认为行不通了。放淤派是近年才发展起来的，到现在为止，还只有一些原则设想，没有做出具体方案。对于三门峡工程，拦泥派主张不改建或小改建，放淤派则主张彻底改建。

以上争论问题，会议没有做结论，而是要求进一步勘察研究，把两方面的意见落实。

三门峡工程的第一次改建方案，最终确定为增建2条泄流隧洞和改建4条发电引水钢管为泄流排沙管道（简称“两洞四管”），工程于1965年1月开工。

三、改建施工和运用效果

三门峡工程的第一次改建工程（“四管工程”）经国家计委和水电部批准，由北京勘测设计院负责设计，黄河三门峡工程局负责施工。四管工程于1965年1月开工，改建的4条钢管为原5~8号发电机组的引水钢管，进口高程为300米、直径为7.5米，已安装到厂房内蜗壳进口断面处。改建工程将这4条钢管改为泄流排沙钢管，在厂房内将钢管出口变径缩小为2.5米×3.45米，从厂房下游墙穿出，泄流入尾水渠，设计的最高运行水位高程为335米。四管工程按期于1966年上半年完成，汛期正式投入泄流排沙运用。四管工程完成的主要工程量：开挖土石方173137立方米，浇筑混凝土16651立方米，安装金属结构751.4吨，安装钢筋215吨。四管工程实际投资额为599.8万元。[①]

① 中国水利水电第十一工程局志编纂委员会.水电十一局志.1995：21.

图 6-1 改建发电引水钢管[①]

两洞按 I 级建筑物标准设计，1 号洞长 393.9 米，2 号洞长 514.5 米，两洞的进口高程均为 290 米，出口高程为 287 米，采用挑流鼻坎消能。鼻坎右顶高 289 米，左顶高 292 米，顶部从左至右全长 28.2 米。隧洞有压段直径为 11 米，明流段断面高 9 米、宽 32 米。洞身中部设有深达 63 米的工作闸门室，内装高和宽均为 8 米的弧形闸门，用两台起重量均为 150 吨的卷扬式启闭机启闭。隧洞进口段设有事故检修闸门井，内装两扇事故检修闸门，每洞由两台起重量均为 400 吨的启闭机启动。

1967 年 8 月 12 日，1 号隧洞正式投入运用，比设计工期提前两年；1968 年 8 月 16 日，2 号隧洞提前一年提闸过水。两洞共完成工程量：开挖土石方 1103249 立方米，浇筑混凝土 125274 立方米，回填灌浆 17117 平方米，固结灌浆 8126 米，安装金属结构 1892 吨，安装钢筋 3587 吨。隧洞工程实际投资额为 5021.9 万元。[②]

① 黄河水利委员会.世纪黄河.郑州：黄河水利出版社，2001：132.

② 中国水利水电第十一工程局志编纂委员会.水电十一局志.1995：22.

图 6-2　排沙洞施工[①]

“两洞四管”改建完成并投入运用后，三门峡工程的泄流能力在水位315米高程时，泄量为6102立方米每秒。1964年，用实测的洪水资料进行验算，第一次改建工程投入运用后，水库的拦洪水位可降低5～8米，除1933年型的大洪水外，其他年型的大洪水，水库拦洪最高水位可控制在320米高程左右，可大大减轻潼关以上的库区淤积压力；如遇1933年型的大洪水，水库最高拦洪水位将达325米高程以上，水库回水仍要超过潼关，但和改建之前比较，最低库水位可降低5米左右。更重要的是，水库退水较快，高水位的持续时间可缩短，由此增加了冲刷库区原淤积泥沙的机会。水库的年均来沙淤积量，在改建前为40%，改建后降低至20%，冲刷出库的排沙比年均为80%。潼关以下库区开始由长期淤积变为冲刷，从1966年7月至1970年9月，净冲刷出库沙量为0.802亿立方米，至1968年10月，高程330米以下的库容比1964年10月恢复了3.03亿立方米。第一次改建工程完成和运用后，库区淤积明显减少，虽然水库的泄流排沙能力仍然不足，但它已为进一步改建赢得了时间，并且从改建工程的实践中探索

① 水利部黄河水利委员会.人民治理黄河六十年.郑州：黄河水利出版社，2006：226.

了解决水库淤积的有效途径，成效是显著的。①

图 6-3 泄流排沙钢管运用②

图 6-4 排沙洞排沙运用③

① 黄河三门峡水利枢纽志编纂委员会.黄河三门峡水利枢纽志.北京：中国大百科全书出版社，1993：130-131.

② 黄河三门峡水利枢纽志编纂委员会.黄河三门峡水利枢纽志.北京：中国大百科全书出版社，1993：插图.

③ 黄河水利委员会.世纪黄河.郑州：黄河水利出版社，2001：132.

第二节　第二次改建

为了进一步加大三门峡工程的下泄流量，更好地解决水库的淤积问题，1969 年 6 月在三门峡召开了山西、陕西、河南、山东四省会议，讨论三门峡工程的进一步改建问题，会议确定了改建的规模和要求。经过讨论和审定，三门峡工程第二次改建的方案最终确定挖开 8 个施工导流底孔、改建 5 个机组的进水口。

一、改建缘由

第一次改建工程完成后，三门峡工程的泄流规模增大了一倍，缓解了水库严重的泥沙淤积问题，但仍有 20% 的来沙淤在库内，潼关以下库区虽然已由淤积变为冲刷，但冲刷范围尚未影响到潼关，潼关以上库区和渭河仍继续淤积。尤其是 1967 年遇丰水丰沙年，黄河水倒灌渭河，渭河口 8.8 千米长的河槽全部被淤塞。1968 年，渭河在华县一带防护堤决口，造成大面积淹没，关中平原的工农业生产仍然受到严重威胁。

1968 年 9 月，水电部军管会决定由黄委会、北京勘测设计院、水利水电科学研究院和水电十一局（原黄河三门峡工程局）四个单位抽调人员组成由水电十一局领导的，既是领导干部、工程技术人员和工人相结合，又是科研、设计、施工相结合的规划设计组。规划设计组全组人员首先对三门峡库区和黄河下游直至利津进行调查研究，历时近两个月，查勘了库区塌岸现象、泥沙淤积和下游河道冲淤变化，并走访了人民群众，听取他们对三门峡工程运用和改建的意见。在调查研究的基础上，规划设计组提出了三门峡工程改建的规划方案，于 1969 年 5 月 9 日向水电部钱正英副部长汇报后，又继续为完善方案做了补充工作。在四省会议召开前夕，钱正英又提出了“合理防洪、排沙放淤、径流发电”的改建指导思想，进一步完善了改建规划的方案。①

根据周恩来总理的指示，1969 年 6 月 13 日至 18 日，由河南省革委会

---

① 中国水利水电第十一工程局志编纂委员会.水电十一局志.1995: 60.

主任刘建勋主持，在三门峡召开了山西、陕西、河南、山东四省会议，会议全称是“黄河三门峡改建规划汇报会和黄河防汛会议”。参加会议的有河南省张树芝、纪登奎、王维群，陕西省李瑞山、熊光焰，山西省李长义，山东省刘鹏、杨维萍，水电部钱正英，黄委会周泉、王生源、王化云、杨庆安，水电十一局党若平、段忠诚等。会议着重讨论了三门峡工程改建和黄河近期治理问题。

会议闭幕前，钱正英向大会作了报告，作为大会给中央报告的概略内容。钱正英作完报告后，各省领导都表示赞同。1969 年 6 月 19 日，钱正英向国务院和周恩来总理呈报了这次会议通过的《水利电力部关于三门峡水库工程改建及黄河近期治理问题的报告》。在报告中，与会人员对三门峡工程改建问题提出如下意见①：

1. 按照 1964 年周恩来总理主持治黄会议决定的“确保西安、确保下游”的原则，三门峡工程增建的“两洞四管”已基本完成，并于 1966 年和 1968 年先后投入运用，对减轻库区的淤积起到了一定作用，但还不能根本解决问题。到 1969 年为止，高程 335 米以下的库容损失近半。按现有泄水能力计算，一般洪水年坝前水位可达 320～322.5 米高程，仍可能增加潼关河床的淤积。当三门峡以上发生特大洪水时，坝前水位可达 327～332 米高程，将造成渭河较严重的淤积，有可能影响到西安。因此，与会人员一致认为三门峡工程需要进一步改建，改建的原则是在“确保西安、确保下游”的前提下，合理防洪排沙放淤，低水头径流发电。

2. 改建规模。要求一般洪水水位，淤积不影响到潼关河床高程，为此要求在坝前水位 315 米高程时，下泄流量达到 10000 立方米每秒。在不影响潼关河床淤积的前提下，利用低水头径流发电，总装机 20 万千瓦，并入中原电力系统，并向陕西、山西两省送电。具体的设计、施工方案委托水电部军管会主持，有关单位参加，审定后报请中央批准。发电机组的设计与试制工作要求一机部哈尔滨电机厂及有关单位承担，在 3 年内制成第一台机组。

---

① 水利电力部.水利电力部关于三门峡水库工程改建及黄河近期治理问题的报告（摘要）// 中国水利学会.黄河三门峡工程泥沙问题.北京：中国水利水电出版社，2006：14-16.

3. 运用原则。工程的运用原则是当上游发生特大洪水时，敞开闸门泄洪。当下游花园口可能发生流量超过 22000 立方米每秒的洪水时，根据上下游来水的情况，关闭部分或全部闸门，增建的泄水孔原则上应提前关闭，以减轻下游的负担。冬季应继续承担下游的防凌任务。发电的运用原则是汛期的发电控制水位为 305 米高程，必要时降到 300 米，非汛期发电水位为 310 米高程。

在四省会议后，规划设计组根据“确保西安、确保下游”和“合理防洪、排沙放淤、径流发电”的原则，于同年 10 月完成了改建工程的两个设计比较方案。以下是两个方案的内容[①]：

第一方案：主要在溢流坝段改建，即挖开 8 个施工导流底孔（其中 3 个在表面溢流坝段底部、5 个在深孔溢流坝段底部）；将电站坝体 1～4 号机组发电引水钢管的进水口高程由 300 米下降至 287 米，安装 4 台 5 万千瓦的水轮发电机组，同时为了有利于水电站进水口处的排沙和排草，将 5 号机组进水口高程下降至 284 米。

第二方案：主要在电站坝体上改建，即降低 5～8 号机组的引水钢管进口高程，并将其出口扩大改建为明流排沙孔，同时拆除 5～8 号机组段的电站厂房；将电站坝体的 1～4 号机组发电引水钢管进水口高程由 300 米下降至 287 米，改建为低水头径流发电，安装 4 台 5 万千瓦的水轮发电机组，总装机 20 万千瓦；在表面溢流坝段下部挖开 3 个原施工导流底孔为泄流排沙孔。

二、方案审定

1969 年 10 月 20 日至 23 日，水电部军管会在三门峡主持召开山西、陕西、河南、山东四省和第一机械工业部等单位参加的三门峡水利枢纽第二次改建工程方案审查会议，会议反复讨论了工程第二次改建的方案。同年 12 月 1 日，水电部军管会向国务院呈报了《关于黄河三门峡水库进一步改

① 中国水利水电第十一工程局志编纂委员会. 水电十一局志.1995：60.

建的意见》，在呈文中提出[①]：

1969 年 10 月，黄河三门峡工程局提出了两个改建方案。这两个方案都满足四省会议的要求，总投资都在 1 亿元左右（其中电站改建投资约 5700 万元），工期两年半。

在讨论方案的过程中，与会者的意见分歧较大，经会议讨论基本同意第二方案。

主张第一方案者认为：第一方案的优点是 5～8 号机组的发电引水钢管不改建，可以保留住发电厂房，对今后扩大装机留有余地。根据模型试验，这样对排除水草有较好的条件、对汛期减少水轮机的过机沙量也有利。缺点是要有 5 个双层孔过水，水流条件复杂，管理运用不方便，双层孔的底孔进水口处施工围堰不好解决，施工期没有保证。

赞成第二方案者认为：第一方案的问题是双层孔的底孔加固措施没有把握，运用不方便，有可能造成闸门启闭不及时而影响防洪、排沙，能否在两年半时间内建成无把握。第二方案的优点是场地宽、施工方便、可长年施工，施工围堰好做，管理运用较方便；缺点是需拆除 5～8 号机组段的发电厂房，没有留下将来扩机的余地，这是日后无法弥补的，并且汛期发电时过机沙量可能增加，从而加剧水轮机的磨蚀损坏，另外，施工的开挖量较大。

水电部的意见是：1969 年冬可先就大家认识一致的、在两个方案中的相同改建项目，即挖开表面溢流坝下部的 3 个施工导流底孔、降低电站 1～4 号机组引水钢管的进水口高程、改建为低水头径流电站等项目，先行施工。通过工程实践，到明年上半年在总结经验的基础上，再决定最终的改建方案。如果底孔挖开比预计的顺利，则可考虑采用第一方案，否则采用第二方案。要求第一机械工业部下达三门峡水电站机组的设计和制造任务，并组织科研力量解决水轮机的泥沙磨蚀问题。

1969 年 12 月 17 日，水电部在通知《转告国务院批准三门峡工程改建方案的意见》一文中指出："关于三门峡工程改建方案，经国务院批准：先

---

① 水电部军管会.关于黄河三门峡水库进一步改建的意见,1969 年 12 月.黄河档案馆档案,规-1-168.

开挖表面溢流坝段下3个底孔，水电站1～4号机组的引水钢管进水口高程下降，改建为低水头径流电站，并立即进行施工。通过实践，到明年上半年再在总结施工经验的基础上，决定最后方案。”[①]

1970年6月底，沉放10年的1～3号底孔进水口斜闸门顺利提起。水电部决定底孔暂不做加固措施，先行过水。由于1～3号原施工导流底孔改建成功，因此对实施第一方案中的挖开其他5个底孔的分歧已不大了。1970年7月，水电部决定再挖开溢流坝深水孔段下部5个底孔。这5个底孔和其上面的深水孔形成了双层孔过水，而对双层孔过水尚未有过工程实践。为此，1970年水电部指示：三门峡工程改建的泄流方案，须经底孔和深水孔双层过水试验后才能确定。[②]1972年3月经水电部同意并报请国务院批准，并于同年5月3日至6月10日在4号和6号底孔及其上部与之相对应的深水孔进行了双层孔过水的原体试验。试验结果与原水工模型试验成果基本一致，即水流状态良好，过水表面基本均为正压，不致形成空蚀。试验观测证明，坝体振动甚微，与底孔单独过水相比较无明显差别，不会影响大坝的安全。水电部同意采用双层孔泄流方案。[③]

对于三门峡工程第二次改建，水电部最终确定了第一方案。原改建方案中水电站装机4台，从充分利用水资源、提高经济效益和增加检修容量等方面考虑，认为装机5台比较合理。所以，1970年7月经水电部同意，水电部第十一工程局设计大队在对水电站1～4号机组段进行进水口改建后，接着进行了5号机组发电引水管的进水口改建，5号机组进水口改建后曾暂时用于排污和泄流排沙，至1975年经水电部批准才改为装机发电。

三门峡工程第二次改建实际实施的改建项目是：挖开1～8号原施工导流底孔；改建电站坝体的1～5号机组的进水口，将发电进水口高程由原建的300米下降至287米；安装5台水轮发电机组，总装机容量为25万千瓦。

---

① 中国水利水电第十一工程局志编纂委员会.水电十一局志.1995：60.

② 黄河三门峡水利枢纽志编纂委员会.黄河三门峡水利枢纽志.北京：中国大百科全书出版社，1993：138.

③ 黄河三门峡水利枢纽志编纂委员会.黄河三门峡水利枢纽志.北京：中国大百科全书出版社，1993：138。

三、设计施工

三门峡工程的第二次改建，由水电部第十一工程局设计大队承担改建工程的全部设计任务。

（一）溢流坝的改建[①]

溢流坝原建的深水孔有12个，进水口底槛高程300米，孔身断面尺寸为宽3米、高8米。溢流坝底部有原施工导流底孔12个，进水口底槛高程280米，孔口尺寸为宽3米、高8米，建坝后于1960年11月至1961年6月已回填混凝土封堵。

1970年至1971年，打开1～8号施工导流底孔，其中1～3号施工导流底孔为单层过水，4～8号施工导流底孔与其上面的1～5号深水孔在平面上重合，在立面上为上、下两层，当施工导流底孔、深水孔同时泄流时为上下双层过水，故称双层孔。双层孔过水存在着复杂的水力学问题，为此，在设计前做了水工模型试验，通过试验选定了工作闸门井穿水的方案。

1～3号底孔于1970年4月挖通，比计划提前了两个半月。然后进行底孔提门，这是一项极为关键和艰巨的任务。1～3号底孔的进水闸门均重达32.5吨，沉放已10年，闸门前的泥沙淤积最厚处达17米。在1号底孔提门时，施工人员用2台提升机和4台千斤顶上提，闸门仍纹丝不动。有人大胆提出，到闸门下面去用千斤顶往上顶。最终，施工人员用3台千斤顶分别在闸门3个部位往上顶，闸门才终于缓缓上升。历时3天，1号底孔进水闸门于1970年6月25日提起。之后，2号和3号底孔进水闸门又依次提起。至1971年1月24日，施工人员完成4～8号底孔混凝土开挖，至10月进水闸门全部提起，投入泄流排沙。1973年12月至1974年11月，1、3、4、5、6、7、8号底孔底板面先后铺砌了辉绿岩铸石抗磨层。[②]

---

① 黄河三门峡水利枢纽志编纂委员会.黄河三门峡水利枢纽志.北京：中国大百科全书出版社，1993：138—143.

② 三门峡市地方史志编纂委员会.三门峡市志（第1册）.郑州：中州古籍出版社，1991：150.

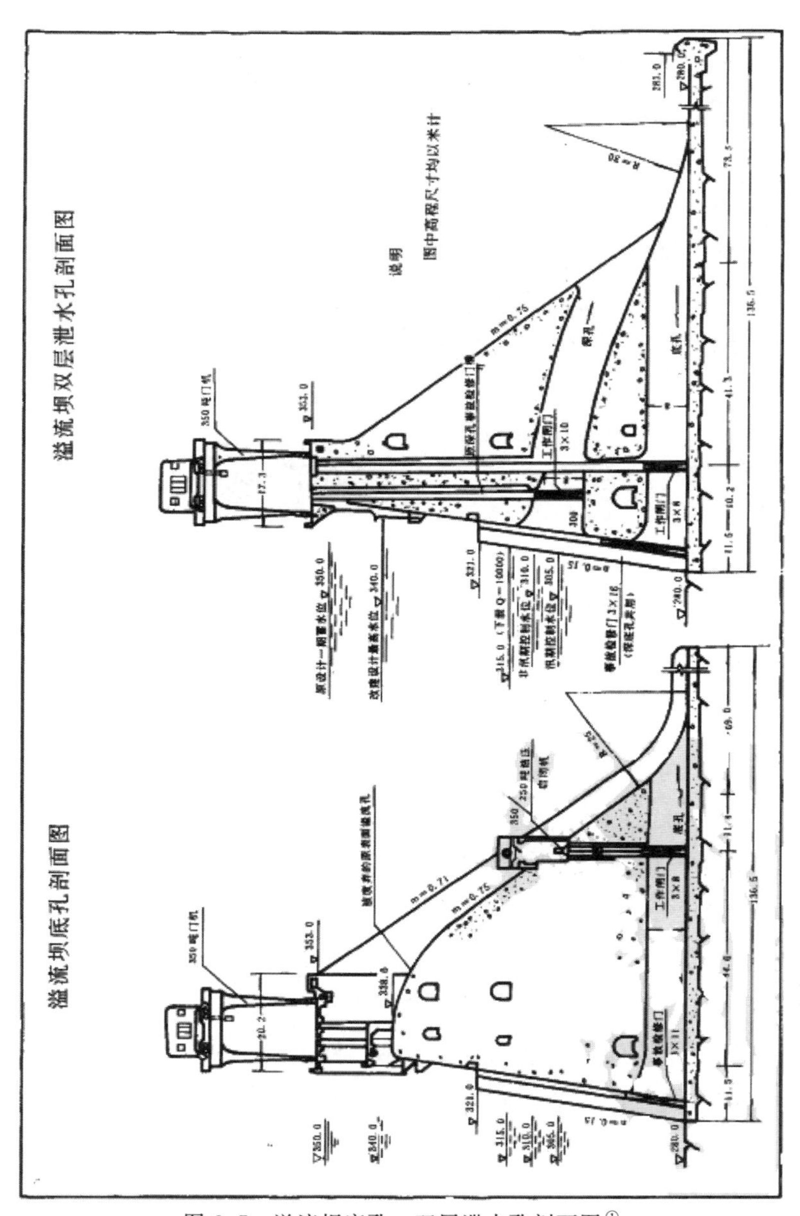

图 6-5　溢流坝底孔、双层泄水孔剖面图[①]

① 黄河三门峡水利枢纽志编纂委员会，黄河三门峡水利枢纽志．北京：中国大百科全书出版社，1993：140.

图 6-6　改建后的底孔泄流排沙[1]

（二）电站坝体钢管道改建[2]

电站坝体钢管道改建包括 1～5 号机组引水钢管的老进水口堵头混凝土浇筑、新进水口开挖、新引水管道的安装、管道周围混凝土回填、顶部回填灌浆、工作闸门井的改建和新工作闸门及启闭机的安装等。

1～5 号机组引水钢管老进水口堵头混凝土浇筑，于 1969 年 12 月 26 日完成。堵头从高程 300 米起至 321.5 米，高 21.5 米、宽 9.3 米。

1～5 号机组新引水钢管道的开挖，于 1970 年 1 月下旬开工，10 月底基本完成。新管道底板高程下降至 287 米，沿中心线的开挖长度为 49 米。同年冬季，挖开 5 条改建的新引水钢管道的进水口，并浇筑了进水口的拦污栅基础混凝土、拦污栅墩和进水口到检修门的水下部分混凝土，继而安装新引水钢管道，布设第一台机组蜗壳排沙叉管，改制新的工作闸门。在电站坝体 1～5 号机组的进水口底板上，每一机组段修建拦污栅墩 3 个、边墩 2 个，在栅墩顶部设清污工作平台，在第二道拦污栅槽后安装预制的混

① 黄河三门峡水利枢纽志编纂委员会.黄河三门峡水利枢纽志.北京：中国大百科全书出版社，1993：插图.

② 黄河三门峡水利枢纽志编纂委员会.黄河三门峡水利枢纽志.北京：中国大百科全书出版社，1993：143-146.

凝土排污槽，安装清污设施，在 4 号机组段布置和埋设观测仪器。

图 6-7　改建发电进水口①

（三）装机发电工程

三门峡水电站改建后，因设计水头低、泥沙含量大，选用了轴流转桨式机组。装机 5 台，总容量为 25 万千瓦。

机组安装是在原有建筑物和已安装部分设备的情况下改建的。第一台机组于 1973 年 12 月 26 日并网发电，其余 4 台机组也相继于 1975 年至 1979 年并网发电。②

三门峡工程的第二次改建，自 1969 年开始施工至 1981 年完工，投资总额 12687.6 万元，完成土石方开挖 53 万多立方米、混凝土浇筑 7 万多立方米、钢结构安装近 3000 吨、混凝土开挖近 5 万立方米，以及水轮发电机组安装 5 台，总计重 7000 多吨。③

---

① 水利部黄河水利委员会.人民治理黄河六十年.郑州：黄河水利出版社，2006：229.

② 黄河三门峡水利枢纽志编纂委员会.黄河三门峡水利枢纽志.北京：中国大百科全书出版社，1993：147.

③ 黄河三门峡水利枢纽志编纂委员会.黄河三门峡水利枢纽志.北京：中国大百科全书出版社，1993：156.

图 6-8　水电站厂房[①]

图 6-9　改建完成后的三门峡大坝[②]

① 黄河三门峡水利枢纽志编纂委员会.黄河三门峡水利枢纽志.北京：中国大百科全书出版社，1993：插图.

② 黄河三门峡水利枢纽志编纂委员会.黄河三门峡水利枢纽志.北京：中国大百科全书出版社，1993：插图

四、改建效果

自 1971 年起，有 8 个原施工导流底孔已打开并投入运用，至此三门峡工程共计有 25 个泄流排沙洞孔，在库水位 315 米高程时总泄量可达 9460 立方米每秒，基本接近 1969 年 6 月的四省会议确定的改建规模和要求[①]。

表 6-1　三门峡工程改建前后的泄洪规模[②]

单位：立方米每秒

水位高程	310 米	315 米	320 米	325 米	330 米	335 米
改建以前	1728	30874	4040	4800	5460	6040
第一次改建后	4376	6064	7310	8300	9230	10020
第二次改建后	7700	9460	11300	12500	13700	14700

改建完成后，潼关以下库区发生冲刷，潼关以上库区在部分时段内也有冲刷，但是库区尾端的淤积仍在延伸。从 1970 年到 1973 年工程敞泄排沙，潼关以下冲刷泥沙出库 3.95 亿立方米。出库沙量占入库沙量的比值，从 1966 年的 71.62% 增大到 1971 年的 117.19%、1972 年的 137.69%。流量 1000 立方米每秒时潼关河床的水位，1969 年 5 月为 328.4 米高程，1973 年 9 月降为 326.6 米高程，下降了 1.8 米。330 米高程以下的库容，1969 年 10 月第一次改建工程全部投入运用后为 25.9 亿立方米，到 1973 年 9 月恢复到 32.6 亿立方米，增加库容 5.7 亿立方米。第二次改建后，潼关以上库区淤积速度有所减缓，由 1960 年至 1967 年的年均淤积 3 亿吨，降低到 1968 年至 1973 年的年均淤积 1.5 亿吨。渭河下游的淤积也趋于缓和，土地盐碱化程度有所减轻。[③]

---

① 黄河三门峡水利枢纽志编纂委员会．黄河三门峡水利枢纽志．北京：中国大百科全书出版社，1993：154．

② 张含英．治河论丛续篇．北京：水利电力出版社，1992：314．

③ 黄河三门峡水利枢纽志编纂委员会．黄河三门峡水利枢纽志．北京：中国大百科全书出版社，1993：155．

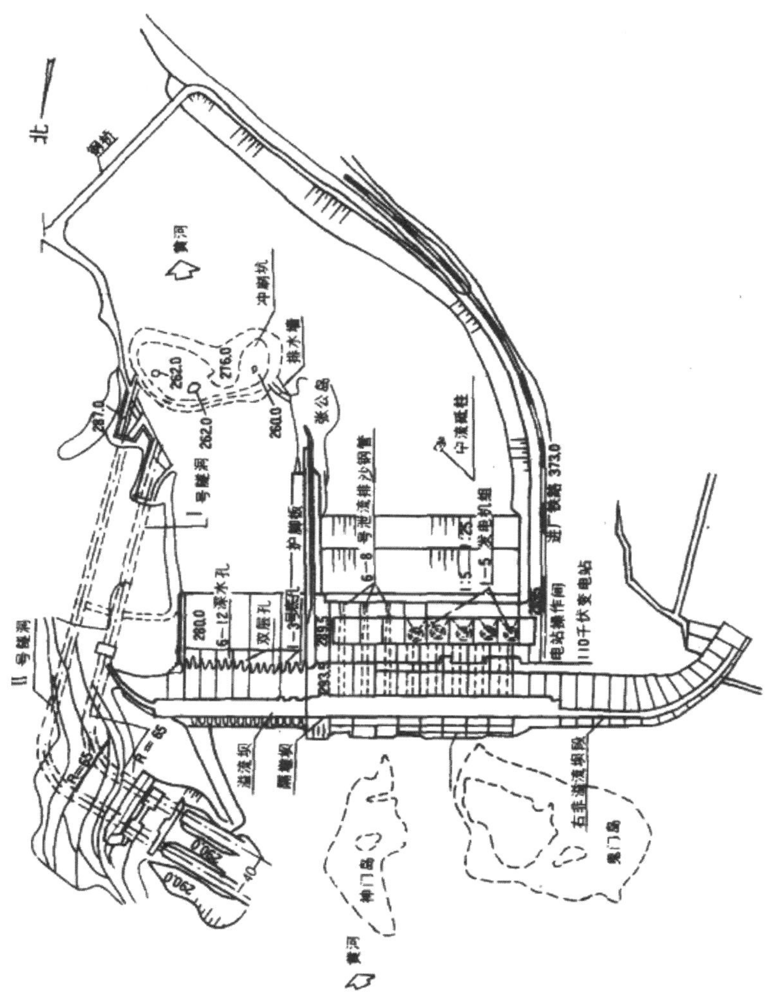

图 6-10 三门峡工程平面布置图①

① 杨庆安，等. 黄河三门峡水利枢纽运用与研究. 郑州：河南人民出版社，1995：插图.

第七章

三门峡工程的效益和影响

三门峡工程经过两次改建后，有效地保存了库容，使其用于防御特大洪水和冬春蓄水，从而发挥了防洪、防凌、灌溉、发电、供水等综合利用效益。三门峡工程的实践，为多沙河流的治理和开发积累了经验。但由于工程在规划设计时存在失误，因此也造成了环境、移民等诸多方面的问题。

第一节　工程效益

三门峡工程改建后，虽然已经失去了大量原来设计的功能，但仍然在防洪、防凌、灌溉、发电等方面发挥了巨大的效益。

一、防洪

确保黄河下游的防洪安全是三门峡工程的首要任务。在黄河小浪底水利枢纽投入运用前，三门峡工程是黄河中下游唯一能对干流洪水进行控制的水利工程。三门峡工程投入防洪运用，标志着黄河下游的防洪已提高到一个新的历史阶段，黄河下游已经发展出一个不仅依靠堤防，还依靠水库、河道和分滞洪措施等的防洪工程体系。现在，三门峡工程的运用方式虽有所改变，但控制三门峡以上大洪水的作用仍然可靠，且是其他防洪工程难以替代的。三门峡工程依然是黄河下游“上拦下排，两岸分滞”防洪工程体系的重要组成部分。[①]

按照四省会议确定的防洪运用原则，当三门峡以上发生特大洪水时，三门峡水库敞开闸门泄洪，最大泄量不超过15000立方米每秒。对万年一遇的洪水（入库洪峰流量52300立方米每秒），水库可以滞蓄洪水52.7亿立方米，削减洪峰30800立方米每秒，即将花园口洪峰流量从55000立方米每秒削减为24200立方米每秒；对千年一遇的洪水（入库洪峰流量40000立方米每秒），水库可以滞蓄洪水33.4亿立方米，削减洪峰流量20200立方米每秒，即将花园口洪峰从42300立方米每秒削减为22100立方米每秒。当以三门峡以下至花园口区间来水为主组成大洪水时，三门峡工程可相应进行控制，关闭部分或全部闸门，削减洪峰流量，并与故县、陆浑等支流水库联合运用，可使黄河下游的防洪标准由三十年一遇，提高到六十或七十年一遇。三门峡工程按“蓄清排浑”方式运用后，库区335米高程以下稳定保持约60亿立方米的有效库容，用于防御特大洪水。[②]

20世纪60年代初，黄河虽然未发生特大洪水，但三门峡工程“滞洪排沙”运用的削减洪峰作用，对减少下游损失还是有良好实效的。1964年后，黄河三门峡段曾出现6次流量大于10000立方米每秒的洪水，由于三门峡工程的控制运用，削减了洪峰流量，减轻了下游堤防负担和漫滩淹没损失。1982年7月底，黄河三门峡至花园口区间干支流4万多平方千米的流域面积普降了暴雨或大暴雨，花园口洪峰流量15300立方米每秒，7天洪水量为50亿立方米。面对这场大洪水，三门峡工程和其他滞洪工程同时发挥作用，使洪水安然入海。自三门峡工程建成运用以来，黄河下游岁岁安澜，千里大堤安然无恙。[③]

三门峡工程的防洪效益，更主要的是体现在对下游的保障上。三门峡工程的建设，使下游基本解除了大洪水的威胁，给黄河下游及其影响范围内的社会建设提供了保障。这一效益是巨大的，是不能用具体的数字来衡量的。

---

① 黄河水利委员会.王化云治河文集.郑州：黄河水利出版社，1997：490.

② 杨庆安，等.黄河三门峡水利枢纽运用与研究.郑州：河南人民出版社，1995：254-255.

③ 黄河三门峡水利枢纽志编纂委员会.黄河三门峡水利枢纽志.北京：中国大百科全书出版社，1993：245.

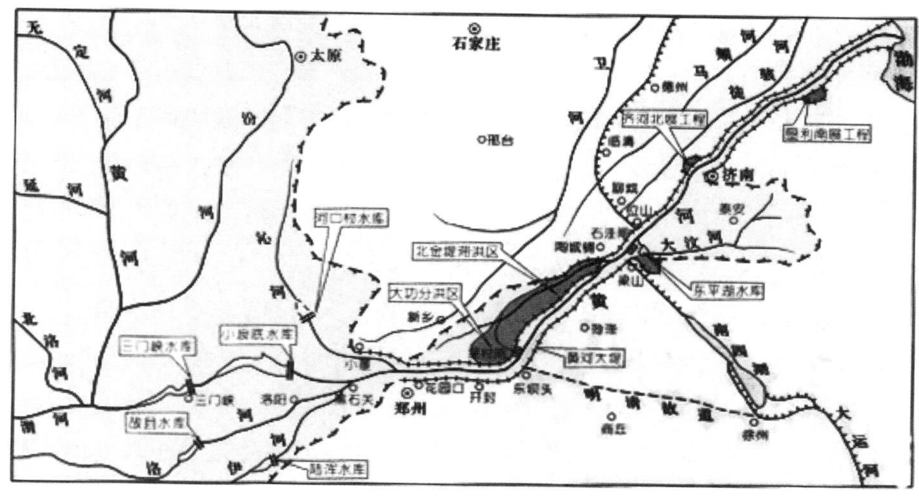

图 7-1　黄河中下游防洪工程体系[①]

二、防凌

除洪水之外，凌汛是对黄河下游的又一个严重威胁，历史上把凌汛决口视为不可抗拒的“天灾”。三门峡工程修建前，下游的防凌措施除加强大堤防守之外，主要依靠人工破冰，效果较差。三门峡工程建成后，防凌措施逐步发展到利用水库进行凌前和凌期蓄水调节下游河道水量为主，人工破冰为辅的阶段。

三门峡工程的防凌运用，在 1973 年以前基本上是在预报下游即将开河时，控制三门峡工程的下泄流量，以减少河槽蓄水量，到开河前夕，进一步减少出库流量，甚至关闭全部闸门。从 1974 年开始，除运用上述方式之外，三门峡工程还在凌汛前预留了一部分水量，用以调匀因内蒙古河段封河影响造成的小流量过程，防止下游出现早封河、卡冰阻水现象，保持封河前后流量稳定并具有一定的冰下过流能力。

自三门峡工程运用以来，黄河下游均未发生过凌汛决口。1966 年冬至 1967 年春，黄河下游封河最上端达到河南荥阳段，封冻总长度为 616 千米，是中华人民共和国成立以来冰量最多的年份。由于三门峡工程的适当

① 水利部黄河水利委员会.人民治理黄河六十年.郑州：黄河水利出版社，2006：347.

运用，从封冻上段开河时起，关闸蓄水 33 天，拦蓄水量 11.4 亿立方米，大大削减了下游的河槽水量和开河凌峰，达到平稳开河，发挥了工程的防凌作用。1967 年至 1983 年间，黄河下游有 6 年出现严重凌情，河道最大冰量都在 5000 万立方米以上，封冻长度都超过 400 千米，并且都产生了冰塞、冰坝，如 1968 年冬至 1969 年春，河道冰量达 1.033 亿立方米、封冻长度 703 千米，但由于三门峡工程的控制运用，这几年凌汛均安渡无虞。1970 年初春，济南市老徐庄河段冰凌结成数千米长的冰坝，拦水超过了历史最高水位，倘若漫过堤顶，济南将陷入一片汪洋，三门峡工程及时关闭闸门控制泄量，帮助济南解除了险情。①

三门峡工程的最高防凌水位为 1968 年 2 月 29 日的 327.91 米高程，相应的蓄水量为 18.1 亿立方米；最多的防凌蓄水量为 19.5 亿立方米，相应的最高蓄水位为 1977 年 3 月 2 日的 325.99 米高程。三门峡工程投入防凌运用后，不仅战胜了比 1951 年更为严重的 1967 年、1969 年和 1970 年的凌汛，还使其他凌情较严重年份的河道开冻由“武开河”变为“文开河”。利用三门峡工程调节黄河下游流量，对保证下游凌汛安全起到了关键作用。运用实践表明：三门峡工程在黄河下游凌汛期适时控制运用，使得多数年份平稳解冻开河，对减除黄河下游凌汛威胁起到了实效。②

三、灌溉③

三门峡工程建成运用以来，黄河下游的引黄灌溉事业有了较大发展。截至 1990 年，从三门峡至入海口 1000 多千米的黄河两岸共建有灌区 72 个、虹吸 55 处、扬水站 68 座、引黄涵洞 72 座，使黄河下游沿黄地区的 70 个市、县用上了黄河水，平均每年引水 100 多亿立方米。

三门峡工程每年利用凌汛和桃汛蓄水，为下游春灌保持了 14 亿立方米左右的蓄水量，在黄河下游春旱时一般可使河道流量增加 300 立方米每秒以上，大大提高了下游引水的保证率，是下游沿黄地区可靠的水源，对改

① 杨庆安，等.黄河三门峡水利枢纽运用与研究.郑州：河南人民出版社，1995：255.
② 杨庆安，等.黄河三门峡水利枢纽运用与研究.郑州：河南人民出版社，1995：255.
③ 杨庆安，等.黄河三门峡水利枢纽运用与研究.郑州：河南人民出版社，1995：255.

变沿黄地区的面貌发挥了显著作用。据统计，1973 年至 1989 年间，三门峡工程为春灌蓄水 234.2 亿立方米，平均每年蓄水 13.8 亿立方米，17 年间共向黄河下游河南、山东两省沿黄灌区春灌补水约 180 亿立方米，平均每年 10.61 亿立方米，其中实际有效补水量 115.2 亿立方米，平均每年 6.78 亿立方米。据 1982 年山东、河南两省 6 个引黄灌区调查资料分析，5、6 月份抗旱补水期，平均每 1.63 立方米水可增产 0.5 千克粮食。按平均每年实际有效补水量计算，可增产粮食 35.32 亿千克，平均每年增产 2 亿千克。引黄灌区内与灌区外相比较，灌区内粮食平均亩产增加 200 千克以上，皮棉增加 40 千克以上。①

山东省沿黄两岸引黄灌溉面积已达 2000 多万亩，1979 年至 1985 年间，小麦平均单产比 1970 年增长了 3.2 倍。鲁西北过去是贫困地区之一，长期靠吃统销粮，1985 年成为山东省增产粮食最多的地区之一，其中，长期多灾低产的菏泽地区粮食总产量达到 27.9 亿千克，提供商品粮 6.4 亿千克，占全省商品粮总数的四分之一。

河南省引黄灌溉农田 1000 多万亩，粮、棉总产量比引黄灌溉前增长了 4～6 倍，沿黄两岸已种植水稻 120 多万亩，产量连年增长。以前著名的贫困县豫东兰考县，1983 年夏粮总产量达 1.35 亿千克，成为全国五年夏粮增长 5000 万千克的先进县。

山西省利用三门峡工程蓄水使潼关河道水位升高的优势，在沿黄库区修建了大、中型电灌站和引黄提灌设施。据不完全统计，山西省沿三门峡库区引黄灌溉面积 100 多万亩。

实践证明，三门峡工程在 5、6 月份春灌期间的水库补水，对黄河下游引黄灌区的粮食增产、稳产起着决定性的作用。②

四、发电

三门峡工程自 1973 年底第一台机组投产发电，到 1978 年年底第五台

---

① 黄河三门峡水利枢纽志编纂委员会.黄河三门峡水利枢纽志.北京：中国大百科全书出版社，1993：247.

② 段敬望，等.三门峡水库“蓄清排浑”运行探索与实践.华中电力，2004(4)：36.

机组安装完成，电站总装机容量为25万千瓦。至1990年年底累计发电150.2亿千瓦时，按20世纪60年代国家不变的电力价格每千瓦时0.065元计算，创产值9.763亿元，按静态计算，相当于工程固定资产5.34亿元的1.83倍，相当于国家给水电站投资的4.3倍。三门峡工程1973—1990年水电站历年的发电量如下表。

表7-1 三门峡工程1973年至1990年历年发电量[①]

年份	发电量 /万千瓦时
1973	272
1974	32243
1975	34855
1976	52723
1977	77273
1978	76748
1979	83792
1980	87442
1981	94155
1982	110650
1983	115230
1984	107516
1985	109280
1986	102968
1987	96030
1988	92000
1989	124000
1990	105000

① 黄河三门峡水利枢纽志编纂委员会.黄河三门峡水利枢纽志.北京：中国大百科全书出版社，1993：248.

五、其他

（一）给水

由于三门峡工程成功地采用了“蓄清排浑，调水调沙”的运用方式，枯水期使下游河道增加了300立方米每秒的流量，保证了下游沿黄城市的供水，也改善了生态环境，取得了显著的社会效益。1972年、1973年、1975年、1981年、1982年5次向天津市引黄河水共17.5亿立方米。1989年11月25日，“引黄济青”工程完成，开始向青岛市供水。三门峡工程的防凌和春灌蓄水，为黄河下游提供了可靠的水源，向郑州、开封、德州、济南、东营、滨州等沿河城市和胜利、中原油田等地供水。据统计，三门峡工程的供水每年可使供水地区增加200多亿元的工业产值。1995年竣工的“引黄入卫”工程，共向河北省供水超过10亿立方米，不仅为农业增产增收创造了条件，还使沧州市民喝上了黄河水。①

（二）下游河道减淤

1960年9月至1962年3月，三门峡工程采用“蓄水拦沙”的运用方针，除洪水期曾以异重流形式排出少量的细颗粒泥沙外，其他时间均下泄清水，使得黄河下游河道沿程冲刷。1962年3月至1964年10月，三门峡工程降低水位改为“滞洪排沙”运用，但由于水库泄流规模小、滞洪作用大及泄流排沙设施底槛高于原河床20米等情况，水库的死库容继续拦沙，库内淤积泥沙向坝前搬移，出库泥沙很少且泥沙颗粒较细，黄河下游河道仍处于冲刷状态。根据沙量平衡计算，1960年9月至1964年10月，三门峡水库库区泥沙淤积44.1亿立方米，按淤积土干容重每立方米1.4吨计算，水库拦沙约62亿吨，在此期间，黄河下游河道冲刷27亿吨。若不修建三门峡工程，库区为天然河道，根据三门峡工程拦沙期入库泥沙条件估计库区还将冲刷2.2亿吨，下游河道则要淤积6.6亿吨，有库和无库相比，水库多淤积55.5亿吨，下游河道少淤积29.72亿吨。由于三门峡工程拦沙期仅有4年，冲刷主要集中在艾山以上河段，而艾山至利津河段的冲刷量则很小。1964年10月以后，随着三门峡工程改建工程的逐步投入运用，至

---

① 段敬望，等.三门峡水库“蓄清排浑”运行探索与实践.华中电力，2004(4):36.

1971 年汛期，下游河道（主要在艾山以上）回淤沙量大体上和水库拦沙期该河段的冲刷量相抵，使黄河下游（艾山以上）河道基本上恢复到水库投入运用时的状态。因此，从 1960 年至 1971 年的 11 年内，黄河下游（艾山以上）河道基本没有淤高。[①]1973 年以来，三门峡工程采用了“蓄清排浑，调水调沙”的运用方式，非汛期下泄清水形成下游河道冲刷，汛期水库排沙兼顾减淤，使出库泥沙能排泄入海，尽量避免小水带大沙的情况。三门峡工程对水沙的调节，提高了下游河道的输沙能力，增大了排沙入海的比例，下游河道年均减淤约 0.3 亿吨。[②]

（三）促进三门峡市的兴建

三门峡市中心所在的湖滨区，1956 年还是一个人烟稀少、交通不便、偏僻落后的贫困地区。随着三门峡工程的开工兴建，1956 年至 1957 年，黄河三门峡工程局集中了大量人力、物力，从坝址区到史家滩和大安村至会兴镇修筑了工程专用铁路并与陇海铁路接轨，修通了坝址的对外公路，并在三门峡峡谷的下游处兴建了永久性的黄河公路桥，沟通了三门峡至山西省运城地区的公路交通；在三门峡工地的各工区修建了职工住宅，特别是在湖滨企业区兴建了各种辅助主体工程施工的工厂、物资仓库和专用铁路及车站；兴办了学校、医院、文化设施和商业网点，并完善了供电、供水和通信系统及工区内部道路等各项基础设施。这些建设促进了地方工农业生产，繁荣了城乡市场，加速了地方经济的发展，为新兴工业城市的形成创造了条件。1956 年 4 月，洛阳专署三门峡工区政府设置；1957 年 3 月，国务院正式批准建立三门峡市（省辖市），国家拨出专项资金用于加快城市建设，市政府的主要任务是支援三门峡工程的建设，为工程的建设者和城市居民做好生活供应和后勤服务工作。随着三门峡工程施工的进展，湖滨辅助企业区各厂的生产规模日益扩大，各项设施亦日趋完善，三门峡市逐渐发展壮大。[③]

---

① 杨庆安，等.黄河三门峡水利枢纽运用与研究.郑州：河南人民出版社，1995：258.

② 段敬望，等.三门峡水库“蓄清排浑”运行探索与实践.华中电力，2004（4）：36.

③ 黄河三门峡水利枢纽志编纂委员会.黄河三门峡水利枢纽志.北京：中国大百科全书出版社，1993：245-254.

第二节　对黄河治理和水利建设的影响

三门峡工程的实践，给黄河治理提供了极其宝贵的经验和教训，使人们对黄河的认识在实践中得到了提高，同时也为我国大型水利水电工程建设的发展锻炼了队伍、积累了经验。

一、推动了治河思想的发展

三门峡工程在原建的基础上又进行了改建，工程的运用也经历了蓄水运用、滞洪排沙和蓄清排浑控制运用三个时期①。

蓄水运用期（1960 年 9 月至 1962 年 3 月）。三门峡工程于 1960 年 9 月 15 日开始蓄水，1961 年 2 月 9 日蓄水至最高水位 332.58 米高程，至 1962 年 3 月入库总水量为 717 亿立方米、总沙量 17.36 亿吨。由于“蓄水拦沙”不符合三门峡工程的实际情况，导致三门峡工程在短短一年半的时间内，库区泥沙淤积严重，库区 330 米高程以下淤积泥沙达 15.3 亿吨，有 93% 的来沙淤积在库内，潼关高程上升 4.4 米，335 米高程以下库容损失约 17 亿立方米。受其影响，在渭河口形成了拦门沙，威胁到关中平原的安全。为此，1962 年 3 月，三门峡工程的运行方式由“蓄水拦沙”改为“滞洪排沙”。

滞洪排沙运用期（1962 年 3 月至 1973 年 10 月）。“滞洪排沙”运用阶段，闸门全开敞泄。当时，三门峡工程的泄流建筑物只有 12 个深孔，虽然工程进行了敞泄，库区淤积有所缓解，但由于泄流规模的不足，遇到丰水丰沙的 1964 年，水库滞洪、淤积情况仍很严重。至 1964 年 10 月，库区泥沙总淤积量已达 62 亿吨。这一运用期经历了两个阶段：第一阶段为工程原建期（1962 年 3 月至 1966 年 6 月）。这一时期，虽然三门峡工程敞开闸门泄洪排沙，水库的排沙比由原来的 7% 左右增加到 63%，但因泄流排沙设施不足，泄水建筑物高程分布不合理，水库的滞洪淤积仍然十分严重。在此期间，水库淤积 25.7 亿立方米，库区淤积仍不断向上游发展。第二阶段为

① 杨庆安，廖凤举．黄河三门峡水库运用及工程决策的经验教训//三门峡水库运用经验总结项目组．黄河三门峡水利枢纽运用研究文集．郑州：河南人民出版社，1994：1–2.

工程改建期（1966年7月至1973年10月）。为减缓库区淤积，三门峡工程先后进行了两次改建，通过两次改建，三门峡工程的泄流能力进一步提高，潼关以下库区冲刷泥沙4亿立方米，槽库容恢复到接近建库前水平，形成高滩深槽，潼关高程下降了近2米，潼关以上库区由上延造成的淤积问题也基本解决。

“蓄清排浑”控制运用期（1973年11月以后）。两次改建的成功，为三门峡工程运行方式的改变创造了有利条件。三门峡工程总结“蓄水拦沙”“滞洪排沙”两个运用期的经验与教训，于1973年11月将运用方式由“滞洪排沙”改为“蓄清排浑，调水调沙”控制运用。“蓄清排浑”运用，即在来沙少的非汛期蓄水防凌、春灌、供水、发电等兴利，充分发挥工程的综合效益；汛期降低水位防洪排沙，把非汛期淤积在库内的泥沙调节到汛期，特别是洪水期排出水库。“蓄清排浑”运用变水沙不平衡为水沙相适应，使库区年内泥沙冲淤基本达到平衡，库区淤积得到控制。“调水调沙”运用，即根据洪水情况，调节水沙搭配，为泥沙输送入海创造有利条件。经过“蓄清排浑，调水调沙”控制运用，潼关河床下切，潼关以下库容恢复了约10亿立方米，库区330米高程以下有30亿立方米的有效库容可长期稳定保持，供综合利用；库区335米高程以下有60亿立方米库容可供防洪运行。

三门峡工程是实践“蓄水拦沙”治河方略的标志性工程，在三门峡工程出现问题后，人们认识到“蓄水拦沙”的局限性，尤其是在指导思想上的片面性，过分强调了“拦”，忽视了必要的“排”。结合三门峡工程的实践，一些人提出：仅靠在黄河中游的“上拦”只能拦截一部分泥沙，无法完全解决泥沙问题，必须同时在黄河下游提高河道的排沙能力，即搞好下游堤防的培修加固，保证水大时不决口，同时破除当时在下游修建的几座拦河枢纽，以利于洪水的畅泄，立足于黄河现有的水量，充分发挥其排沙作用；但反过来，只靠黄河下游进行的“下排”，也只能排掉一部分泥沙，如果没有“上拦”，如此大的泥沙量根本排不及，结果又会使下游河道大量淤积、游荡加剧，最终导致决口或者改道，因此必须将“上拦”与“下排”结合使用，才能更好地解决泥沙问题。

于是，在“蓄水拦沙”的基础上，结合三门峡工程的实践，在1963年3月的治黄工作会议上，王化云提出了“上拦下排”的治黄主张，即“在上、中游拦泥蓄水，在下游防洪排沙，即上拦下排，是今后治黄工作的总方向”。[1]他认为：“历史经验告诉我们，由于黄河水少沙多，如果只‘排’不‘拦’，其结果必然是下游河道大量淤积，游荡加剧，最后导致泛滥、决口以致改道的历史灾害反复重演，这是行不通的。十几年的治黄实践又说明，《黄河综合利用规划技术经济报告》设想依靠水土保持，加上用淹没大片良田换取库容的办法，来修建支流拦泥水库和依靠三门峡水库巨大库容，将80%的泥沙都拦截在三门峡以上，这种片面地强调‘拦’，忽视适当的‘排’的方法，同样也是不行的。”[2]

1975年12月中旬，水电部在郑州主持召开了黄河下游防洪座谈会。会议认为，黄河下游花园口水文站有可能发生流量为46000立方米每秒的洪水，建议采取重大工程措施，逐步提高下游防洪能力，努力保障黄淮海大平原的安全。会后，水电部和河南、山东两省联名向国务院报送了《关于防御黄河下游特大洪水的报告》。报告提出，当前黄河下游防洪标准偏低，河道逐年淤高，远不能满足防御特大洪水的需要，拟采取“上拦下排，两岸分滞”的方针，即在三门峡以下兴建干支流工程，拦蓄洪水；改建现有滞洪设施，提高分洪能力；加大下游河道泄量排洪入海。报告规划的工程措施是：在黄河干流上修建小浪底水库；在洛河上修建故县水库，在沁河上修建河口村水库；改建北金堤滞洪区，加固东平湖水库，增大两岸分滞能力。报告指出，为满足处理特大洪水的需要，并保证分洪安全可靠，要新建濮阳渠村和范县邢庙两座分洪闸，废除石头庄溢洪堰，并加高、加固北金堤；为防止黄沁并溢，沁河下游在武陟境内改道。此外还要坚决废除生产堤，清除行洪障碍，以及加速实行黄河施工机械化等。1976年5月，国务院以国下发[1976]41号文件进行了批复。自此，“上拦下排，两岸分滞”正式成为指导黄河治理，特别是黄河下游防洪工程建设的重要方针。[3]

“上拦下排”的方针经过长期的争论和实践，逐步被大多数人所接受，

---

① 黄河水利委员会.王化云治河文集.郑州：黄河水利出版社，1997：257.

② 黄河水利委员会.王化云治河文集.郑州：黄河水利出版社，1997：284.

③ 河南省地方史志编纂委员会.河南省志黄河志.郑州：河南人民出版社，1991：68.

认识基本取得统一。[①]但是这一方针也有局限性，通过三门峡工程的实践和治黄科技人员的研究分析，许多人进一步认识到黄河的问题不仅是洪水威胁很大，同时水少沙多、水沙不平衡也是造成下游河道淤积的重要原因。如果在黄河干流上修建一系列大型水库，实行统一调度，对水沙进行有效的控制和调节，使水沙由不平衡变为相适应，就有可能减轻下游河道淤积，甚至达到微淤或不淤。按照这一设想，技术专家提出了依靠系统工程实行“调水调沙”的治黄指导思想。

“调水调沙”，就是在充分考虑下游河道输沙能力的前提下，利用水库的调节库容，对水沙进行有效的控制和调节，适时蓄存或泄放，调整天然水沙过程，使不适应的水沙过程尽可能协调，以便于输送泥沙，从而减轻下游河道淤积，甚至达到不淤或冲刷的效果，实现下游河床不抬高的目标。

三门峡工程实施的“调水调沙”的方法也不是凭空而来的，而是在吸取了其他水库的经验和对三门峡工程1960年至1968年的实测资料进行分析、研究与总结后得出的。通过总结三门峡库区泥沙运动，研究人员发现，三门峡库区在洪水期的输沙能力大于建库前天然河道的输沙能力，这被称为富余输沙能力。在三门峡工程正式采用“蓄清排浑”运用之后，许多学者围绕这一运用模式进行了多方面的研究与探讨。关于水库的富余输沙能力，在第二次改建规划期间，研究人员只是在资料分析中感性认识到它的存在。1977年，研究人员在总结三门峡工程“蓄清排浑”运用经验的基础上，正式提出了水库“调水调沙”理论。几十年的实践证明，水库“调水调沙”是解决修建在多沙河流上水库泥沙问题的有效途径，同时也为水资源的利用找出了新的思路，并且在许多水库的应用与改进中都取得了显著效益。[②]

从实施以来的实际观测情况分析，“蓄清排浑，调水调沙”所起到的作用主要表现在以下三个方面：一是“调水调沙”控制了库区淤积的上延，防止了水库的“翘尾巴”现象，“调水调沙”是通过控制运用水位使淤积在库首的泥沙得以冲刷下移，以控制淤积上延。二是“调水调沙”实现了库区冲淤的基本平衡。实行“调水调沙”在非汛期抬高库水位蓄水兴利，汛期洪水量

① 王化云.我的治河实践.郑州：河南科学技术出版社，1989：249.

② 焦恩泽，等.水库调水调沙.郑州：黄河水利出版社，2008：2.

大、泥沙集中时，则降低水位防洪，同时排沙冲刷库区河槽（包括非汛期淤积的泥沙），以保持库容，实现库区的冲淤平衡。三是“调水调沙”可以减少下游河道淤积，“调水调沙”运用时，把非汛期淤积泥沙调节到汛期排出，改变黄河下游非汛期粗沙淤积河槽的局面，把非汛期流量较小时期的泥沙，调节到较大洪水期排出，使洪峰、沙峰相适应，充分利用黄河下游河道大水带大沙的特点，以利于下游河道输送泥沙。①

从资料分析可知，黄河下游河道的输沙能力，不仅与流量有关，还与上游来沙情况有关，具有在相同流量下的输沙率变幅很大的特性，即反映出多泥沙冲积河流的水流挟沙能力存在随流域来水来沙变化迅速调整的基本规律。它说明了在一定的河床边界条件下，为了加大水流的挟沙能力，在进行水沙调节时，流量与含沙量的相互组合具有决定作用。只有流量与含沙量相适应，才能取得较好的输沙效果，这是调水调沙的依据。②

二、积累了在多泥沙河流上修建水库的经验

修建三门峡工程以前，有很多人担心在黄河上修水库，会不会很快淤废？淤满了怎么办？黄河泥沙这么多，能不能发电？等等。当时不仅中国人不能回答这些问题，世界上的其他国家和地区也没有成功的经验。三门峡工程的兴建和改建，提供了实践依据，使中国治河专家积累了丰富的经验。它说明黄河丰富的水利资源能够综合利用，黄河可以变为利河。通过三门峡工程的实践，中国的技术专家在水库设计方面也积累了许多有益的经验。对于在多泥沙河流上修建水库的规划，中国的研究人员逐步形成了系统的理论。③

第一，必须有足够的泄流排沙设施。

三门峡工程由于设计的泄流规模小，只考虑利用异重流排沙，致使库区泥沙淤积。为了解决水库淤积问题，发挥工程综合效益，相关机构对三门峡工程的泄流建筑物进行了改建。工程运用的实践表明，由于增设了位

---

① 张金良，等.三门峡水库调水调沙（水沙联调）的理论和实践.人民长江，1999（10）：28.
② 杨庆安，等.黄河三门峡水利枢纽运用与研究.郑州：河南人民出版社，1995：350.
③ 杨庆安，等.黄河三门峡水利枢纽运用与研究.郑州：河南人民出版社，1995：346–350.

于不同高程的泄流排沙设施，排沙效果明显增强，水库恢复了部分库容，增大了水库坝前段的局部漏斗，减少了死库容，相对增加了调节库容和水库的调水调沙能力。对泄流建筑物的运用要适应黄河洪水，特别是来自中游地区的高含沙量洪水洪峰高、历时短的特点，做到合理调度，适时启闭闸门，在下游河道能安全泄流的条件下，尽可能不改变洪水峰型及水沙关系。

第二，必须保持长期使用库容。

三门峡工程的实践表明，在多泥沙河流上兴建的水库，要发挥综合效益，就必须有可以长期使用的库容。三门峡工程“蓄水拦沙”运用时期，库区发生淤积，库容损失很快，防洪及兴利指标很难实现。工程经过改建，并采取了“蓄清排浑”控制运用方式，使部分库容得到恢复，335米高程以下库容保持60亿立方米可供长期使用，不仅保证了对大洪水的防御作用，而且可用于兴利，达到综合利用的目的。

三门峡工程“蓄清排浑”运用20多年的实践，为多泥沙河流上修建水库提供了宝贵的经验。实践表明，在多沙河流上修建水库，宜选择峡谷型库区，修建足够的坝高，确定合理的运用水位，布设足够的泄流规模和排沙规模，拟定适合于来水来沙条件和库区特点的运用方式，水库就不会淤废，就能够发展成冲淤基本平衡的水库，并能保持有效调节库容长期使用。根据这一经验可以预计，在多泥沙河流上修建高坝大库，在其达到冲淤平衡之前利用淤积库容拦沙，在其下泄“相对清水”期间能大幅度提高水资源的利用率；在其达到冲淤平衡以后，用其有效调节库容，除能够对水量进行调节外，还能够对泥沙进行适量的年调节或多年调节，充分利用大洪水的排沙能力，减少输沙入海用水，增加可用水量，这为提高水资源的利用率、发挥水库的综合效益创造了必要的条件。

第三，必须采取“蓄清排浑”的运用方式。

兴建在多泥沙河流上的水库同修建在一般清水河流上的不同，在调节径流的同时，还必须进行泥沙调节，只有这样，才能保持一定的长期使用库容，实现水库综合利用。三门峡工程采用“蓄清排浑，调水调沙”的运用方式，在控制淤积上延发展的同时，泄流时注意调整水沙关系，充分发挥下游河道的输沙能力，多排沙入海，减少下游河道淤积。

三门峡工程“蓄清排浑，调水调沙”的实践表明，实现水库水沙调节应具备一定的条件，即非汛期有水可供调蓄，汛期有水可用于排沙；泥沙主要来自汛期，而汛期来沙往往集中在几次洪水；库区有一定富裕的输沙能力；下游河道可以利用洪水集中排沙。具备了这些条件，再采用合理的水沙调节方式，就有可能达到保库与兴利的统一。

第四，必须不断调整运用指标。

三门峡工程目前仍然承担着防洪、防凌、灌溉、发电的任务，但入库的水沙条件是变化的，为了保持和继续发挥已有效益，工程应根据来水来沙的变化适当地调整运用指标，这是多泥沙河流上水库运用的特点之一。

三门峡工程的运用实践表明，非汛期工程运用的关键是控制淤积部位，限制潼关河床高程抬高，有利于汛期将非汛期蓄水时淤积的泥沙排出库或将其向坝前推移。汛期水库除承担防洪任务外，能否将非汛期淤积的泥沙冲刷出库，是“蓄清排浑”控制运用的前提条件。水库排沙主要取决于入库流量与坝前水位，汛期来水量减少时，要维持一定的排沙能力，把非汛期淤积物冲刷出库，就需要不断地根据入库水沙情况调整坝前水位。

第五，必须考虑下游河道的输沙特性。

要充分利用下游河道的输沙能力，尽量多地把泥沙输送入海。

三、促进了我国水利事业的发展

三门峡工程不仅是万里黄河第一坝，而且在我国水利水电建设的许多方面都占据首创地位，例如：三门峡大坝是我国建设的第一个高百米以上的混凝土大坝，第一个采用机械化施工，第一个使用大跨度的缆索起重机，第一个在大江大河上进行立堵进占截流，第一个采用截流模型试验来指导截流，第一个进行大规模混凝土浇筑且年浇筑量超过100万立方米，第一个高峰年年投资近1亿元的水电工程，等等。这许多个首创为我国大型水利水电工程建设的发展提供了宝贵而丰富的经验。①

三门峡工程是中华人民共和国成立后的第一座高度机械化施工的大型

① 李鹗鼎.回忆三门峡//中国人民政治协商会议三门峡市委员会，中国水利水电第十一工程局.万里黄河第一坝.郑州：河南人民出版社，1992：57.

水利工程，施工动力装配程度较高，改变了已往以人力施工为主的传统做法，实施了综合机械化作业。通过三门峡工程的施工实践，我国大型水利水电工程的机械化施工和现场管理水平得到提高。在截流、土石方开挖、大坝混凝土浇筑和发电机组的水涡轮焊接等方面都有突出的创新，研究人员从中总结出多项新技术、新工艺和新材料。三门峡工程的建设取得了质量好、工期短、投资省的成效。

三门峡工程的施工实践，造就了一支能打硬仗的水电工程施工队伍，各工种技术工人、管理人员和技术人员总数近 2 万人，同时还为全国其他水电施工单位培训技工和学徒约 7000 人。在三门峡工程建设中成长起来的水电建设大军，奔赴我国的四面八方，参与新的水电工程建设。三门峡工程的绝大部分干部职工西进南下支援了青铜峡、三盛公、丹江口、盐国峡、刘家峡、葛洲坝、龚嘴等水电站的建设，以及几内亚、阿尔巴尼亚、伊拉克等国外水利水电工程建设。据不完全统计，经过三门峡工程洗礼而成长起来的省部级干部有 12 人、司局级干部 380 人、高级工程师和教授级高级工程师近千人，成为当时水利水电建设战线上的一支强有力的领导力量和科学技术力量。[①]

三门峡工程是中华人民共和国治黄事业的见证，是我国现代化大规模水利水电建设的起点。三门峡工程的建设为我国治理大江大河及多泥沙河流积累了丰富而宝贵的经验，今天的小浪底、三峡等大型工程都从它那里获得了宝贵的经验。当时的水利部副部长钱正英后来这样评价三门峡工程："就三门峡的施工来说，这是我国第一座大型现代化的水坝建设，在苏联的援助下，锻炼成长了新中国大坝建设的队伍。三门峡的建设者们来自祖国各方，建成后又奔向祖国各方，成为许多水利水电工程的骨干。黄河是中华民族的摇篮，三门峡工地也可说是新中国大坝建设的摇篮。"[②]

---

① 王宗敏，孙玉民.赤帜耀新天　辉煌五十年——前进中的中国水利水电第十一工程局.河北水利，2008(5)：20.

② 中国人民政治协商会议三门峡市委员会，中国水利水电第十一工程局.万里黄河第一坝.郑州：河南人民出版社，1992：序.

第三节　对环境的影响

三门峡工程对环境的影响主要表现为由于蓄水运用导致的库区淤积、由于高水位运用导致的库岸坍塌和由于地下水位上升引起的浸没等问题。

一、淤积

三门峡水库的淤积范围：黄河干流曾到达距大坝 184 千米处，渭河曾到达距大坝 231 千米处，北洛河曾到达距大坝 215 千米处。

改建前的泥沙淤积情况：1960 年 9 月至 1962 年 3 月，三门峡工程“蓄水拦沙”期间，水库蓄水位高于 300 米高程的时间长达 200 天，水库回水超过潼关，入库沙量的 93％淤积在库区内，共淤积泥沙 15.34 亿吨，库容损失严重；330 米高程以下库容损失 12 亿立方米，潼关高程抬高 4.4 米，在渭河口形成拦沙门。1962 年 3 月以后，三门峡工程改为“滞洪排沙”运用，汛期实施敞泄排沙，排沙比大幅提高，库区泥沙淤积有所减轻，但由于泄流规模太小，汛期平均水位达 310 米高程以上，潼关高程继续上升，水库淤积末端仍然不断上延，库容仍在损失。到 1964 年 10 月，320 米高程以下的库容仅剩下 1.7 亿立方米，淤积了 25.9 亿立方米，库容损失 93.8％；330 米高程以下库容仅剩下 22 亿立方米，淤积了 37.5 亿立方米，库容损失 62.9％。[①]

改建后的泥沙淤积情况：1966 年至 1970 年对三门峡工程实施了两次改建，泄流规模扩大了 3 倍，315 米高程的下泄流量达到 9600 立方米每秒，泄流排沙底槛高程下降了 20 米，十分利于库区的泥沙冲刷。330 米高程以下库容恢复到 30 亿立方米，潼关高程下降到 326.6 米，渭河淤积末端得到了初步控制。1973 年以后，工程施行“蓄清排浑”运用，基本上能保持年内库区泥沙冲淤平衡，330 米高程以下库容维持在 30 亿～32 亿立方米范围，基本控制了潼关高程和泥沙淤积末端的发展。库区冲刷范围，黄河干

---

① 黄河三门峡水利枢纽志编纂委员会.黄河三门峡水利枢纽志.北京：中国大百科全书出版社，1993：95.

流到达距大坝160千米处，渭河到达距大坝191千米处，北洛河到达距大坝191千米处。[①]

从大区段看，潼关以下累计最大淤积量发生在1964年10月，达37.22亿立方米，占全库淤积量45.61亿立方米的81.6%；小北干流淤积6.516亿立方米，占14.3%；渭河淤积1.434亿立方米，占3.1%；北洛河淤积占1.0%。1964年以后，潼关以下库段冲刷，潼关以上库段淤积。截至1973年11月，全库累计淤积57.34亿立方米，其中，潼关以下累计淤积27.85亿立方米，占全库累计淤积量的48.6%；潼关以上的黄河小北干流累计淤积18.54亿立方米，占32.3%；渭河累计淤积9.721亿立方米，占17.0%；北洛河淤积1.229亿立方米，占2.1%。1973年11月至1986年10月，"蓄清排浑"运用13年，全库区仅淤积0.32亿立方米，其中潼关以下淤积0.40亿立方米，潼关以上冲刷0.07亿立方米，全库区泥沙冲淤量基本平衡。1986年10月至1989年10月，上游的龙羊峡水库蓄水运用3年，三门峡水库全库区淤积2.22亿立方米，其中，黄河潼关以上小北干流淤积1.66亿立方米，占74.8%；渭河淤积0.373亿立方米，占16.8%；北洛河冲刷0.061亿立方米；潼关以下淤积0.24亿立方米，占10.8%。截至1989年10月，全库区累计淤积59.89亿立方米，其中，潼关以下淤积28.49亿立方米，占47.6%；潼关以上黄河小北干流淤积20.37亿立方米，占34.0%；渭河淤积9.708亿立方米，占16.2%；北洛河的淤积量占2.2%。[②]

三门峡工程泥沙淤积的主要特点是淤积向上游延伸很远。一般水库淤积上延是溯水期回水与淤积相互作用的结果，在水库水位降低时，末端淤积又会冲刷下降，淤积最远点的河床高程往往低于坝前实际发生的最高水位。但三门峡工程不同，在库水位降落后，溯水作用已经消除，下段河槽开始冲刷下降，而末端附近前期形成的淤积不能立即被冲走，淤积还继续向上延伸。由于这种前期淤积的影响，1996年渭河淤积末端位置已达到距

---

① 黄河三门峡水利枢纽志编纂委员会.黄河三门峡水利枢纽志.北京：中国大百科全书出版社，1993：95.

② 黄河三门峡水利枢纽志编纂委员会.黄河三门峡水利枢纽志.北京：中国大百科全书出版社，1993：96，105.

大坝260千米处，超过坝前滞洪水位与河床平交点100千米以上，而淤积末端的河床高程高出滞洪水位25米以上。①

二、库岸坍塌

三门峡工程的库岸坍塌主要发生在潼关以下的库段，该段岸宽1～3千米，岸高坡陡，两岸台阶地上部被黄土类土层覆盖，黄土遇水浸泡极易发生崩塌。建库以前，临河不少地区塌岸就十分明显，灵宝至会兴镇一线严重处塌岸宽度达400米左右。三门峡工程蓄水运用后，库周塌岸急剧发展。潼关以上库区为湖泊型库段，岸宽10～18千米，处于水库回水区尾部，水深较浅、库岸较低且岸坡平缓，黄土含黏性成分较高，塌岸轻微。

1960年9月至1962年10月，水库高水位运用期间，塌岸情况最为严重。不到两年的时间，全库周塌岸量达1.77亿立方米，占到1987年以前总塌岸量的34.4%。而且强度大，平均每年1.06亿立方米，塌岸长度达201千米，占当时靠水总岸线长度486千米的41.4%。其中南岸坍塌严重，北岸较轻。南岸塌岸长119千米，占总塌岸线长59.2%，塌岸线长且呈连续状；北岸塌岸长82千米，占总塌岸线40.8%，塌岸线短且不连续。②

南、北库岸相比较，北岸岸线较低，岸坡平缓，前缘有漫滩或一级阶地掩护，黄土含黏性成分较多；南岸多为二级阶地直接临水，岸顶高出水面20～60米以上，且岸坡陡峻，土质疏松，受水浸泡后，抗剪强度随即降低。

塌岸宽度一般为50米左右，但三门峡市上村段塌岸情况严重，塌岸宽度达到280米。高水位运用期，塌岸的原因除地形和地质的内在原因外，外因是蓄水位高，水位较蓄水前河道水位高出30余米，库水的浸泡侧渗作用强烈，加上库面宽阔，风浪冲击淘刷。

自1962年10月开始，水库低水位运用，库周塌岸大大减少。库区绝大部分处于河道状况，塌岸性质基本相同。这期间塌岸虽然继续发展，但其强度低于高水位运用期。

---

① 三门峡泥沙问题编写小组．黄河三门峡水库的泥沙问题//三门峡水库运用经验总结项目组．黄河三门峡水利枢纽运用研究文集．郑州：河南人民出版社，1994：24.

② 杨庆安，等．黄河三门峡水利枢纽运用与研究．郑州：河南人民出版社，1995：239-241.

潼关以下326米高程库周长度为370多千米，1960年至1987年间，塌岸总量为5.15亿立方米。塌岸累积宽度一般为200～300米，河南灵宝县杨家湾和西古驿段塌岸宽度最大，累计达850米。全库周塌岸面积约10平方千米，有30个村庄因塌岸搬迁，有46个村庄遭受严重威胁。据初步统计，塌岸造成人身伤亡25人，损失牲畜近百头，砸伤击沉船舶12艘，35处扬水站被迫拆迁，横跨黄河的高压线路多次搬迁，两岸航运码头难以固定，村镇公路改线等。由于工程的改建——工程改按“蓄清排浑”方式运用，加上1972年开始实施了库周的护岸治理等措施，塌岸灾害得到了控制，塌岸的规模、范围和数量都大幅度减少。[①]

表7-2 三门峡工程不同运用期塌岸量统计表[②]

运用阶段	蓄水运用	滞洪排沙	全年控制运用	合计
运用时间	1960.9—1962.5	1962.5—1973.10	1973.10—1987.10	1960.9—1987.10
塌岸量/亿立方米	1.77	0.743	2.65	5.163
占总量	34.4%	14.2%	51.4%	100%
平均塌岸强度/亿立方米每年	1.06	0.065	0.189	0.191

注：表中数字系指高程335米以上的塌岸量，若要包括335米高程以下的塌岸量，数字将更大。

三、地下水位上升引起的浸没等问题

在三门峡工程蓄水运用及改建前阶段（1960年至1973年），库周地下水位普遍上升。据分析，渭河两岸地下水位与1960年蓄水前相比，1962年2月上升了0.4～0.7米，至1969年2月，上升了4米。工程改建后，渭河河槽冲刷降低，水位相应降低，1976年渭河两岸地下水位比1969年2

① 黄河三门峡水利枢纽志编纂委员会.黄河三门峡水利枢纽志.北京：中国大百科全书出版社，1993：192.

② 杨庆安，等.黄河三门峡水利枢纽运用与研究.郑州：河南人民出版社，1995：239.

月下降了2米左右。[①]三门峡水库的库周地下水位上升，给环境造成的影响和危害主要有库岸浸没，土壤盐碱化、沼泽化，水井坍塌和地下水水质恶化，地面湿软、房屋倒塌，地面湿陷裂缝等。

（一）库岸浸没

自20世纪60年代初到工程改建之前，库岸受到了浸没影响。潼关以西渭河、北洛河库段由于河道宽阔平坦、两岸阶地高差小、地下水位低，均产生了浸没影响，而以渭河库段的浸没较为严重。1960年至1970年，由于工程第二次改建尚未完成，大坝泄水孔高程较高，水库蓄水和库区内泥沙淤积使潼关河床抬高了5米左右，致使渭河下游的地下水位上升。其后由于工程第二次改建的逐步完成和工程运用方式的改变，至1973年潼关河床高程下降约2米，1976年渭河两岸地下水位也随之下降了2米左右，浸没情况逐渐好转。潼关以东的高峡谷库段，工程蓄水期间对两岸的地下水位影响范围一般为距岸边1～2千米，最远的可达3～5千米。[②]

（二）土地盐碱化、沼泽化

三门峡工程建成初期的高水位运用期间，库区末端的黄河、渭河、北洛河滩地及库区周边的部分地带，土地盐碱化与沼泽化面积有显著增加，原有碱地有所加重，其中以陕西省的华阴、华县之间的渭河南岸一级台地中部的“二华夹槽”地带最为严重。夹槽自西而东长约50千米，过去曾遭受山洪涝渍的影响，土地已发生盐碱化，三门峡工程修建前，这一地带共计有盐碱地19.5万亩。三门峡工程高水位蓄水运用后，地下水位抬高了0.4～1.2米，盐碱、沼泽的程度增加，至1963年共有盐碱地24.05万亩、沼泽地14.85万亩。工程改为“滞洪排沙”运用后，蓄水位下降，沼泽地大幅度缩小为2.03万亩，但由于前期渭河河道淤积抬高，水位降低不多，盐碱地面积减少幅度不大。改建工程陆续建成运用后，地下水位下降，土质得到了改善，至1974年盐碱地已缩小到21.65万亩，到1984年盐碱地已

① 黄河三门峡水利枢纽志编纂委员会.黄河三门峡水利枢纽志.北京：中国大百科全书出版社，1993：196.

② 黄河三门峡水利枢纽志编纂委员会.黄河三门峡水利枢纽志.北京：中国大百科全书出版社，1993：196.

持续缩小至 12 万亩。[1]

（三）水井坍塌和地下水水质恶化

水井坍塌和地下水水质恶化主要发生在潼关至大坝段库周的黄土高原区。黄土台阶地高程在 335 至 344 米之间，建库前该地段的地下水深度为 20～30 米，年变化幅度为 1 米左右，井壁多为疏松黄土或粉沙，很少有塌井现象。工程蓄水运用后，地下水位的升降幅度随之加大，井壁的黄土受地下水浸泡而崩塌。至 1961 年年底，陕西的潼关、河南的灵宝、三门峡市湖滨区和山西的芮城、平陆等 6 县（区）沿库周的 24 个乡，共计塌井 1296 眼，其中有 64 个村的水井已全部塌完，塌井情况以三门峡市的湖滨区和山西省平陆县最为严重。塌井范围一般距水库岸边 2.5 千米以内，最远可达 4 千米。1961 年底以前，工程高水位蓄水，在上述范围内，塌井数占原有数的 70% 以上，特别是近库边 1 千米内，有 90% 以上的水井塌毁。1962 年，低水位运用后，塌井现象逐渐消失。1961 年至 1962 年间，库周有部分地段的地下水出现水质变咸、变苦的现象，多发生于地下水位在 325 米高程以下，且地下水深度为 2～5 米的低岸缓滩处。例如，陕西华阴县岳庙村地下水位升高 0.7 米且井水变苦，山西药城县彩霞村有 5 眼井井水变苦，山西永济县沿库边有不少井的水质恶化而不能饮用。[2]

（四）地面湿软、房屋倒塌

地下水位上升和浸没的发展引起地面湿软，导致房屋倒塌的现象，主要发生在潼关以西的库段，尤以北洛河两岸高程 340 米以下的一级黄土台地的地面最为严重。据调查，不能居住的村庄 1961 年有 5 个，1962 年已达 28 个，其中王庄一年之内塌房 200 间。地处黄河岸边的山西省永济县的夏阳镇和韩阳镇、芮城县的彩霞、河南省灵宝县的杨村等地，高程低于 340 米靠近河岸的低洼处都出现了地面湿软、道路泥泞和塌房现象。1962 年，水库改按“滞洪排沙”低水位运用，1963 年以后，地面湿软才逐渐缓解和

---

① 黄河三门峡水利枢纽志编纂委员会．黄河三门峡水利枢纽志．北京：中国大百科全书出版社，1993：196.

② 黄河三门峡水利枢纽志编纂委员会．黄河三门峡水利枢纽志．北京：中国大百科全书出版社，1993：196-197.

消失。[①]

（五）地面湿陷裂缝

库周黄土层受上升的地下水浸泡而产生不均匀湿陷，地面出现裂缝的现象，主要发生在潼关以东库段。据有关资料的记述，陕县温塘村距库边近处，1961 年 7 月出现 100 米长的地面裂缝，缝宽 0.1～0.2 米；在同一时期，与陕县相对的黄河北岸山西省平陆县席家坪，距库边 200 米处发生地面裂缝，长 200 米，最大缝宽为 0.5 米，有 19 户居民因此被迫迁移。山西药城县的部分地区，距库边约 300 米处地面出现连续裂缝，长 10 千米、宽 0.03～0.07 米，同时地面下沉 0.2～0.3 米。三门峡大坝上游的右岸缆索起重机基地，地面出现黄土湿陷裂缝 10 余条，其中有 3 条裂缝贯穿缆索起重机轨道，裂缝最深为 20 米，地面湿陷 0.003～0.33 米。1962 年，工程改为低水位运用后，库岸的湿陷和裂缝现象才逐渐停止和趋于稳定。[②]

第四节　三门峡工程的移民

三门峡工程的移民安置从 1954 年开始规划，1957 年开始全面登记、典型调查，1960 年开始全面搬迁安置，至 1965 年基本搬迁安置完毕。三门峡工程的移民不仅影响面广、涉及的人口多，而且持续时间长。

一、移民范围

1959 年 10 月，国务院确定，经党中央批准，三门峡工程近期的最高拦洪水位不超过 333 米高程，移民线高程定为 335 米。库区范围：在黄河干流上，回水末端距大坝 156 千米，回水达到山西省永济县旧城和新盛镇附近河段；在渭河上，回水末端距大坝 183 千米，回水范围抵达华县赤水附近河段；在北洛河上，回水末端距大坝约 167 千米，越过大荔县城达羌

① 杨庆安，等.黄河三门峡水利枢纽运用与研究.郑州：河南人民出版社，1995：238.

② 黄河三门峡水利枢纽志编纂委员会.黄河三门峡水利枢纽志.北京：中国大百科全书出版社，1993：198.

白镇附近河段。库区淹没涉及陕西省的潼关、华阴、华县、朝邑和大荔县，山西省的平陆、药城和永济县，河南省的灵宝和陕县。以陕西省的淹没面积最大，约占全库区总受淹面积的80%。陕西、山西、河南三省共应迁移居民373687人，实际迁移403786人，其中陕西省占70.3%、山西省占17.5%、河南省占12.2%。①

全库区淹没耕地90万亩，淹没果园、竹林等约1.5万亩，淹没居民点356个。潼关、朝邑、平陆、永济、灵宝和陕县6座县城须全部或部分搬迁，应拆迁房（窑）28.86万间（孔）。库区淹没了部分铁路、公路和通信线路，国家重点保护的元代永乐宫也在搬迁范围内。水库运用后，因塌岸另毁耕地1.4万亩，在渭河两岸，浸没及盐碱化耕地曾达20万～30万亩。②

三门峡库区搬迁前，土地肥沃，盛产小麦、棉花、枣、花生、瓜果等农作物，群众生活水平较高。陕西部分素有关中“白菜心”的美称，河南部分有“苹果、棉花、枣”三大宝，山西部分人均耕地3.2亩、住房14.5平方米且多为瓦房。淹没区在淹没前，一般年景人均占有粮食300千克，人均收入275元，多数农户有浅水井，生产和生活用水非常方便。③

二、移民原则和方式

《关于根治黄河水害和开发黄河水利的综合规划的报告》中规定的移民指导原则是“在人民政府领导和帮助下有计划地进行，政府保证移民在到达迁移地点以后得到适当的生产条件和生活条件。”④

1956年8月，黄规会邀请陕西、河南、山西、甘肃四省的相关负责人，开会商讨三门峡工程的移民问题。会议拟定移民方式分为远移和近移两种，远移多迁至甘肃敦煌和宁夏银川两地，以集体安置开垦大片荒地为主；近移多分散安置于本县或邻县，采取插入农业生产合作社的办法；能近移的尽量

---

① 杨庆安，等.黄河三门峡水利枢纽运用与研究.郑州：河南人民出版社，1995：251.

② 黄河三门峡水利枢纽志编纂委员会.黄河三门峡水利枢纽志.北京：中国大百科全书出版社，1993：170.

③ 徐乘，等.三门峡水库移民社会经济发展战略.郑州：河南水利出版社，2000：9.

④ 邓子恢.关于根治黄河水害和开发黄河水利的综合规划的报告//中华人民共和国水利部办公厅宣传处.根治黄河水害　开发黄河水利.北京：财经出版社，1955：30.

近移。在350米高程正常高水位时，陕西省需要移民43.9万人，其中迁往银川21万人；河南省需要移民5.9万人，其中迁往敦煌1万人。后经国务院召集有关省讨论，确定了此项外迁任务。[①]

1958年技术设计阶段，制定的工程初期运用移民安置方针是加强领导、全面规划、分期分批完成迁安任务；移民安置去向除在受淹本县安置外，陕西还向蒲城、白水、澄城和宫平等县安置；选定安置区的条件是土地多、劳力缺、没有地方病，高程在360米以上；安置方式为集体后靠建立新村，分散插社、队安置，投亲靠友。[②]

黄河三门峡工程局于1958年10月邀请陕、晋、豫三省的移民工作负责人研究移民迁安的具体事项，确定移民分为远迁和近移两种方式。远迁至甘肃敦煌和宁夏银川两地，近移的尽可能后靠分散安置在本县或邻近县。原则是：多数移民沿移民线以上的高处后靠安置在本县或邻近县境内，尽量安置在土地宽阔、水源充足的地区，使迁安后移民的生产和生活水平不致下降，并随着生产的发展，生活水平要逐步有所提高。

三门峡工程移民时正处于“大跃进”时期，移民主要采用行政手段，各省具体采取的原则和实施办法不尽一致：陕西提出“以生产为中心，以移民清库为重点”的原则，采用“任务经费双包干”的办法，层层下达，强调“自力更生，大搞群众运动”，在各县范围内统一组织运输力量搬迁；河南对外迁敦煌的移民，提出“视作政治任务”来完成；山西提出“统筹兼顾，全面安排，统拆、统运、统建”等原则，采取“先迁后建、先建后迁、边建边迁”三结合的办法，强调发挥人民公社集体力量，集中劳力、畜力和车辆组成运输大军。[③]

三、移民经过

根据国务院召开的陕西、河南、山西、甘肃四省协调会议落实的外迁

① 黄河规划委员会办公室.关于三门峡水库移民问题的报告,1956年8月.三门峡水利枢纽管理局档案，R-3-19.

② 徐乘，等.三门峡水库移民社会经济发展战略.郑州：河南水利出版社，2000：10.

③ 徐乘，等.三门峡水库移民社会经济发展战略.郑州：河南水利出版社，2000：12-13.

任务，河南省于1956年春，陕西省于1957年至1958年，开展了第一期向外省迁移工作。河南选定棉农7879人迁往甘肃敦煌；陕西从潼关、华阴、华县、朗邑、大荔县选定党团员积极分子中的青壮年31529人作为先遣队分赴银川地区的贺兰、宁朔、永宁、陶乐、惠农、平罗、中卫等县，为农业安置移民和新城平吉堡安置非农业人口做准备。同期，陕西省6486人自行投亲靠友安置。

根据工程设计确定的初期运用方案以及1958年4月周恩来总理主持召开的三门峡工程现场会议确定的原则，明确按335米高程移民后，移民总人数有所减少，各省着重考虑在本省内安置解决。

除迁往外省外，内迁安置情况是：陕西省于1959年至1960年从淹没区迁出157468人，主要安置在蒲城、澄城、白水、大荔、渭南和西安市草滩农场，以后因浸没塌岸影响分别在沿库边的10个县就近后靠安置89856人。河南省于1956年至1957年因工程前期建设和陕县县城拆迁的需要，迁出第一批移民233户、1002人在三门峡市交口、磁钟两公社安置；于1959年至1960年迁出第二批移民62357人（包括县城10186人），分别在灵宝、陕县、三门峡市后靠和近迁安置，建集体新村87个、分散插村76个。山西省于1958年至1965年在县内建新移民村68个，安置3805户，共20310人，就地后靠建新移民村60个，安置3719户，共13398人，同期投亲靠友1914户，共8915人；1962年，三门峡水库高水位蓄水，有57个村庄共15200人受浸没塌岸影响后靠安置；从陕西、河南迁入的2013人，也予以安置。[①]

以下是移民的具体情况[②]：

陕西省除1956年集体外迁安置在宁夏的32380人和自行分散安置在山西省的2013人外，其余移民多数安置在该省的蒲城、渭南、澄城、白水、大荔、华阴、潼关、临渲、富平、邵阳和阎良11个县，共1150个村。其中安置在沿山旱塬区的占51.4%，安置在半水半旱区的占8.4%，安置在灌

① 徐乘，等.三门峡水库移民社会经济发展战略.郑州：河南水利出版社，2000：13.

② 黄河三门峡水利枢纽志编纂委员会.黄河三门峡水利枢纽志.北京：中国大百科全书出版社，1993：172-173.

区的占40.2%。远迁宁夏的陕西省移民于1962年全部返回，其中有4563人投亲靠友自行在外省安置，连同1956年自行分散迁安在山西的2013人，共有6576人自行迁往外省安置。至1982年，陕西省三门峡库区共迁安移民285304人（含回水塌岸影响区移民87868人），共安置在13个县及草滩农场（包括由宁夏返回的移民）。

山西省迁移居民点128个，该省移民一般都在本县后靠就近安置。至1965年6月，平陆、药城和永济三县实际移民9438户，共47623人，其中：后靠安置7524户，共计38708人，占该省移民总数的81.25%；投亲靠友分散安置的8915人，占18.75%。统一安排建房（窑）方面，除在平陆县城的新址建公房3000多间外，三个县共建房（窑）45378间（孔），人均0.98间，农村公房超建了1614间，移民住房得到解决，集体用房通过迁移安置也有了较多地扩充。为了利于发展生产，三个县在安置比较集中的128个安民点，建立了生产队313个，共计38708人，拥有土地120833亩，人均3.12亩。

河南省至1965年年底，实际迁移了陕县、灵宝两座县城和灵宝的阎底、闻乡、盘头三个镇的59个自然村、移民70859人，除远迁甘肃敦煌7879人和自行投亲靠友的外，其余全部在灵宝、陕县、三门峡市集体后靠重建新村和集体后靠插入邻村安置。集体后靠的移民分布在163个村，其中集体迁建新村87个、集体插入村76个。远迁甘肃敦煌的由敦煌县统一负责安置，后靠安置的由当地政府统一规划和安排。后靠安置区共建抽水站6座、水井182眼、水窑58处、蓄水池4座，并安装自来水管22398米，解决了33291人的生活用水。后靠安置的移民人均拥有土地2.37亩，1965年年底，人均住房为0.52间，饮水问题也得到了解决。

四、移民费用

农村和城镇移民费用同等对待，主要考虑人口和房屋，多数项目以人计算，规划有房屋补偿、生产补助、迁移费、公共设施和其他五项。1956年，移民安置规划对各省远、近迁移民规定了补偿标准，然而由于1958年“大跃进”等影响，反映在技术设计里的补偿标准及实施都比规划标准降低了一半左右。全库区移民迁安经费均按省、地、县、乡逐级包干使用。库区原有房（窑）按国家规定，经民主评议确定等级，按级作价。淹没的土地未给移民土地赔偿费，而是按人计算将安置款直接拨给安置区掌握使用。全库区国家历年拨出的移民经费中，陕西省 1.2028 亿元，人均 422 元，河南省 0.245659 亿元，人均 347 元，山西省 0.2275 亿元，人均 477 元。三个省共实际支出 1.675959 亿元。[①]

表 7–3　三门峡工程移民经费标准[②]

单位：元 / 人

年份	迁往敦煌、银川		省内安置			最终实施		
	陕西	河南	陕西	河南	山西	陕西	河南	山西
1956	798.5	791.8	620.9	610.4	630.1	—	—	—
1958	—	—	316.4	320	300	—	—	—
1959	—	—	316.4	290	300	—	—	—
1965	—	—	—	—	—	422	347	477

在移民安置实施后期，各省对安置标准过低问题反应强烈，特别是房屋难以复建。1962 年，国家又给陕西省拨发退赔专款 3400 万元，着重解决住房问题。河南省也在 1963 年实行《三门峡库区移民财产补偿办法（修正草案）》，房窑按实物分类补偿，因而使人均补偿标准调升为 400 余元。

表 7–4　1956 年至 1965 年三门峡工程移民安置实施总费用统计[③]

单位：万元

省份	国家拨款	完成	结存	完成工作主要内容
陕西	11640	9092	2548	远迁和近迁移民房屋、生产补助、公共建设、行政管理、返迁移民安置等
河南	3115	2457	658	新老移民就地安置、公房、零星迁移、浪费挪用、行政管理、返迁移民安置、清库等

① 黄河三门峡水利枢纽志编纂委员会．黄河三门峡水利枢纽志．北京：中国大百科全书出版社，1993：174.

② 徐乘，等．三门峡水库移民社会经济发展战略．郑州：河南水利出版社，2000：14.

③ 徐乘，等．三门峡水库移民社会经济发展战略．郑州：河南水利出版社，2000：15.

续表

省份	国家拨款	完成	结存	完成工作主要内容
山西	2338	227	563	房屋、生产、公共建设、平陆县城迁建、迁移、行政管理、临时安置及清库等
合计	17093	11776	3769	—

五、移民返迁

陕西省三门峡库区的移民大部分是从土地肥沃、灌溉便利、气候适宜、环境优越的地区，远迁垦荒或近移至该省的旱砾区。此外，由于当时对移民工作的复杂性认识不足、措施不周，工程移民补偿标准偏低，影响了各地对移民生产和生活的安排，因而移民的返迁从未间断过。陕西省迁往宁夏地区的移民由于安置区自然条件差，生活困难，吃粮靠国家供应，加之房屋紧缺等多种因素，1956 年，部分移民开始返迁。1962 年，经陕西、宁夏两省区协商并报请国务院批准，陕西省在临潼、西安市目良区、合阳、富平等县区将迁往宁夏的移民全部迁回安置。[①]

由河南省三门峡库区远迁到甘肃敦煌的移民 7879 人，由于生活不习惯和故土难舍等原因，1962 年，绝大多数重返河南，至 1965 年年底，已返迁到库区的达 7563 人，留在敦煌定居的仅有 316 人。此外，山西、河南两省零星返回库区的移民各有 1 万余人，两省对于这些返回库区的移民只要原迁出地条件许可，都在原地安置，不再离县迁移，对于已返回库区的移民也不再遣返。[②]

---

① 黄河三门峡水利枢纽志编纂委员会.黄河三门峡水利枢纽志.北京：中国大百科全书出版社，1993：175.

② 黄河三门峡水利枢纽志编纂委员会.黄河三门峡水利枢纽志.北京：中国大百科全书出版社，1993：177.

结 语

一、对三门峡工程的认识

现在，有很多人对三门峡工程持完全否定的态度，比如，张光斗、钱正英[①]等水利专家，也有一部分观点则对三门峡工程给予了很多的肯定[②]。本书通过对三门峡工程整个历史过程的梳理和分析认为：三门峡工程实际上远没有实现规划的目标并且造成了很多实际问题，这反映出三门峡工程的设计和决策存在一些失误，但在三门峡工程的决策中也有部分是正确的。

（一）三门峡工程存在问题探讨

1. 三门峡工程远没有实现规划的目标。

《技经报告》确定三门峡工程的指标是：可以防御千年一遇洪水，使千年一遇洪水流量由37000立方米每秒减至8000立方米每秒，当三门峡下游发生千年一遇洪水时，三门峡水库将关闭泄洪闸门4天；灌溉农田2220万亩以上，发电90万千瓦，使下游枯水期流量由300立方米每秒调节到800立方米每秒；在上游的水土保持未完全收效以前，可以拦蓄泥沙、下泄清水。在设计时，技术人员又对三门峡工程提出了更高的要求：由于泥沙淤积严重，为了使工程寿命能够延长到百年，希望加高正常高水位；为了确保下游防洪的安全，尽量考虑在三门峡下游发生大洪水时，三门峡工程完全不

---

① 北京法制报.专家主张放弃三门峡水库——渭河水患祸起有因//中国水利学会.黄河三门峡工程泥沙问题.北京：中国水利水电出版社，2006：648–653.

② 谢守祥.治黄史上一次伟大而成功的实践——记三门峡水利工程的兴建与运用.中国三峡建设，1996(8)：30–31.

泄洪或者泄洪量在6000立方米每秒以下，并考虑将关闭闸门的时间予以延长；适当考虑增加灌溉面积；等等。三门峡工程最终确定的指标是：把千年一遇洪水流量减至6000立方米每秒，当三门峡下游发生千年一遇洪水时，三门峡水库将关闭泄洪闸门7天，与下游支流水库配合，彻底解除黄河下游的洪水威胁；增加灌溉面积4000万亩，电站装机容量110万千瓦，提高下游航道用水量280～700立方米每秒；配合水土保持和上游支流拦泥库拦蓄大部分来沙，使下游河床不再淤高。

现在的三门峡工程，虽然调整了运用方式并进行了改建，但实际上只是实现了低坝排沙的功能，除特大洪水外，一般洪水不加拦截，只是在不影响防洪的情况下适当兴利。可以看出，三门峡工程的实际效益与原来规划的目标相距甚远。

2. 三门峡工程造成的一些实际问题。

（1）泥沙的严重淤积。

三门峡工程投入运用后，导致了库区的严重淤积，并出现了“翘尾巴”的现象，淤积范围在黄河干流曾到达距大坝184千米处，渭河曾到达距大坝231千米处，北洛河曾到达距大坝215千米处。由于严重淤积，渭河下游成为“地上河”，对渭河防洪及其两岸环境造成了严重的破坏。三门峡工程经过改建，基本上能保持年内库区泥沙冲淤平衡，但由于前期淤积的影响，渭河等支流上的淤积末端仍在向上发展。

（2）对环境的破坏。

三门峡工程对环境的影响主要表现在：由于高水位运用导致的库岸坍塌，由于地下水位上升引起的库岸浸没、土壤盐碱化、沼泽化等问题。通过改建和运用方式的调整，以及降低运用水位，这些问题大多得到了控制或缓解。

（3）移民问题。

三门峡工程如果按照低坝修建，那么移民数量不会超过10万，而三门峡工程的实际移民超过了40万人，多迁移了30多万人。另外，由于规划时在解决移民问题上存在失误，至今仍遗留了很多问题。

（4）工程投资的巨大浪费。

三门峡工程现在实现的只是相当于低坝的功能，而低坝工程的投资只相当于高坝工程的40%～50%[①]，这说明三门峡工程建设投资的50%～60%都被浪费掉了，这对于当时中国的财政来说是一笔不小的损失。另外，工程的改建也花费了巨额的投资。

3. 三门峡工程的设计存在失误。

三门峡工程的改建主要就是为了弥补设计上的缺陷，即主要是改变下泄流量过小、缺少专门的排沙设施和泄流设施、底槛高程过高等缺陷。

三门峡工程建成后的泄流设施：在300米高程处，设置有8个直径7.5米的发电引水钢管；在280米高程处，设有12个宽3米、高8米的施工导流底孔，工程建成后被封堵；在300米高程处，设有12个宽3米、高8米的深水孔；在338米高程处，设有两个宽9米、高14米的表面溢流孔。

三门峡工程的改建加大了下泄流量；增建了2条进口高程290米、直径11米的排沙隧洞，改建原来的4个发电引水钢管为泄流排沙管道，打开了8个施工导流底孔；改建电站坝体的1～5号机组的进水口，将发电进水口高程由原建的300米下卧至287米。

（二）三门峡工程决策中的失误

三门峡工程之所以表现出这么多问题，主要是由于在其决策过程中存在重大失误，主要有以下几个方面：

1. 目标设定过高。

三门峡工程在决策时，设定了充分综合利用的目标，对比三门峡工程的实际效果与规划的要求，不难看出决策目标设定过高。指标设定过高对工程造成的影响主要有以下几个方面：一是设定指标大多没能实现，从而影响了整个工程的效果；二是造成工程投资的巨大浪费；三是为了实现高指标，工程采用高水位运用，加重了对环境的破坏；四是增加了移民数量。

2. 指导方针存在问题。

三门峡工程为了实现充分综合利用的目标，决策时采用了“蓄水拦沙”的方针修建高坝大库。充分综合利用和“蓄水拦沙”是相辅相成的，为了实现充分综合利用、修建高坝大库，就必须“蓄水拦沙”，以消除泥沙过多的

---

① 温善章，等.黄河三门峡工程回顾与评价//三门峡水库运用经验总结项目组.黄河三门峡水利枢纽运用研究文集.郑州：河南人民出版社，1994：43.

不利影响，而要“蓄水拦沙”也必须利用高坝大库的巨大库容来拦蓄泥沙。采用“蓄水拦沙”方针给三门峡工程造成了很大的负面影响，主要有两个方面：一是采用“蓄水拦沙”的运用方式不正确。三门峡工程规划的运用方式是“蓄水拦沙”，而三门峡工程蓄水运用仅仅一年多，其造成的淤积就严重超过了预期，从而被迫放弃了这一运用方式。“蓄水拦沙”的运用方式加速了库区的淤积，而运用方式的改变又使三门峡工程失去了充分综合利用的基础，致使工程的规划目标大多没能实现。二是造成工程设计上的缺陷。由于设计规划不需要排沙，因此工程没有设置专门的排沙设施，设计下泄流量过小——仅仅满足防洪和综合利用的要求，死水位和泄流设施的位置过高。工程设计在这些方面的缺陷，致使三门峡工程在淤积严重，改变了运用方式之后，仍然不能有效排沙、减轻淤积的程度，从而迫使设计者对工程进行改建。

3. 决策时机选择过早。

影响修建三门峡工程的因素主要有投资大、淹没大、迁移多、工程技术难度大、泥沙问题严重等。在决策三门峡工程时，由于国家的大力支持，投资问题得到解决；由于苏联的帮助，工程技术问题也基本解决；淹没、移民问题，因缺少完整的规划而未能解决，泥沙问题也依然存在。

淹没、移民问题和泥沙问题是影响三门峡工程的关键，在这些问题都没有找到彻底的解决办法之前，就决定修建三门峡工程，显然时机选择过早。

4. 对泥沙问题处理不当。

三门峡工程规划时，处理泥沙问题的根本方针是“蓄水拦沙”，依据这一方针采用了四项具体措施：一是靠水土保持减沙，二是靠修建支流水库拦沙，三是靠异重流排沙，四是靠大库容拦沙。但这四项措施在实施中都存在问题。

水土保持是修建三门峡工程的基础，这项措施也是有效的，但规划时对水土保持的治理速度和减少泥沙的作用估计过高。原计划1967年前完成重点水土保持治理面积19万平方千米，连同一般治理面积共计27万平方千米，达到使进入三门峡水库的泥沙量减少25%，水库运用到50年时，入库泥沙量减少50%的效果。然而，实际效果远没有达到这个要求，据1963

年年底统计，仅完成初步治理面积6万平方千米，其中有效面积约3万平方千米，拦泥效果还显不出来。[①]在三门峡工程出现严重淤积时，如果水土保持能达到原来的预期，那么淤积情况将会逐步得到控制，工程可能就不需要改建，原有的设计目标也可能会实现。

计划在支流上修建的拦沙库，由于淹没大和效益小等原因，一座也没有修建。在三门峡工程的设计中，根据拟定的运行方式估计，排到下游去的泥沙量约占总泥沙量的20%，在乐观的情况下，可以达到35%。而实际情况是，1960年9月至1962年3月，平均下泄泥沙仅为入库泥沙的7.1%。[②]规划时，专家们认为，三门峡工程可以有效拦沙50～70年，而实际运用仅一年半时间，泥沙的淤积程度就严重超过了预期，造成了严重的后果。没能实现预想的拦沙和排沙效果，是三门峡工程放弃原定运用方式和被迫改建的重要原因。

5. 过于强调正面、忽视负面。

对于治理黄河的目标，在《关于根治黄河水害和开发黄河水利的综合规划的报告》中就明确指出：我们的任务就是不但要从根本上治理黄河的水害，而且要同时制止黄河流域的水土流失和消除黄河流域的旱灾；不但要消除黄河的水旱灾害，尤其要充分利用黄河的水利资源来进行灌溉、发电和通航，来促进农业、工业和运输业的发展。总之，我们要彻底征服黄河，改造黄河流域的自然条件。《技经报告》选定三门峡工程的原因除了三门峡坝址具有好的地理位置和优良的地质地形条件外，更主要的原因是三门峡工程可以获得巨大的库容用于解决黄河的各项综合利用问题，并且能获得巨大的经济效益。

为了获得很高的效益而轻视负面影响的思想，在三门峡工程的规划和设计阶段普遍存在。在黄委会编制的《黄河十年开发轮廓规划》中就指出，如果规划能顺利完成，则“整个黄河流域的自然面貌，必将完全改观，其造福于亿万人民将不可估算。以此和付出的代价相比较，将如全牛之比一毛”。《技经报告》也认为“为了拦截洪水泥沙和调节流量就必须有一定的库

① 黄河水利委员会.王化云治河文集.郑州：黄河水利出版社，1997：280.
② 黄河水利委员会.王化云治河文集.郑州：黄河水利出版社，1997：281.

容，也就必不可免要有一定数量的淹没损失”，这些问题“同黄河泛滥、决口造成的损失，是完全不能比较的”。

规划时对负面问题的忽视主要体现在两个方面：一是移民问题。在规划设计时，存在重工程、轻安置的思想，认为移民工作只要在政府的领导和帮助下，按照分期移民的方法，就可以很好地完成。但忽视了淹地多、移民多、对发展农业生产不利等因素，对移民安置工作的连续性，对移民工作的长期性和艰巨性认识不足，对移民的安置不彻底。① 二是环境问题。在工程规划设计时对于环境生态方面的问题，由于“中苏双方均没有这方面的专业人员，所以规划并未涉及环境保护的研究，仅仅规定入海流量不小于50立方米每秒，以满足河口地区的要求”②。

（三）选择三门峡坝址是正确的

1. 三门峡坝址所处的地理位置好。

三门峡坝址位于黄河中游潼关孟津段，这一段是黄河的最后一段峡谷，其控制了黄河流域面积的90％以上、输沙量的98％、下游洪水三个来源中的两个。对下游的防洪和兴利来说，越接近下游，它的效力越大，所以，潼关孟津段是修建水库解决黄河问题最适当的地区。

在前期对三门峡工程的规划和研究中，对在黄河中游潼关孟津段修建水库这一观点，专家的意见基本是一致的，比如，日本人认为，“在潼关以下的山峡地方，若能设置堰堤蓄水，以调节洪水的最大流量，则不仅于治水上有重大之效果，且于利水上亦有莫大之利益”；张含英认为，“河在陕县孟津间位于山谷之中，且临近下游，故为建筑拦洪水库之优良区域”；王化云认为，“防洪水库的坝址，愈接近下游，它的效力愈大。所以陕县到孟津间，是最适当的地区”；《黄河龙门孟津段查勘报告》认为，“在托克托与孟津之间，是修建高坝和水库的适当区域，在黄河治本工作上占有重要的位置”；《查勘黄河的报告》认为，“孟津以下直到海口，不再有山峡。所以潼关到孟津是控制黄河干流的最后一段，占有极重要的地位。为蓄水防止下游大平原的水灾，为干流水能的最后利用，为供给下游大平原的灌溉，全赖这一段的

① 黄河水利委员会．王化云治河文集．郑州：黄河水利出版社，1997：154.

② 温存德．治黄规划编制始末[J]//骆向新．黄河往事．郑州：黄河水利出版社，2006：14.

控制工程”，“为解决下游防洪问题，第一期水库工程应该选择在潼关孟津段内”。

2. 三门峡坝址的综合条件是黄河潼关孟津段所有坝址中最优越的。

下面是对黄河潼关孟津段主要坝址基本情况的研究总结。

（1）三门峡坝址。

优点：地形和地质条件较好，坝址区内为坚固的闪长玢岩，因而修建混凝土高坝在技术上是没有问题的，三门峡坝址两岸距离较窄，工程需用材料较省；施工条件优越，三门峡河床中的两座石岛可以利用，作为施工时期的围堰，使施工时期拦河、导流易于进行；交通便利，坝址靠近铁路线，距陇海线仅 17 千米；库容大，陕县至潼关间河道较为宽阔，如坝顶高程为 325 米，回水至潼关，能蓄水 60 亿立方米；与其他坝址相比，具有最好的技术经济指标。

缺点：淹没损失大，假定三门峡坝高 70 米，其水库的淹没范围将包括关中地区、潼关至陕县间的陇海铁路沿线及山西的部分地区，淹没人口约 96 万、耕地约 277 万亩。

（2）八里胡同坝址。

优点：地形条件较好，并且八里胡同至陕县间为峡谷式，所以淹没损失小。

缺点：库容小，地质条件不太好，主要是石灰岩溶洞发育，不易建高坝；如果在八里胡同筑坝 120 米，回水可至三门峡附近，但由于峡谷间地形的限制，库容不大，若坝高提高至 160 米，回水到潼关，则库容可增加不少，但坝址地质条件恐怕就更有问题了。

（3）小浪底坝址。

优点：坝址比较开阔，比较有利。

缺点：坝址的地质条件限制了坝高，并且施工难度大、蓄水量小、淹没较多，在解决防洪问题上，不能起决定作用。

（4）邙山坝址。

优点：坝低而长，工程量虽大，但技术简单，适合中国国情；位置优越，控制了除沁河、汶河以外的绝大部分黄河流域。

缺点：地质方面条件不好，主要是流沙、粉砂层及黄土，不利于修建大型水利工程，并且水库工程量大、造价高。

（5）潼关坝址。

优点：坝址靠近关中平原，坝很低就可获得很大的库容，坝高30米可获得200亿立方米库容，坝高80米可获得1000亿立方米库容。

缺点：地质条件很差（黄土和细沙），淹没损失大。

（6）王家滩坝址。

优点：地质条件好，主要是石英岩，比较单纯，并且岩层甚厚。

缺点：造价高、库容小，若将大坝修到与三门峡同样高程，则坝高需95米，可蓄水80亿立方米。

在前期对三门峡工程的规划和研究中，三门峡坝址优越的地理位置和地形条件得到肯定，在地质方面，经过多次查勘也得到认可，经过多次对比，三门峡坝址较黄河潼关孟津段其他坝址所具有的优势逐步得到认同。比如，冯景兰在《黄河陕县孟津间三门峡、八里胡同、小浪底三处坝址查勘初步总结报告》中认为，这三个坝址“以三门为最好，其次是八里胡同，再次是小浪底”，三门峡坝址在岩石性质和地质构造上都适合筑坝，筑坝地点以三门峡入口处最为合适；白家驹在《黄河中游潼关坝段地质简报》中认为，就地质情况而论，三门峡坝址实为黄河流域潼关孟津段内优良坝址之一；张含英认为，“三门峡有优良的地质和地形，处于关键的地位。所以三门峡的控制工程便占着治理黄河的首要地位”。后来，在三门峡工程技术讨论会上，绝大多数意见也都认为，三门峡坝址具有许多不可替代的优点，可以满足一定的要求，应该被选为第一期工程。

3. 三门峡工程可以发挥巨大的作用。

三门峡工程通过两次改建，加大了下泄流量，并调整了运用方式，基本实现了库区的冲淤平衡，有效地保存了库容，用于防洪和兴利。实践证明，只要采用合适的大坝结构和运用方式，三门峡工程可以有效地控制三门峡以上的大洪水，与下游干支流水库联合运用可以大大减轻下游的洪水威胁，并能发挥灌溉、发电、供水等综合利用效益。黄万里就曾指出：“先把三门峡库内现存积沙53.5亿吨刷出坝下。这是做得到的，这样水库仍可大量蓄洪。要重新改修大坝电厂，仍能发电100万千瓦。”

二、造成三门峡工程决策失误的原因分析

造成三门峡工程决策失误的原因是多方面的，也是错综复杂的，既有技术方面的因素，也有社会方面的原因，还有决策本身的原因。

（一）社会政治环境的影响

中华人民共和国成立之初的几年，随着国家政权的逐步稳固、国民经济的快速恢复，社会建设取得巨大成绩，再加上总路线的提出和大规模经济建设的开始，这时“大跃进”虽还没有开始，但冒进思想已经开始蔓延。这对于三门峡工程的决策产生了很大的影响，主要体现在以下几个方面。

1. 决策目标的设定。

邓子恢在《关于根治黄河水害和开发黄河水利的综合规划的报告》中指出，“我国人民从古以来就希望治好黄河和利用黄河”，但“他们的理想只有到我们今天的时代，人民民主的毛泽东时代，才有可能实现——当然是高得多的水平上实现”，[①]“一切过去时代治理黄河的人都没能从根本上解决黄河问题。这是因为他们限于社会的条件和科学的、技术的条件”。“我们今天在黄河问题上必须求得彻底解决，通盘解决，不但要根除水害，而且要开发水利”。[②]《技经报告》指出，“同我们所正在讨论的整个社会主义建设计划的其他项目一样，确是一个伟大的计划，确是我们全国人民值得为它来艰苦奋斗的计划”，通过实施《技经报告》，“我们不需要几百年，只需要几十年，就可以看到水土保持工作在整个黄土区域生效；并且只要六年，在三门峡水库完成以后，就可以看到黄河下游的河水基本上变清”，“不要多久就可以在黄河下游看到几千年来人民所梦想的这一天——看到‘黄河清’”。

人们都这样认为：三门峡拦沙大坝一旦建成，黄河上游挟带的泥沙将被拦截在大坝之内，从此黄河下游将会变成清水。而上游通过水土保持，泥沙也将不再下泄。真是一项能从根本上转变黄河水患为水利，造福子孙万

---

① 邓子恢.关于根治黄河水害和开发黄河水利的综合规划的报告//中华人民共和国水利部办公厅宣传处.根治黄河水害　开发黄河水利.北京：财经出版社，1955：34.

② 邓子恢.关于根治黄河水害和开发黄河水利的综合规划的报告//中华人民共和国水利部办公厅宣传处.根治黄河水害　开发黄河水利.北京：财经出版社，1955：18.

代的事业。[1]

正是在这些思想的影响下，鉴于三门峡坝址所具有的优越自然条件，黄规会就“毕其功于一役”将解决黄河问题的重大使命赋予了三门峡工程，给三门峡工程设定了很高的指标。

2. 决策时机的选择。

当时普遍认为，国家的经济开始全面发展，而黄河的灾害对国家的建设是一种严重的威胁，同时经济发展也需要利用黄河丰富的资源，所以解决黄河问题是非常迫切的。中华人民共和国成立之初的几年，水利部和燃料工业部等部门都曾多次提出要尽早解决黄河问题，并多次提出修建三门峡工程的计划。国家对此也高度重视，1952 年就把解决黄河问题列为苏联援助的 156 个重点项目之一。

《关于根治黄河水害和开发黄河水利的综合规划的报告》就指出，“黄河问题是全国人民所关心的”，并且黄河蕴藏着巨大的资源，“但是黄河目前的状况还不能做出这样伟大的贡献。虽然黄河流域正在发展为巨大的工业区，黄河的水力发电却完全没有开始。黄河沿岸的灌溉区现在只有一千六百五十万亩，而且大部分地方设备陈旧，不能保证灌溉的需要。黄河上现在没有现代化的航运，只在个别的互相隔离的河段上通行载重十吨至七十五吨的木船以及皮筏。不但如此，黄河还常常成为黄河流域以及全国的一个大威胁”。[2]1957 年 11 月，在水利部向国务院上报的《关于三门峡水利枢纽问题向国务院的报告》中重申“修建三门峡工程，实属刻不容缓”。

正是这一急于解决黄河问题的思想成为导致三门峡工程仓促决策的主要原因。

3. 水土保持效果的估算。

当时相关领导和学者普遍对水土保持效果乐观，主要是认为“在优越的社会主义制度基础上，肯定可能突破陕县 1967 年减少泥沙 20% 和 50 年后减少泥沙 50%”，“总的说来，当时估计陕县 1967 年减少 40%，50 年后减

---

① 编辑出版小组. 黄万里文集. 2001: 338.

② 邓子恢. 关于根治黄河水害和开发黄河水利的综合规划的报告// 中华人民共和国水利部办公厅宣传处. 根治黄河水害　开发黄河水利. 北京: 财经出版社, 1955: 8-9.

少80%是可以争取到的”。[1]

《关于根治黄河水害和开发黄河水利的综合规划的报告》就认为“甘肃、陕西、山西三省农民，三省的省、县、乡各级人民委员会，三省的共产党和各民主党派、各人民团体的各级地方组织的工作人员，对于水土保持计划的执行负有最重要的责任。我们相信，他们为了自身的利益、本地方的利益和全国人民的利益，一定能够把他们的责任充分地担负起来”。当时王化云也认为“我们相信实施所拟定的各项措施以后，到1967年减轻侵蚀25%～50%，当地粮食总产量增加1倍，是完全可以做到的。以后继续进行，最后必能达到解决水土流失的目标”[2]，原因是“有党的领导、国家的投资、技术的支援；合作社发展很快；群众对蓄水保土有丰富的经验；水不少、土很多，水土资源丰富，可以利用”[3]。

4. 淹没和移民问题的处理。

当时相关领导和学者普遍认为，在优越的制度和政府的组织下，移民问题将会很好解决。《关于根治黄河水害和开发黄河水利的综合规划的报告》就认为，“三门峡水库区和其他水库区的居民，本着‘一户搬家，保了千家’的美德，也将按照政府的指示实行迁移，积极帮助这一根治和开发黄河的伟大计划的实现。”

曾参加编制《技经报告》的水电总局局长李锐说：“三门峡水库有巨大的淹没损失，这是在黄河规划工作进行中所遇到的一个最困难的问题，但这也是一个无法回避的问题。在考虑这个问题时，一方面要看到解决黄河问题的伟大的政治上和经济上的积极意义；同时也要看到经过总路线的宣传教育之后，人民群众的觉悟程度不断提高，在我们国家内能够做到局部利益服从整体利益。因而相信在共产党和人民政府的正确领导下，经过艰巨而细致的工作，对于被迁移居民的生产条件和生活条件作了妥善的安排，这个问题是可以得到解决的。我们不能因为这一难题而阻碍了整个黄河综合

---

① 谢家泽.谢家泽文集.北京：中国科学技术出版社，1995：136.

② 黄河水利委员会.王化云治河文集.郑州：黄河水利出版社，1997：112.

③ 黄河水利委员会.王化云治河文集.郑州：黄河水利出版社，1997：131.

利用规划的实现”[1]。

5. 急躁思想。

为了促使三门峡工程尽快定案、早日实现兴利除害的愿望，在决策过程中，决策部门存在一定的急躁思想。《技经报告》的编制工作只用了不到一年的时间，在《技经报告》的编制过程中，在西安召开的技术讨论会上初步确定三门峡工程为第一期工程之后，就开始了三门峡工程的施工准备。1955 年 7 月，全国人大的决议就要求迅速成立施工机构、及时施工。1955 年 8 月，《初设任务书》编制完成，1956 年底，初步设计完成。1957 年 2 月，初步设计审查通过，4 月，三门峡工程就开工了。而直到 1958 年 3 月，技术设计任务书才通过，5 月，设计方案才最终确定，直到 1959 年底，最终的设计才完成。从这一过程可以看出，工程开工前的一系列步骤都进行得非常快，工程的开工甚至早于最终设计的完成将近两年。

对于存在急躁思想，三门峡工程规划和决策的参与者后来大都认识到了。王化云就承认，他在 1958 年 4 月的三门峡现场会上“心里很着急，因为当时的设计已经赶不上施工需要，如果再改变设计，工地势必要停工，损失将很大”。水利电力部党组 1965 年 1 月作的《水利电力部党组关于黄河治理和三门峡问题的报告》中就直言，“1955 年，我国人民代表大会通过了这个规划。在这以后，虽然有人提出不同意见，也组织了全国专家，展开鸣放讨论，但是，我们急于想把三门峡定案，听不进不同意见。对苏联提出的三门峡设计虽然作了一些修改，还是基本上通过了”。

这种急躁思想，导致对一些技术问题的研究不够、对方案的讨论不足，不少规划和设计在很多问题还没有搞清楚的情况下就仓促定案，甚至在已经发现问题后也没能认真解决。

（二）决策程序不够严密

三门峡工程的决策过程，从形式上看似乎是完备的：通过搜集资料和实地调查制定初步方案，决策机构对方案进行多次讨论，方案经由全国人大批准，组织有关方面负责人和专家反复进行讨论、论证，结合不同意见对

---

① 李锐.论水力发电与河流规划.北京：水利电力出版社，1982：174.

方案进行多次调整，最后由决策机构确定最终方案。但是，这一看似完备的决策过程却是不严密的，也存在一些问题。

1. 决策程序先后倒置。

三门峡工程的决策是先确定了方针和指标，然后由于争论太多，才被迫进行了有限范围的讨论，先开始建设后，又根据不同的意见调整指标。这显然是违背决策程序的，也造成了很大的被动。比如，三门峡工程的初步设计在完成之后引起了很大的争论，中央在处理这一问题时认为：黄河在任何情况下都是需要治理的，而且人代会又有决议，完全“下马”不行，也是不应该的……五人小组同意经委和计委所提出的在 1957 年对三门峡工程的建设暂时采取“勒马”的办法。

2. 缺少必要的对比方案和评估程序。

编制《技经报告》的主要任务就是选择第一期工程，而选择第一期工程则主要是对比邙山方案和三门峡方案，在否定了邙山方案之后，黄规会就确定了三门峡方案，并依据坝址优越的自然条件确定了三门峡工程的指标。由此可以看出，在三门峡工程的决策过程中，除了邙山方案外，缺少其他的比较方案，也缺少与“高坝大库”相比较的其他的三门峡工程方案，同时也缺少对工程效益、风险等方面的必要评估。

拿当时最顾虑的下游改道方案来比较：当时如果进行下游人工大改道，那么涉及面积 2500 平方千米、人口 60 多万[①]，这与三门峡工程的淹没面积和迁移人口大致相近，但是改道后原来的河道可以利用，并且在新河道内除了主槽占用的土地不能利用外，滩地一般也能利用，涉及的人口大多也不需要远迁；另外，改道的使用年限也比三门峡工程要长。我们可以看出，改道方案在淹没、迁移、寿命及风险等方面要比修建三门峡工程有优势，只是三门峡工程会有更大的综合利用效益。再拿“低坝排沙”方案来比较：“低坝排沙”方案迁移人口为 10 万～ 15 万人，总的造价不超过 2.0 亿～ 3.5 亿元，在灌溉、防洪和航运方面与高坝方案区别也不大，只是在发电方面的效益会小于高坝方案，而高坝方案在淹没、移民损失，投资和风险方面

---

① 温善章，等.黄河三门峡工程回顾与评价//三门峡水库运用经验总结项目组.黄河三门峡水利枢纽运用研究文集.郑州：河南人民出版社，1994：45.

要远远大于“低坝排沙”方案。

当时过多地追求“高、大、全”，过于强调综合效益，而对于实现的基础、存在的风险和投资效益等缺少评估。比如，在防洪效益方面，决策时相关领导和学者认为，三门峡工程的防洪效益是巨大的，而实际上在20世纪50年代初黄河下游已经达到防御20至30年一遇洪水的标准，按这一标准计算，在三门峡工程设计寿命的100年内，可能防止4次决口，决口受灾面积平均按1万平方千米计算，则100年内累计减少淹没面积仅为4万平方千米，如果再加上当时已经开辟了两个分洪区，那么效益更小；[①]在拦沙和排沙效果上，决策时专家和学者们就认为情况很复杂、具体效果难以确定，而以估算的结果作为依据肯定是不可靠的，也是存在很大风险的；在投资效益方面，当时相关领导和学者认为，可以带来巨大的综合效益，但对于具体情况却缺少全面的评估。

当时如果进行认真地对比和评估，那么相关领导和学者对三门峡工程及其方案可能就会重新考虑。

3. 缺少足够的论证。

方案论证是正确决策的重要前提，但在三门峡工程的决策过程中却缺少足够的论证。“蓄水拦沙”是三门峡工程的指导方针，但是“蓄水拦沙”方针只是经过少数几个人的研究和苏联专家的认同及符合充分综合利用的需要，就被确定了，并没有经过广泛、充分的论证；对三门峡工程的指标、设计方案和修建时机也没有进行足够的论证。

1957年2月，国家建设委员会召开的三门峡工程初步设计审查会，虽然邀请了各有关部门、大学和科研单位的专家、教授与工程师140多人参加，但是却存在排斥反对意见的情况[②]。只有1967年6月召开的三门峡工程讨论会，才能算得上是对三门峡工程的专家论证，但由于当时的政治环境，一些人“原来有他自己的一套治理黄河的意见，但等到三门峡计划一出来，

① 温善章，等.黄河三门峡工程回顾与评价//三门峡水库运用经验总结项目组.黄河三门峡水利枢纽运用研究文集.郑州：河南人民出版社，1994：44.

② 林一山.林一山回忆录.北京：方志出版社，2004：296.

他立刻敏捷地放弃己见，把新计划大大歌颂一番”①，并没有提出自己真正的看法；而讨论会上部分专家提出的不同意见和大多数专家赞同的降低指标、增大下泄流量、预留排沙孔等建议，虽然也受到了国家高层领导的重视，但由于方案已经确定和急于定案等因素大多未被采纳，只是降低了初期运用水位和泄流底孔的高程。

在三门峡工程设计期间，清华大学的黄万里就指出，三门峡工程的经济坝高应低于360～370米高程，即使做好了水土保持，黄河也不会清，“有坝万事足，无泥一河清”的设计思想会造成严重的后果，要把泥沙留在库内的设计思想是错误而有害的，无须等到水库淤满，今日下游的洪水他年将在上游出现，应该在坝底留出泄水洞，以备他年刷沙出库之用。水电总局的温善章提出，采用“低坝排沙”方案以减少投资和淹没，水库在汛期沙量大时不蓄水，冬季沙量少时蓄水运用，能满足除发电外的其他各项要求。他还对以多淹没几十万人、几百万亩良田和多出十几亿的投资去获得40万～50万千瓦的保证出力和确定下游安全泄量6000立方米每秒等问题提出了质疑。在三门峡工程的实际运用过程中，他们的这些观点得到了证实，但在当时，黄万里却因为这些观点遭到了很多人的批判，温善章也只能“保留意见”。

（三）“蓄水拦沙”方针存在不足

“蓄水拦沙”方针的实施丰富了治河思想，改变了过去只注重下游、忽略中上游，只注重排沙、忽略水土保持的做法，是对治黄的一次新尝试。在黄土高原大搞水土保持，既可以有效减轻水土流失，减少黄河泥沙的来量，又可以提高农林牧业生产、改善人民的生活环境。通过干支流水库适当地拦蓄洪水和泥沙，对于调节下游水沙的运行和支持下游的经济建设也是有益的。这一方针运用在清水河上是合适的，比如，运用在刘家峡工程上就是成功的。然而，这一方针运用在三门峡工程上却是不正确的。它存在的主要问题有以下几个方面：

1. 违反了黄河泥沙运行的自然规律。

---

① 编辑出版小组．黄万里文集．2001：338.

携带泥沙量大是黄河之所以难治的症结，也是黄河的特性。黄土高原由于土质疏松、干旱少雨，即使经过卓有成效的水土保持，由于自然力的作用，仍然会有相当数量的泥沙被雨水带走流入黄河。加上河槽岸底的坍塌，也会有泥沙被河流带走，所以说黄河是不会没有泥沙的。另外，黄河的泥沙主要来自中游，在黄河中下游可供修建拦沙水库的坝址很少，可能拦蓄泥沙的总量也是有限的，例如，晋陕间黄河干流河段规划修建的15座水库，总库容仅有96亿立方米。所以说，黄河的泥沙是拦不完、拦不住的，刻意拦沙是违反自然规律的。

2. 没有吸取前人经验，忽视“下排”。

“蓄水拦沙”过分强调了“拦”，忽视了必要的“排”，没有充分利用下游河道的排沙能力。黄河治理历经几千年，通过实践积累了丰富的治河经验，形成了许多优秀的治河方略，比如，改道、分流、疏导、放淤、束水攻沙等。虽然由于诸多条件的限制，这些方法大多注重下游，只希望把水和泥沙输送到海里，没能彻底解决黄河的问题。但这些方法对于治黄还是有效的，可以排走下游大部分来沙，缓解下游河道的淤积。另外，黄河下游的比降很大，对于排沙非常有利，在自然情况下，黄河下游可以排走约80％的来沙。所以，完全忽略前人治河的成功经验，忽视下游很强的排沙能力，只片面强调“拦”的方法是不正确的。

3. 注重正面效益，忽视负面影响。

“蓄水拦沙”方针设想泥沙和水得到拦蓄以后，不仅西北水土流失和下游改道、淹没的灾害可以根本解决，而且还可以获得电力、灌溉、航运和给水等方面的巨大利益，这一愿望是美好的，然而其负面影响却被忽略了。首先，黄河下游河道由于长时间经受高含沙量河水的冲刷浸泡，河道已经适应，清水的冲蚀会改变河道的平衡状态，可能会危及河道安全；其次，在干支流修建拦沙水库，不仅淹没了大量土地，而且待这些水库淤满后，又会出现下游悬河的情形。另外，黄河泥沙也是一种宝贵的资源，拦截在水库里就浪费了这一资源，黄河泥沙大多是黄土高原的肥沃土壤，在黄河下游适当地灌溉放淤，可以有效改善农田环境、增加土壤肥力，利用泥沙加固黄河大堤和平整土地也是很好的途径。并且，黄河泥沙在河口每年可以造陆地几十平方千米。

4. 忽视了我国人多地少的国情。

我国是个人多地少、好地更少的国家，人均耕地不到一亩半，土地资源十分宝贵，尤其在黄河流域，土地资源显得更为珍贵。用淹没大量良田的方式换取大库容，不符合我国人多地少、农业基础薄弱的国情。

5. 对于关键的技术问题没有进行深入研究。

“蓄水拦沙”方针是建立在水土保持和水库拦沙这两个措施之上的，然而，在确立这一方针时对水土保持效果和黄河泥沙的运行规律等问题却研究不够、认识不足。在这些措施的效果没有得到实践的检验之前，仅仅依靠没有把握的估算就确定“蓄水拦沙”方针，显然是违背科学规律的。

由于“蓄水拦沙”方针存在的这些先天不足，必定导致其在三门峡工程上应用的失败。

（四）对关键技术问题研究不够，对重要数据处理不当

这些技术问题主要包括水土保持、泥沙问题，数据主要包括下游排洪能力、下游安全状况和下游受灾程度等几个方面。

1. 水土保持。

在三门峡工程规划时，对水土保持的减沙效果有三种估计：陕西省提出，1960 年减少 40%，1962 年减少 60%，1967 年减少 80% 或 85%；黄委会提出，1967 年减少 30%～40%，50 年后减少 70%～80%；苏联专家组估计，1967 年减少 20%，50 年后减少 50%。可以看出，当时对水土保持措施、拦泥库工程的生效和减沙的速度估计，中国方面偏于乐观，苏联专家组则认为，其速度和效果都不宜估计过高。苏联专家组认为应以中方意见为主，而且他们之中也没有水土保持、泥沙方面的专家。[①]

当时专家们对水土保持效果的估计，主要是经过对黄土高原水土流失区的查勘，根据少数工程措施与生物措施的典型，推广到整个水土流失区估算出来的。但他们对于水土保持工作的长期性、艰巨性认识不足，对黄土高原的整体情况缺少全面的认识。实际上黄河中游水土流失面积很大，地形破碎，自然条件复杂，又受到人力、物力和财力的限制，治理速度和

---

① 温存德.治黄规划编制始末//骆向新.黄河往事.郑州：黄河水利出版社，2006：14.

减沙效果都很缓慢。水土保持工作是千百万人的行动，情况复杂，其减沙效益也无法被准确地估算出来，所以后来的实际情况与估算值出入很大。

2. 泥沙问题。

对于处理黄河的泥沙问题，当时的中国和苏联都没有经验，在世界上也没有成功的先例。在编制《技经报告》时，专家组基本没有对泥沙问题进行专门的研究，所采用的数据是依据在其他河流上修建水库的经验，通过类比计算出来的，并没有认真研究黄河泥沙的特性和三门峡工程的地理特征。对泥沙问题的研究是在设计阶段进行的。苏联的研究机构通过模型试验认为，如果按预估的入库泥沙减少速度，工程可以有百年的寿命，异重流具体的排沙数字暂时估计为20%，并指出泥沙淤积的问题是相当复杂的，对这个过程的研究还不够深入。可以看出，决策时专家们对泥沙问题的研究重视不够、开始较晚、精度不高，并没有完全搞清楚。

《技经报告》指出："三门峡水库内泥沙淤积问题，必须与广大黄土高原区内全面的水土保持措施结合起来解决"，水土保持是长期的和根本的解决泥沙的办法；在水土保持生效前，主要是依靠大库容拦沙和异重流排沙，同时在支流修建拦沙水库，减少入库泥沙量。《技经报告》认为："由于三门峡水库容量非常大，由于有了黄河支流的拦泥水坝，特别是由于有了黄河中游的水土保持工作，三门峡水库至少可以维持五十到七十年或更长的时间。"

设计中对泥沙问题的处理除了依靠水土保持外，还做了具体的安排：水库预留147亿立方米堆沙库容；在水土保持措施生效前，第一期计划先修"五大五小"拦泥库，总库容75.6亿立方米，设计年拦沙2400万立方米；设计中根据拟定的三门峡水库运行方式估计，排到下游去的泥沙量约占总泥沙量的20%，在乐观的情况下，如果近底层异重流所携带的全部悬移质都能够排至下游，那么排出的泥沙量将达到总泥沙量的35%。

技术设计时对水库淤积情况的估计：采用1967年减少来沙20%，50年后减少来沙50%，排出泥沙20%，据此计算至1967年库内淤积65亿立方米，50年后库内淤积336亿立方米，全部泥沙将淤积在水库的死库容和有效库容部分。在设计时，专家已经认识到对泥沙问题掌握不够，为了解决这一问题，当时采用的策略是抬高正常高水位，用增加库容作为应对的方法。

实践证明，正是由于对泥沙问题的处理不当，导致了三门峡工程建成运用后淤积严重超出预期的情况和由此引起的一系列问题，而增加库容的方法也没能解决这些问题。其主要原因就是决策时没能搞清泥沙问题，当时如果把泥沙问题搞清楚了，并对可能出现的问题妥善处理，就不会产生如此严重的后果。张含英后来就认为“黄河三门峡水利枢纽工程失败的主要原因之一，就是对黄河泥沙运行的规律不明，对库区冲淤的规律不清”[①]。

3. 下游的排洪能力。

设计时要求三门峡工程需要调节洪水的限度取决于下游堤防安全的情况，设计中采用的下游排洪能力为6000立方米每秒。这一流量是根据黄河下游各处堤防的情况，考虑了风浪以上的堤顶所需安全超高，得出的黄河下游最大容许安全泄量。当时估计，由于大堤使河道收缩，导致下游容许泄量减少，在艾山处大堤之间的河宽仅430米，容许泄量已小于9000立方米每秒，而在黄河最下游前左处断面的容许泄量为8000立方米每秒左右，为了更为安全，三门峡工程采用的下泄流量为6000立方米每秒。实际情况是，黄河下游河道的泄洪能力根据1949年、1954年的实际泄洪情况，应不小于14000立方米每秒。下游的泄洪能力，若按13000立方米每秒计算，防洪标准仍按千年一遇，需要的防洪库容仅为30亿～35亿立方米。[②]这样的流量远远高于设计的流量，防洪库容也远远小于设计的防洪库容。

由于低估了下游的泄洪能力，因此工程设计的下泄流量过小：当坝前水位315米时，下泄流量为3080立方米每秒；330米时，下泄流量为5380立方米每秒，在初期最高运用水位340米时，下泄流量为6480立方米每秒。这也导致了工程泄流、排沙能力的不足。

4. 下游的安全状况。

在三门峡工程决策时，专家们都强调黄河下游已是危如累卵，到了不允许再淤的严重程度，由于认为水土保持的效果要经过一段时间才能显现，

---

① 张含英.我有三个生日.北京：水利电力出版社，1993：126.

② 温善章，等.黄河三门峡工程回顾与评价//三门峡水库运用经验总结项目组.黄河三门峡水利枢纽运用研究文集.郑州：河南人民出版社，1994：45.

从而要求三门峡工程必须要拦蓄上游来沙。实际上，当时下游河道高出地面的程度，尚低于明清故道3～4米；洪水位超出两岸地面的高度，比长江荆江段还低4～5米。如果以明清故道的高度作为改道危险的标准，河道还允许再淤50～60年。即使淤到明清故道的高度，由于堤防、堤坝的抗洪能力和抢险水平的提高，河道也不一定会改道。①

5. 下游的受灾程度。

决策时，专家们估计黄河洪水灾害的影响范围为25万平方千米，影响人口8000万，而这一数据是几千年来历次灾害影响范围的叠加。实际上，并没有严重到这一程度，一次决口的影响范围和人口远远小于这一数值。例如，1938年花园口扒口，经考证受灾面积仅约1.5万平方千米，人口不超过400万。②

（五）苏联专家的影响

中华人民共和国成立初期，由于政治、经济、技术和淹没等方面的原因，我国三次放弃了修建三门峡工程的设想。到1954年，政治和经济方面的问题得到了解决，在技术上我国虽然也修建了一些水利工程，但规模远比三门峡工程小，而对黄河泥沙问题的研究才刚刚开始，所以技术问题并没有解决。当时，最大的变化就是国家聘请了苏联专家指导编制黄河综合规划，而苏联专家支持修建三门峡工程，并且黄规会最后同意了苏联专家的意见，第一期工程先修建三门峡工程。

当时，苏联已经修建了很多大型水利枢纽工程，积累了丰富的工程经验，苏联专家的参与和苏联的支持解决了不少三门峡工程的技术问题。至此，修建三门峡工程的难题，主要就是泥沙问题和淹没问题，而这两个问题是影响三门峡工程的关键问题，也正是由于这两个问题没有得到很好的解决，决策者才一直对是否修建三门峡工程犹豫不决。

对于泥沙问题，苏联专家根据综合利用的原则提出要"蓄水拦沙"，对

① 温善章，等.黄河三门峡工程回顾与评价//三门峡水库运用经验总结项目组.黄河三门峡水利枢纽运用研究文集.郑州：河南人民出版社，1994：44.

② 温善章，等.黄河三门峡工程回顾与评价//三门峡水库运用经验总结项目组.黄河三门峡水利枢纽运用研究文集.郑州：河南人民出版社，1994：44.

于淹没大的问题，苏联专家的态度也很明确，这和当时国内的主流观点基本相符。当时虽然还存在一些其他意见，但由于执行“一边倒”的对苏政策，再加上三门峡工程的方案曾在第聂伯河获得过成功，所以对苏联专家的建议和结论，专家组基本都认为是正确的。[①]苏联专家在这两个问题上的明确态度，坚定了决策者的信心，最终确定将三门峡工程作为《技经报告》的第一期工程加以实施。《技经报告》确定了三门峡工程的指导思想，并基本确定了三门峡工程的指标，在设计时，对三门峡工程的指标虽有所调整，但都还是以《技经报告》为基础的。在设计时，苏联专家依据实验和计算的结果对三门峡工程的一些具体技术问题做了安排，三门峡工程的最终设计就采用苏联专家的安排。由此可以看出，苏联专家在三门峡工程的决策中起到了重要的作用。

当时，苏联虽然已经积累了治理大江大河的丰富经验，但由于苏联的河流多为清水河，含沙量和输沙量要比黄河小得多，所以苏联专家缺少在类似黄河这样的多泥沙河流上修建水库的经验，并且其对泥沙处理等技术问题的研究也不够深入，再加上苏联的国情与我国的实际情况有很大差异，致使苏联专家的很多建议和结论并不符合三门峡工程的实际情况。总体而言，苏联专家对三门峡工程的决策有一定失误，主要表现在以下几个方面：

第一，在工程指标和指导方针的确定方面。苏联专家认为，三门峡工程必须设定很高的指标以充分利用、满足各方面的要求，并且要采用“蓄水拦沙”的方针来消除黄河和清水河的差异。这和当时国内的主流思想不谋而合，从而促成了三门峡工程的高指标和“蓄水拦沙”方针的确定。但苏联专家的这些观点却是建立在治理清水河经验的基础上、依据综合利用的要求提出的，并没有充分考虑黄河和三门峡工程的特殊性，这显然是有问题的。

第二，在对水土保持效果的估计方面。苏联专家组虽然提出了比国内低的计算数值，但由于没有水土保持方面的专家且缺少实际经验，所以这一数值缺少科学依据，并且依然偏高。

第三，在对泥沙问题的处理方面。在编制《技经报告》时，苏联专家组

---

① 马兆祥.黄河之水手中来——三门峡水利枢纽工程建设亲历记//中国人民政治协商会议全国委员会文史资料研究委员会.革命史资料(第8辑).北京：文史资料出版社，1982：231.

中并没有泥沙方面的专家，虽然其采用了“蓄水拦沙”的方针，但其对于泥沙问题的研究并不是在规划之前，而是直到设计时才开始，这说明苏联专家对泥沙问题没有足够重视。三门峡工程设计时，对工程拦沙、排沙效果的计算主要是由苏联专家完成的，苏联专家通过模型试验并借鉴其他工程的经验，确定了三门峡工程的排沙方法，并初步估计了拦沙和排沙的效果，但由于研究不够深入和彻底，其得出的结论与实际情况相差很远。

第四，在对淹没和移民问题的处理上。苏联专家提出的“用淹没换库容”的思想，在地广人稀的苏联实施损失不大，而我国的国情则是人多地少，特别是三门峡工程淹没的关中平原等地区，土地更加珍贵。因此，在三门峡工程上采用这一思想导致的损失是巨大的，有悖于我国的国情和三门峡工程的具体情况。

第五，在对环境问题的处理上。在编制《技经报告》时，苏联专家组中因为没有环境保护方面的专家，所以对环境问题没有进行研究，在设计时也没有认真考虑。

三、三门峡工程的实践意义

（一）对治黄和水利建设的意义

三门峡工程是在黄河上修建的第一座、也是中华人民共和国成立后修建的第一座大型水利枢纽工程，它的建设在很多方面都具有开创性。三门峡工程的实践在许多方面都有意义，以下是主要的三个方面。

1. 推动了治河思想的发展。

三门峡工程的实践揭示了“蓄水拦沙”方针重“拦”轻“排”的局限性。在“蓄水拦沙”的基础上，结合三门峡工程的实践，形成了“上拦下排”的治黄主张，在“上拦下排”基础上，又进一步形成了“上拦下排，两岸分滞”的治河方针，这一方针成为后来黄河治理的主要指导方针。通过三门峡工程的实践和科学的研究分析，三门峡工程尝试了“调水调沙”的运用方式，“调水调沙”现在已经成为治理黄河的一个重要思想。

2. 积累了在多泥沙河流上修建水库的经验。

随着三门峡工程的改建和运用方式的调整，特别是1973年以后，我国在三门峡工程解决水库淤积等问题方面积累了宝贵的经验，探索出了一套通过“蓄清排浑，调水调沙”长期保持有效库容和控制水库淤积上延的办法。通过三门峡工程的实践，我国初步形成了一套在多泥沙河流上修建水库的理论，这套理论已经被应用于小浪底、三峡等大型水利工程。

3. 促进了我国水利事业的发展。

三门峡工程本身是成功的。三门峡工程的实践，为我国的水利水电事业培养了一大批科技、管理人才，这些人成为后来许多水利水电工程建设的骨干力量。在三门峡工程兴建和改建过程中，试验、总结出的许多新技术、新工艺和新材料，成为我国水电建设的宝贵财富。

（二）对工程决策的意义

三门峡工程的决策，虽是在特定环境下的一个个案，有其独特性，但同时在一些方面也有普遍的意义。通过对造成三门峡工程决策失误原因的分析，本书总结出以下几点关于工程决策方面的启示。

1. 工程决策要妥善解决关键的技术问题。

技术是工程建设的基础，技术问题——特别是关键的、独特的技术问题解决得好坏，将直接影响工程的整体效果，甚至决定工程的成败。三门峡工程所表现出来的问题，就技术方面来讲，主要就是对泥沙问题的处理不当所导致的，而泥沙问题正是三门峡工程所特有的，并且是我国以前没有很好解决经验的问题。

在对三门峡工程的前期研究中和在三门峡工程的决策过程中，泥沙问题被普遍认为是影响三门峡工程的关键技术问题；在三门峡工程的规划和设计过程中，苏联专家也对泥沙问题做了特别的安排，但是，在三门峡工程的决策过程中，专家对这个关键问题始终没有得出最终的结论。由于没能妥善解决这个关键的技术问题，故导致了工程的严重后果。

决策时，如果专家组对泥沙问题进行深入的研究并且掌握泥沙的运行规律，那么就能够预见到泥沙在库区的淤积情况、工程的排沙情况，也能更准确地估算出水土保持的效果，这样，在规划设计时，对这些问题就会有更合理的安排，不至于出现严重超出预期的情况。

2. 工程决策要正确处理理性与情感、意志的关系。

三门峡工程的建设能够在国家百废待兴的情况下投入巨资兴建，在经验不足、人才缺乏的情况下又快、又好、又省地建成，除了苏联的帮助和大规模地使用机械化之外，更重要的是情感和意志因素——党中央的高度重视、全国人民的大力支援、建设者的艰苦奋斗等。

但是，情感和意志因素也对三门峡工程的决策造成了许多负面的影响。在三门峡工程的决策过程中，过于看重社会制度的优越性、过高估计了人的能动性等原因，致使决策者对一些问题的处理不够理性——确定了过高的指标、仓促上马、急于定案、高估水土保持效果、忽视淹没大和移民多等不利因素。

决策活动不但是一个理性活动过程，同时也是一个意志活动过程。[①]情感和意志等非理性的因素，也会在工程决策中发挥重要作用，比如，促成三门峡工程的上马和又好、又快、又省地建成等。但工程决策需要以理性为基石，[②]不能仅仅依靠情感和意志，而是要在理性的基础上，“努力调动和发挥感情和激情的‘正’的作用，同时努力避免感情因素对决策活动和决策结果产生消极的影响”[③]。

3. 工程决策要有严密的程序。

正常的决策程序是：针对所面临的问题，分析问题的性质、特征、范围、背景、条件及原因等，确定工程要实现的目标，并做出战略部署；根据确定的工程目标和战略部署，广泛收集自然、技术、经济、社会等方面的相关信息，对这些信息进行加工整理，提出可能的工程实施方案；在一系列确定与不确定的约束条件下，全面客观地评价、比较各个方案，选择最满意的。通常，由于工程将带来社会、经济和生态环境等多方位的影响，往往会出现多种可能的实施方案，这些方案各有所长，无论选择哪种方案，都可能要舍掉其他方案中的合理成分。因此，只有对这些方案进行综合评价与比较分析，才能从中选择最满意的方案。

决策三门峡工程时，要解决黄河问题，是存在多种可能的实施方案的，

---

① 殷瑞钰，汪应洛，李伯聪. 工程哲学. 北京：高等教育出版社，2007：128.

② 殷瑞钰，汪应洛，李伯聪. 工程哲学. 北京：高等教育出版社，2007：127.

③ 李伯聪. 工程哲学引论——我造物故我在. 郑州：大象出版社，2002：150-151.

但是在决策时，只是对邙山方案等个别方案做了简单的比较就确定了三门峡方案，并没有提出其他的可行方案，更没有对比。在确定三门峡方案之前，没有对这一方案进行认真的评估，也没有进行足够的论证。在完成了三门峡工程的初步设计并且工程已经开工之后，迫于压力，决策层才进行了有限范围的专家讨论，但专家的意见也只有一小部分被采纳。

由于在三门峡工程的决策中存在程序先后倒置、缺少必要的对比方案和评估程序、缺少足够的论证等不严密的情况，致使决策者不能看清三门峡工程存在的弊端，也不能看到其他方案的优点，也就不可能选择出最优的方案。

（三）对工程运用调整和改建的意义

工程是实践的科学，世界上不存在两个完全一样的工程。正是由于工程的不重复性，所以每一项工程都会存在一些与其他工程不同的、独特的地方。每一项工程的实施都会遇到一些特殊的、没有实践经验的问题，这些问题都需要在实践中去探索。这些问题还会成为工程实施中的不确定因素，可能影响到工程的效果，甚至导致工程的失败。

比如，三门峡工程在修建以前，世界上已经积累了很多在大江大河上修建大型水利工程的经验，但是在中国还没有修建过类似的水利工程，也没有在多泥沙的大江大河上修建过类似的工程，更没有在黄河的多泥沙段上修建这么大规模的水利工程，这里就包含着许多以前从未遇见过的问题；同时，中国的国情、黄河的独特情况、三门峡坝址的地理位置、自然环境等都是三门峡工程所特有的，并且都是以前所未实践过的，也就是说，这些情况都是三门峡工程所要面对的不确定因素。

三门峡工程所面临的未知问题，从技术上来说，是黄河独特的泥沙问题，以及由此产生的“蓄水拦沙”、水土保持、异重流排沙等问题；从社会方面来讲，主要是人多地少的国情及社会思想等方面的问题。由于这些关键的技术问题没有实践的经验，也没有经过科学地研究加以解决，再加上社会因素的综合影响，导致三门峡工程仅仅运用一年半时间，就出现了严重问题，不单影响到三门峡工程的效果，甚至威胁到了三门峡工程存在的价值。

为了使已经出现严重问题的三门峡工程继续发挥效益、体现价值，三门峡工程不得不调整运用方式，并进行较大规模的工程改建。实践证明，三门峡工程通过运用方式的调整和工程改建，虽然没能实现既定的效益目标，但其现在仍然是黄河治理的重要工程，还在发挥着巨大的作用。仍然有其继续存在的价值。

三门峡工程的实践说明，当一个工程出现问题，甚至严重威胁到工程效益或其存在价值时，只要通过适当地调整使用方式或进行适当的改造、改建，就有可能部分或全部弥补设计时的缺陷，不同程度地解决存在的问题，该工程就有可能更好地发挥效益，也就有可能挽救工程的生命、挽回工程的损失。

参考文献

档案：

[1] 阿克拉柯夫.三门峡水电站施工组织设计之设计情况，1958年3月.三门峡水利枢纽管理局档案，T—0—2.

[2] 白家驹.黄河中游潼孟段坝址地质简报，1950年9月.全国地质资料馆档案，2010.

[3] 布可夫.治理黄河的规划报告，1950年.黄河档案馆档案，A0—1（1）—3.

[4] 邓子恢.邓子恢同志关于治理黄河问题给主席的信，1953年6月.黄河档案馆档案，A0—1（1）—8.

[5] 电力工业部.关于三门峡工程发电问题的意见，1957年.黄河档案馆档案，B16—13—13.

[6] 冯景兰.黄河陕县孟津间三门峡、八里胡同、小浪底三处坝址查勘初步总结报告，1950年6月.全国地质资料馆档案，3913.

[7] 甘肃省人民委员会.对三门峡水利枢纽的意见，1958年.黄河档案馆档案，B16—13—16.

[8] 格罗斯金.关于三门峡水电站设计情况，1958年3月.三门峡水利枢纽管理局档案，T—0—2.

[9] 国家计划委员会.关于请审批黄河综合利用规划技术经济报告和黄河、长江流域规划委员会组成人员名单的报告，1955年.黄河档案馆档案，1955—规—3.

[10] 国家计划委员会.关于苏联专家报告“黄河综合利用规划技术经济报告基本情况”会议简报第一号，1954年.黄河档案馆档案，1955—规—3.

[11] 国家建设委员会.关于黄河三门峡水电站初步设计的审查报告，1957年3月.三门峡水利枢纽管理局档案，T—0—1.

[12] 国家建设委员会.关于黄河三门峡水电站初步设计的审查报告(草案)，1953年3月.黄河档案馆档案，规—1—14.

[13] 国家建设委员会.黄河三门峡水电站初步设计的审查意见书(草案)，1953年3月.三门峡水利枢纽管理局档案，T—0—2.

[14] 国家建设委员会.技术设计任务书，1958年3月.三门峡水利枢纽管理局档案，T—0—1.

[15] 国家建设委员会.技术设计任务书补充意见，1958年3月.三门峡水利枢纽管理局档案，T—0—1.

[16] 国务院.批转水利部关于三门峡水利枢纽问题向国务院的报告，1957年.黄河档案馆档案，B16—13—13.

[17] 国务院.国务院全体会议第十五次会议记录，1955年.黄河档案馆档案，1955—规—3.

[18] 国务院水土保持委员会.关于召开黄河中游甘肃、陕西、山西、河南四省水土保持座谈会报告，1957年.黄河档案馆档案，B16—13—13.

[19] 河北省人民委员会.报送对三门峡水利枢纽的意见，1958年.黄河档案馆档案，B16—13—16.

[20] 河南省人民委员会.关于三门峡大坝设计问题的意见，1958年.黄河档案馆档案，B16—13—16.

[21] 黄河规划委员会.关于审查458工程初步设计要点正常高水位、水工、施工组讨论的意见，1956年.黄河档案馆档案，规—1—58.

[22] 黄河规划委员会.报送黄河综合利用规划技术经济报告请审批，1955年.黄河档案馆档案，规—1—11.

[23] 黄河规划委员会.编制三门峡水利枢纽技术设计的技术任务书，1957年.三门峡水利枢纽管理局档案，T—0—1.

[24] 黄河规划委员会.编制黄河技术经济报告工作基本总结，1955

年.黄河档案馆档案，规－1－65.

[25] 黄河规划委员会.对“黄河三门峡水利枢纽工程技术设计的技术任务书”的补充建议，1958 年.黄河档案馆档案，规－1－166.

[26] 黄河规划委员会.对于黄河综合利用规划技术经济报告补充意见，1954 年.黄河档案馆档案，规－1－12.

[27] 黄河规划委员会.关于三门峡初步设计要点的内容和讨论意见的报告，1956 年.黄河档案馆档案，规－1－18.

[28] 黄河规划委员会.黄河综合利用规划技术经济报告.黄河档案馆档案，规－1－67，1954.

[29] 黄河规划委员会.黄河综合利用规划技术经济报告编制完成报告，1954 年.黄河档案馆档案，B16－13－43.

[30] 黄河规划委员会.黄河综合利用规划技术经济报告参考资料（第一卷综述），1954 年.全国地质资料馆档案，9173.

[31] 黄河规划委员会.确定在三门峡水力枢纽（带有水电站）设计技术任务书中，将下列与完成水电站设计有关各问题的情况和期限加以补充，1955 年.黄河档案馆档案，规－1－12.

[32] 黄河规划委员会.三门峡工程的施工设备，1954 年.黄河档案馆档案，规－1－167.

[33] 黄河规划委员会.三门峡施工力量调配，1954 年.黄河档案馆档案，规－1－167.

[34] 黄河规划委员会.三门峡水电站初步设计经济篇，1956 年.三门峡水利枢纽管理局档案，B－2－72.

[35] 黄河规划委员会办公室.关于三门峡水库移民问题的报告，1956 年 8 月.三门峡水利枢纽管理局档案，R－3－19.

[36] 黄河规划委员会办公室.三门峡水库投资与高程关系曲线图，1956 年 8 月.三门峡水利枢纽管理局档案，R－3－21.

[37] 黄河三门峡工程局.黄河三门峡水利枢纽水库会议发言汇编，1958 年 6 月.黄河档案馆档案，B16－13－18.

[38] 黄河三门峡工程局革委会规划设计组.三门峡水库工程改建规划初步意见，1969 年 6 月.黄河档案馆档案，B16－12－33.

[39] 黄河三门峡水力枢纽坝址区选择委员会.黄河三门峡水力枢纽坝址区选择委员会决议书，1955年8月.黄河档案馆档案，B16—5—80.

[40] 黄河水利委员会.关于三门峡水利枢纽改建的初步意见，1963年7月.黄河档案馆档案，B16(2)—2(2)—32.

[41] 黄河水利委员会.关于三门峡水库增建问题的意见，1963年9月.黄河档案馆档案，B16—12—15.

[42] 黄河水利委员会.黄河干流查勘报告，1953年7月.黄河档案馆档案，A0—1(1)—18.

[43] 黄河水利委员会.黄河龙门孟津段查勘报告，1950年10月.黄河档案馆档案，A1—1(1)—6.

[44] 黄河水利委员会.黄河三门峡水库、邙山水库初步计划提要，1953年.黄河档案馆档案，A1—1(4)—3.

[45] 黄河水利委员会.黄河综合利用规划技术经济报告要点介绍，1954年.黄河档案馆档案，A0—1(1)—13.

[46] 黄河水利委员会三门峡水库模型试验场.三门峡水库淤积问题模型试验研究报告，1960年5月.黄河档案馆档案，B16—9—13.

[47] 柯洛略夫.黄河综合利用规划技术经济报告基本情况，1954年.黄河档案馆档案，规—1—66.

[48] 柯洛略夫.三门峡工程的施工设备，1954年.黄河档案馆档案，规—1—167.

[49] 柯洛略夫.三门峡水电站初步设计报告，1956年.三门峡水利枢纽管理局档案，s1—2.2—118.

[50] 柯洛略夫.三门峡水力枢纽初步设计要点，1956年.三门峡水利枢纽管理局档案，B16—10.11—97.

[51] 李葆华.关于治黄的报告，1953年.黄河档案馆档案，1—3—1953—0034C.

[52] 列宁格勒设计院.黄河三门峡水电站简明验证，1956年.三门峡水利枢纽管理局档案，B—2—2.

[53] 列宁格勒设计院.黄河三门峡水电站水库淤积试验，1956年.黄河档案馆档案，B16—9—17.

[54] 列宁格勒工业大学工程水文学教研室.黄河水库淤积计算方法的初步意见，1956 年.黄河档案馆档案，规－3－13(1).

[55] 三门峡工程局.关于三门峡初步设计要点的内容和讨论意见的报告，1956 年.黄河档案馆档案，规－1－58.

[56] 三门峡水库泥沙问题基本经验总结组.三门峡水库泥沙问题基本经验总结，1970 年 8 月.黄河档案馆档案，B16－2－143.

[57] 山东省人民委员会.关于三门峡水利枢纽工程意见的报告，1958 年.黄河档案馆档案，B16－13－16.

[58] 陕西省人民委员会.关于三门峡水利枢纽问题报告的意见，1958 年.黄河档案馆档案，B16－13－16.

[59] 陕西省水利厅.陕西省对黄河流域开发补充意见，1955 年.黄河档案馆档案，规－1－18.

[60] 水电部党组.关于三门峡泄水底孔降低的补充意见，1954 年.黄河档案馆档案，规－1－166.

[61] 水电部军管会.关于黄河三门峡水库进一步改建的意见，1969 年 12 月.黄河档案馆档案，规－1－168.

[62] 水电总局.黄河三门峡坝址地质初步勘察报告，1953 年.黄河档案馆档案，B16－3－4.

[63] 水利电力部.三门峡水利枢纽问题第二次技术讨论会资料汇编，1963 年 8 月.黄河档案馆档案，B16－13－29.

[64] 水利电力部第十一工程局.三门峡水利枢纽原建工程质量竣工报告，1983 年 12 月.三门峡水利枢纽管理局档案，84－0182.

[65] 水利电力部第十一工程局.三门峡水利枢纽原建工程质量检查报告，1984 年 3 月.三门峡水利枢纽管理局档案，84－0187.

[66] 水利部.关于三门峡水利枢纽问题向国务院的报告，1957 年.黄河档案馆档案，B16－13－13.

[67] 水利部党组.关于三门峡水利枢纽问题的报告，1957 年 9 月.黄河档案馆档案，规－1－14.

[68] 王化云.关于黄河基本情况与根治意见的报告，1953 年.黄河档案馆档案，A0－1(1)－8.

[69] 王化云.关于黄河情况与目前防洪措施的报告，1953 年.黄河档案馆档案，A0－1(1)－8.

[70] 王化云.给潘复生的信，1954 年 4 月.黄河档案馆档案，1－3－1954－0033Y.

[71] 叶果洛夫.三门峡水电站施工组织设计报告(初步设计阶段)，1956 年 12 月.三门峡水利枢纽管理局档案，s1－2.2－118.

[72] 张光斗.黄河流域开发规划纲要草案，1951 年.黄河档案馆档案，A0－1(1)－4.

[73] 周恩来.黄河三门峡水利枢纽水库会议结论报告，1958 年 4 月.黄河档案馆档案，B16－13－40.

图书：

[1] 包和平.工程的社会研究——三门峡工程中的争论与解决.呼和浩特：内蒙古教育出版社，2007.

[2] 鲍里索夫，科洛斯科夫.苏中关系 1945—1980.肖东川，谭实，译.北京：生活•读书•新知三联书店，1982.

[3] 薄一波.若干重大决策与事件的回顾(上卷).北京：中共中央党校出版社，1991.

[4] 陈昌曙.陈昌曙技术哲学文集.沈阳：东北大学出版社，2002.

[5] 程学敏.改造黄河的第一步.北京：电力工业出版社，1956.

[6] 关于根治黄河水害和开发黄河水利的综合规划的综合报告.北京：人民出版社，1955.

[7]《当代中国的水利事业》编辑部.1949—1957 年历次全国水利会议报告文件，1987.

[8] 迪特•海茵茨希.中苏走向联盟的艰难历程 1945—1950.张文武，李丹琳，译.北京：新华出版社，2001.

[9] 国家建设委员会黄河三门峡水电站初步设计审核办公室.黄河三门峡水电站初步设计苏联专家报告汇编，1957.

[10] 河南省地方史志编纂委员会.河南省志黄河志.郑州：河南人民出版社，1991.

[11] 河南省中苏友好协会宣传部.在征服黄河事业中的苏联专家郑州：河南人民出版社，1959.

[12] 胡绳主编，中共中央党史研究室著.中国共产党的七十年.北京：中共党史出版社，1991.

[13] 黄河防洪志编纂委员会.黄河防洪志.郑州：河南人民出版社，1991.

[14] 黄河规划委员会.编制黄河综合利用规划技术经济报告苏联专家谈话记录，1955.

[15] 黄河规划委员会.黄河综合利用规划技术经济报告苏联专家组结论，1954.

[16] 黄河流域及西北片水旱灾害编委会.黄河流域水旱灾害.郑州：黄河水利出版社，1996.

[17] 黄河三门峡工程局.黄河三门峡水利枢纽截流工程.北京：水利水电出版社，1959.

[18] 黄河三门峡工程局.黄河三门峡水利枢纽沙石生产.北京：水利水电出版社，1960.

[19] 黄河三门峡工程局.黄河三门峡水利枢纽混凝土生产.北京：中国工业出版社，1964.

[20] 黄河三门峡工程局.黄河三门峡水利枢纽大坝混凝土浇筑工程.北京：中国工业出版社，1965.

[21] 黄河三门峡工程局.黄河三门峡水利枢纽水工混凝土试验.北京：中国工业出版社，1965.

[22] 黄河三门峡工程局生产技术处技术资料编辑室.黄河三门峡水利枢纽工程.上海：上海人民美术出版社，1958.

[23] 黄河三门峡工程局生产技术处技术资料编辑室.三门峡工程（画册）.三门峡：黄河三门峡工程局生产技术处.

[24] 黄河三门峡水利枢纽志编纂委员会.黄河三门峡水利枢纽志.北京：中国大百科全书出版社，1993.

[25] 黄河史志资料编辑室.黄河史志资料.合订本（1987—1998）.

[26] 黄河水利委员会.黄河的儿子——回忆王化云.郑州：黄河水利出

版社，1999.

[27]黄河水利委员会.世纪黄河.郑州：黄河水利出版社，2001.

[28]黄河水利委员会.王化云治河文集.郑州：黄河水利出版社，1997.

[29]黄河水利委员会黄河志总编辑室.黄河大事记.郑州：黄河水利出版社，2002.

[30]黄河水利委员会黄河志总编辑室.黄河流域综述.郑州：河南人民出版社，1998.

[31]黄河水利委员会黄河志总编辑室.历代治黄文选.郑州：河南人民出版社，1988.

[32]黄河水利委员会水文局.黄河水文志.郑州：河南人民出版社，1996.

[33]黄河水利委员会《当代治黄论坛》编辑组.当代治黄论坛.北京：科学出版社，1990.

[34]《黄河水利史述要》编写组.黄河水利史述要.郑州：黄河水利出版社，2003.

[35]黄河水利委员会，黄河中游治理局.黄河水土保持志.郑州：河南人民出版社，1993.

[36]黄河水利委员会，勘测规划设计院.黄河规划志.郑州：河南人民出版社，1991.

[37]黄河水利委员会，勘测规划设计院.黄河勘测志.郑州：河南人民出版社，1993.

[38]黄河水利委员会，勘测规划设计研究院.黄河水利水电工程志.郑州：河南人民出版社，1996.

[39]黄河水利委员会，水利科学研究院.黄河科学研究志.郑州：河南人民出版社，1998.

[40]贾福海，夏其发.黄河三门峡水利枢纽工程地质勘查史.北京：地质出版社，2007.

[41]焦恩泽，等.水库调水调沙.郑州：黄河水利出版社，2008.

[42]金冲及.中共中央党史研究室.周恩来传(1949—1976).北京：中

共文献出版社，1998.

[43] 李春安.三门峡水利枢纽运用四十周年论文集.郑州：黄河水利出版社，2001.

[44] 李伯聪.工程哲学引论——我造物故我在.郑州：大象出版社，2002.

[45] 黄河水利委员会.李仪祉水利论著选集.北京：水利电力出版社，1988.

[46] 李希宁.黄河治理实践与科学研究.郑州：黄河水利出版社，2006.

[47] 列宁格勒设计院.黄河三门峡水电站初步设计.选择正常高水位.1956.

[48] 列宁格勒设计院.黄河三门峡水电站初步设计.坝址选择.1956.

[49] 列宁格勒设计院.黄河三门峡水电站初步设计.水利计算.1956.

[50] 列宁格勒设计院.黄河三门峡水电站初步设计.水库.1956.

[51] 林一山.林一山回忆录.北京：方志出版社，2004.

[52] 骆向新.黄河往事.郑州：黄河水利出版社，2006.

[53] 马国川.共和国部长访谈录.北京：生活•读书•新知三联书店，2009.

[54] 毛泽东.建国以来毛泽东文稿（第4册）.北京：中共文献出版社，1990.

[55]《民国黄河史》写作组.民国黄河史.郑州：黄河水利出版社，2009.

[56] 彭敏.当代中国的基本建设（上卷）.北京：中国社会科学出版社，1989.

[57]《人民黄河》编辑部编辑.黄河的研究与实践.北京：水利电力出版社，1986.

[58] 日本东亚研究所第二调查委员会.治水利水篇.国民党河工人员，译.华东军政委员会水利部，1951.

[59] 沈怡.黄河问题讨论集.台北：台湾商务印书馆，1971.

[60] 史辅成，等.黄河流域暴雨与洪水.郑州：黄河水利出版社，

1997.

[61] 三门峡水库运用经验总结项目组.黄河三门峡水利枢纽运用研究文集.郑州：河南人民出版社，1994.

[62] 三门峡市地方史志编纂委员会.三门峡市志（第 1 册）.郑州：中州古籍出版社，1959.

[63] 水利电力部.三门峡水利枢纽问题座谈会资料汇编，1962.

[64] 水利电力部黄河水利委员会.人民黄河.北京：水利电力出版社，1959.

[65] 水利电力部黄河水利委员会治黄研究组.黄河的治理与开发.上海：上海教育出版社，1984.

[66] 水利部黄河水利委员会.人民治理黄河六十年.郑州：黄河水利出版社，2006.

[67] 徐棣华，等.中华人民共和国国民经济和社会发展计划大事辑要（1949—1985）.北京：红旗出版社，1987.

[68] 王化云.我的治河实践.郑州：河南科学技术出版社，1989.

[69] 王渭泾.历览长河.郑州：黄河水利出版社，2009：185.

[70] 维达，彭绪鼎.黄河：过去、现在和未来.郑州：黄河水利出版社，2001.

[71] 席酉民.大型工程决策.贵阳：贵州人民出版社，1988.

[72] 谢家泽.谢家泽文集.北京：中国科学技术出版社，1995.

[73] 徐乘，等.三门峡水库移民社会经济发展战略.郑州：河南水利出版社，2000.

[74] 杨庆安，等.黄河三门峡水利枢纽运用与研究.郑州：河南人民出版社，1995.

[75] 殷瑞钰，汪应洛，李伯聪.工程哲学.北京：高等教育出版社，2007.

[76] 袁隆.治水四十年日.郑州：河南科学技术出版社，1992.

[77] 张柏春，等.苏联技术向中国的转移（1949—1966）.济南：山东教育出版社，2004.

[78] 张光斗.我的人生之路.北京：清华大学出版社，2002.

[79] 张含英.根治黄河水害和开发黄河水利的综合规划的优越性.上海：新知识出版社，1955.

[80] 张含英.历代治河方略述要.上海：上海书店出版社，1992.

[81] 张含英.我有三个生日.北京：水利电力出版社，1993.

[82] 张含英.张含英自传.中国水利学会，1990.

[83] 张含英.治河论丛续篇.北京：水利电力出版社，1992.

[84] 张含英，等.黄河上中游考察报告(利水篇).水利委员会，1947.

[85] 张铁铮.我的一生.北京：华文出版社，2008.

[86] 中共河南省委党史研究室.回忆•思考•研究.郑州：河南人民出版社，2003.

[87] 中共三门峡市委党史地方史志办公室.党和国家领导人视察三门峡纪实.郑州：河南人民出版社，1996.

[88] 中共中央党史研究室，中央档案馆.中共党史资料(第 69 辑).北京：中共党史出版社，1999.

[89] 中共中央文献编辑委员会，编.周恩来选集(下).北京：人民出版社，1984.

[90] 中共中央文献研究室.建国以来重要文献选编(第 1 册).北京：中央文献出版社，1992.

[91] 中共中央文献研究室.建国以来重要文献选编(第 6 册).北京：中央文献出版社，1993.

[92] 中共中央文献研究室.建国以来重要文献选编(第 20 册).北京：中央文献出版社，1998.

[93] 中华人民共和国水利部办公厅宣传处.根治黄河水害　开发黄河水利.北京：中国财政经济出版社，1955.

[94]《中国电力规划》编写组.中国电力规划水电卷.北京：中国水利水电出版社，2007.

[95] 中国人民政治协商会议全国委员会文史资料研究委员会.革命史资料(第 8 辑).北京：文史资料出版社，1982.

[96] 中国人民政治协商会议三门峡市委员会，中国水利水电第十一工程局.万里黄河第一坝.郑州：河南人民出版社，1992.

[97] 中国社会科学院经济文化研究中心.林一山纵论治水兴国.武汉：长江出版社，2007.

[98]《中国水力发电史》编辑委员会.中国水力发电史.北京：中国电力出版社，2007.

[99] 中国水利水电第十一工程局志编纂委员会.水电十一局志.1995.

[100] 中国水利学会.黄河三门峡工程泥沙问题.北京：中国水利水电出版社，2006.

[101] 中国水利学会水利史研究会.黄河水利史论丛.西安：陕西科学技术出版社，1987.

期刊、学位论文：

[1] 安维复.工程决策：一个值得关注的哲学问题.自然辩证法研究，2007(8)：51—55.

[2] 包和平，曹南燕."规划"的失误及其对三门峡工程的影响.自然辩证法研究，2005(9)：89—92.

[3] 包和平.工程的社会研究——三门峡工程中的争论与解决.清华大学，博士论文，2006.

[4] 北京法制报.专家主张放弃三门峡水库——渭河水患祸起有因//中国水利学会主编.黄河三门峡工程泥沙问题.北京：中国水利水电出版社，2006：648—653.

[5] 程学敏.苏联专家对于黄河规划的巨大帮助//中华人民共和国水利部办公厅宣传处.根治黄河水害开发黄河水利.北京：财经出版社，1955：74—84.

[6] 陈枝霖，陈升辉，李国英.三门峡工程的历史回顾及国民经济初步评价.人民黄河，1991(1)：8.

[7] 邓子恢.关于根治黄河水害和开发黄河水利的综合规划的报告//中华人民共和国水利部办公厅宣传处.根治黄河水害 开发黄河水利.北京：财经出版社，1955：7—37.

[8] 第二届全国人民代表大会第三次会议.《第148号》提案//黄河水利委员会，勘测规划设计院.黄河规划志.郑州：河南人民出版社，1991：

503—504.

[9] 段敬望，等.三门峡水库“蓄清排浑”运行探索与实践.华中电力，2004(4)：34—37.

[10] 傅作义.查勘黄河的报告//《当代中国的水利事业》编辑部.1949—1957年历次全国水利会议报告文件[C]：378—385.

[11] 葛罗同，等.治理黄河初步报告//黄河水利委员会黄河志总编辑室.历代治黄文选(下).郑州：河南人民出版社，1988：111—122.

[12] 耿长友.试论三门峡水利枢纽工程决策的经验教训.华中科技大学，硕士论文，2005.

[13] 国家计划委员会.国家计划委员会的意见//黄河三门峡水利枢纽志编纂委员会.黄河三门峡水利枢纽志.北京：中国大百科全书出版社，1993：391.

[14] 韩玉明.我们是怎样进行BT-640型混凝土拌和楼的改装和实现它的自动化的.三门峡工程，1958(4)：43—45.

[15] 黄河规划委员会.黄河三门峡水利枢纽(带有水电站)设计技术任务书//黄河三门峡水利枢纽志编纂委员会.黄河三门峡水利枢纽志.北京：中国大百科全书出版社，1993：389—390.

[16] 黄万里.对于黄河三门峡水库现行规划的意见.中国水利，1957(7)：26—29.

[17] 君谦.苏联专家的贡献//中国人民政治协商会议三门峡市委员会，中国水利水电第十一工程局.万里黄河第一坝.郑州：河南人民出版社，1992：76—80.

[18] 李葆华.当前水利建设的方针和任务//《当代中国的水利事业》编辑部.1949—1957年历次全国水利会议报告文件：9—14.

[19] 李葆华.四年水利工作总结和今后方针任务//《当代中国的水利事业》编辑部.1949—1957年历次全国水利会议报告文件：131—147.

[20] 水力发电建设总局.黄河治水与发电.中国水利发电史料，1991(2)：31—41.

[21] 李葆华，刘澜波.李葆华、刘澜波给苏联水利发电设计院院长沃兹涅申斯基和列宁格勒水利发电设计分院院长雅诺夫斯基的信//黄河三门

峡水利枢纽志编纂委员会.黄河三门峡水利枢纽志.北京：中国大百科全书出版社，1993：392.

[22] 李鹗鼎.黄河查勘散记//中华人民共和国水利部办公厅宣传处.根治黄河水害 开发黄河水利.北京：财经出版社，1955：108.

[23] 李鹗鼎.回忆三门峡//中国人民政治协商会议三门峡市委员会，中国水利水电第十一工程局.万里黄河第一坝.郑州：河南人民出版社，1992：53—57.

[24] 马兆祥.黄河之水手中来——三门峡水利枢纽工程建设亲历记//中国人民政治协商会议全国委员会文史资料研究委员会.革命史资料(第8辑).北京：文史资料出版社，1982：218—242.

[25] 曲志德，白文英.焊好水涡轮，为国争光//中国人民政治协商会议三门峡市委员会，中国水利水电第十一工程局.万里黄河第一坝.郑州：河南人民出版社，1992：462—467.

[26] 三门峡工程局.关于在混凝土拌和中掺入粉煤灰的经验介绍.水利水电技术，1960(2)：11—14.

[27] 三门峡工程局生产技术处试验室.关于粉煤灰作为混凝土掺合料的试验报告.三门峡工程，1959(3)：17—28.

[28] 三门峡工程局生产技术处试验室.三门峡大坝温度缝及防水层采用冷沥青玛蹄脂材料的试验及施工.三门峡工程，1959(12)：8—17.

[29] 三门峡工程局筑坝二分局木模队.脚手架整装整移介绍.三门峡工程，1958(3)：15.

[30] 三门峡工程局筑坝二分局木模队.模板整装机械化施工介绍.三门峡工程，1958(3)：13—14.

[31] 三门峡工程局筑坝一分局.手风钻自动推进器.三门峡工程，1958(2)：14—15.

[32] 三门峡泥沙问题编写小组.黄河三门峡水库的泥沙问题//三门峡水库运用经验总结项目组.黄河三门峡水利枢纽运用研究文集.郑州：河南人民出版社，1994：23—30.

[33] 三门峡市委党史方志办公室.万里黄河第一坝——黄河三门峡水利枢纽工程建设纪实//中共河南省委党史研究室.回忆•思考•研究.郑州：

河南人民出版社，2003：596—626.

[34] 三门峡水利枢纽讨论会办公室 . 三门峡水利枢纽讨论会综合意见 . 中国水利，1957 (7)：1—10.

[35] 沈崇刚 . 三门峡初步设计情况介绍 . 中国水利，1957 (7)：11—16.

[36] 沈崇刚 . 三门峡水利枢纽初步设计中的科学研究工作 . 中国水利，1957 (3)：8—18.

[37] 水电部党组 . 关于黄河规划和三门峡工程问题的报告 // 中国水利学会 . 黄河三门峡工程泥沙问题 . 北京：中国水利水电出版社，2006：5—13.

[38] 水利电力部 . 关于三门峡水库工程改建及黄河近期治理问题的报告 // 中国水利学会 . 黄河三门峡工程泥沙问题 . 北京：中国水利水电出版社，2006：14—16.

[39] 水力发电建设总局 . 黄河治水与发电 . 中国水利发电史料，1991 (2)：31—40.

[40] 苏联国家计划委员会 . 苏联国家计划委员会关于中华人民共和国五年计划任务的意见书 // 中共中央党史研究室，中央档案馆 . 中共党史资料 (第 69 辑). 北京：中共党史出版社，1999：1—13.

[41] 塔德，安立森 . 黄河问题 // 黄河水利委员会黄河志总编辑室 . 历代治黄文选 (下). 郑州：河南人民出版社，1988：177—189.

[42] 汪胡桢 . 三门峡施工三年 // 黄河三门峡水利枢纽志编纂委员会 . 黄河三门峡水利枢纽志 . 北京：中国大百科全书出版社，1993：399—437.

[43] 汪胡桢 . 我和祖国的山山水水 . 中国水力发电史料，1992 (2)：45—50.

[44] 王勇 . 三门峡水利工程的决策分析及其哲学反思 . 西安建筑科技大学，硕士论文，2005.

[45] 王宗敏，孙玉民 . 赤帜耀新天　辉煌五十年——前进中的中国水利水电第十一工程局 . 河北水利，2008 (5)：19—27.

[46] 温存德 . 治黄规划编制始末 // 骆向新 . 黄河往事 . 郑州：黄河水利

出版社，2006：8—19.

[47]温善章.对三门峡水电站的意见及补充意见//中国水利学会.黄河三门峡工程泥沙问题.北京：中国水利水电出版社，2006：604—609.

[48]魏永晖.三门峡水利枢纽建设的经验与教训.水利水电工程设计，1998(1)：2—4.

[49]吴柏煊.从三门峡工程的实践领会王化云治黄思想//中国水利学会.黄河三门峡工程泥沙问题.北京：中国水利水电出版社，2006：108—113.

[50]谢守祥.治黄史上一次伟大而成功的实践——记三门峡水利工程的兴建与运用.中国三峡建设，1996(8)：30—31.

[51]杨庆安，廖凤举.黄河三门峡水库运用及工程决策的经验教训//三门峡水库运用经验总结项目组.黄河三门峡水利枢纽运用研究文集.郑州：河南人民出版社，1994：1—10.

[52]张光斗.黄河潼孟段水库计划的意见.新黄河，1950(8)：72—80.

[53]张恒国.周恩来与三门峡//中共三门峡市委党史地方史志办公室.党和国家领导人视察三门峡纪实.郑州：河南人民出版社，1996：25—51.

[54]张含英.治理黄河的新的里程碑//中华人民共和国水利部办公厅宣传处.根治黄河水害　开发黄河水利.北京：财经出版社，1955：47.

[55]张含英.黄河治理纲要//黄河水利委员会黄河志总编辑室.历代治黄文选(下).郑州：河南人民出版社，1988.

[56]张含英.三门峡水利枢纽问题座谈会讨论的综合意见//水利电力部.三门峡水利枢纽问题座谈会资料汇编，1962：3—11.

[57]张金良，等.三门峡水库调水调沙(水沙联调)的理论和实践.人民长江，1999(10)：28—30.

[58]张培基.三门峡建设中的苏联专家//中国人民政治协商会议三门峡市委员会，中国水利水电第十一工程局.万里黄河第一坝.郑州：河南人民出版社，1992：306—311.

[59]张汝翼.日本东亚研究所的治黄方略.水利史志专刊，1989(3)：

25—28.

[60] 张瑞瑾.日人治黄研究工作述要//黄河水利委员会黄河志总编辑室.历代治黄文选(下).郑州：河南人民出版社，1988：508—529.

[61] 张铁铮.中国代表团赴苏洽谈技术援助项目.中国水力发电史料，1991(2)：41—42.

[62] 张耀海.推土机的循环保养法.三门峡工程，1958(4)：45—47.

[63] 赵之蔺.三门峡工程决策的探索历程.河南文史资料，1992(1)：1—21.

[64] 中共黄河三门峡工程局筑坝一分局委员会.我们是如何发动职工群众实现风钻多台自动化的.三门峡工程，1958(3)：1—4.

[65] 中国人民政治协商会议.中国人民政治协商会议共同纲领//中共中央文献研究室.建国以来重要文献选编(第1册).北京：中央文献出版社，1992：1—13.

[66] 中国水利编辑部.三门峡水利枢纽讨论会.中国水利，1957(7)：16—29.

[67] 中国水利编辑部.三门峡水利枢纽讨论会(续).中国水利，1957(8)：30—38.

[68] 中央人民政府政务院.关于1952年水利工作的决定//《当代中国的水利事业》编辑部.1949—1957年历次全国水利会议报告文件：117—124.

[69] 朱国华.三门峡工程质量检查总结.水利水电技术，1959(1)：2—6.